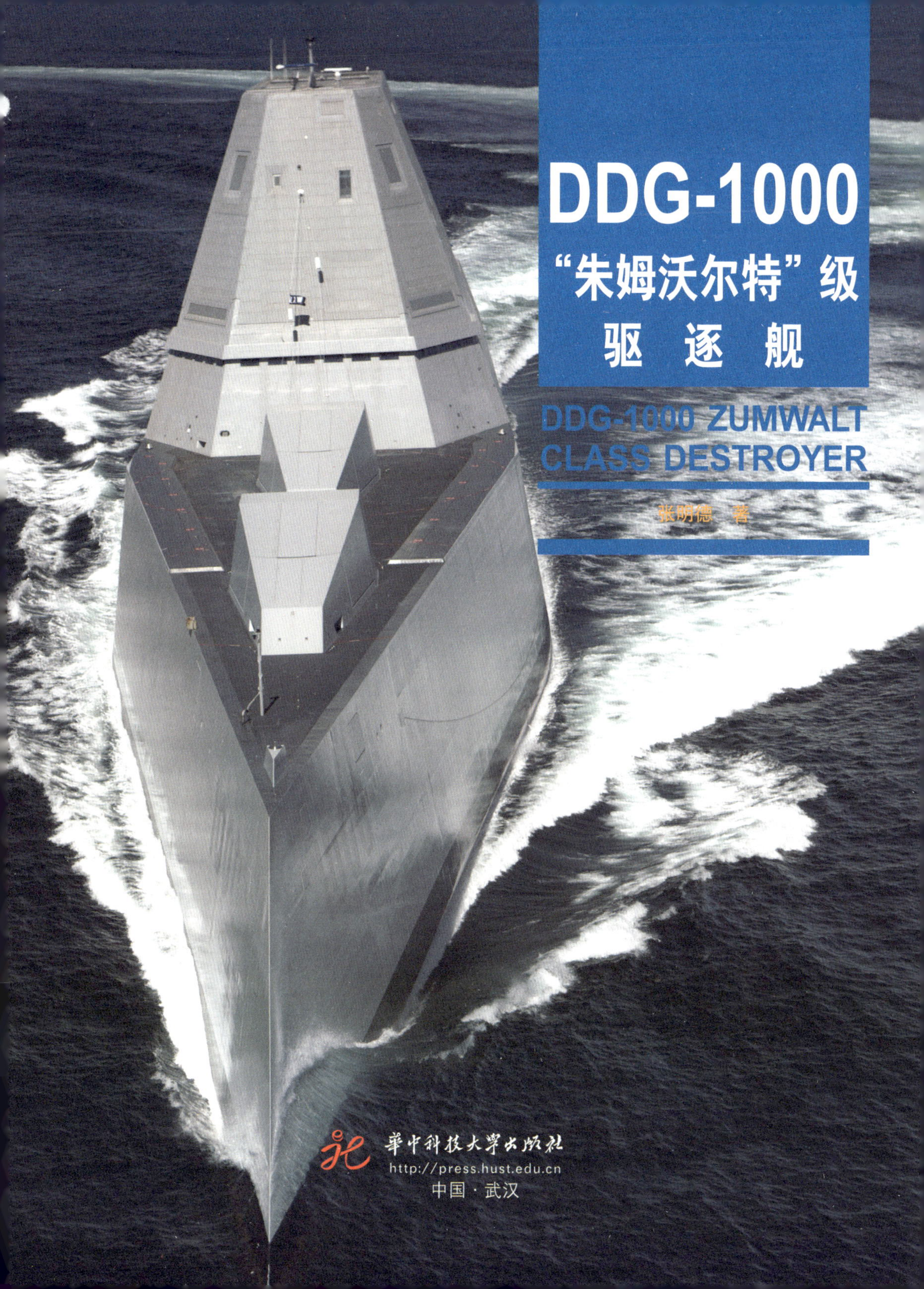

DDG-1000
"朱姆沃尔特"级驱逐舰

DDG-1000 ZUMWALT CLASS DESTROYER

张明德 著

华中科技大学出版社
http://press.hust.edu.cn
中国·武汉

图书在版编目（CIP）数据

DDG-1000"朱姆沃尔特"级驱逐舰/张明德著.—武汉：华中科技大学出版社，2023.9
ISBN 978-7-5680-8625-7

Ⅰ.①D… Ⅱ.①张… Ⅲ.①驱逐舰—美国—通俗读物 Ⅳ.①E925.64-49

中国版本图书馆CIP数据核字（2022）第142964号

本书由知书房出版社授权出版
湖北省版权局著作权合同登记　图字：17-2023-045号

DDG-1000"朱姆沃尔特"级驱逐舰　　　　　　　　　张明德　著
DDG-1000 "Zhumu Woerte" ji Quzhujian

策划编辑：金　紫
责任编辑：陈　骏
封面设计：千橡文化
责任监印：朱　玢
出版发行：华中科技大学出版社（中国·武汉）　电话：(027)81321913
　　　　　武汉市东湖新技术开发区华工科技园　邮编：430223
录　　排：千橡文化
印　　刷：北京雅图新世纪印刷科技有限公司
开　　本：710mm×1000mm　1/16
印　　张：20
字　　数：436千字
版　　次：2023年9月第1版第1次印刷
定　　价：96.00元

本书若有印装质量问题，请向出版社营销中心调换
全国免费服务热线：400-6679-118　　竭诚为您服务
版权所有　侵权必究

编辑推荐

当代世界核威慑核打击力量是所谓"三位一体"能力，即，水下，战略弹道导弹核潜艇；陆上，陆基战略弹道导弹；空中，战略核武器轰炸机（空中发射和投放核武器）。为了对抗水下战略导弹核潜艇的核威慑和核打击，美国在研发对抗性武器上领先于全球。攻击型战略核潜艇便专门用于应对弹道导弹核潜艇。

而随着冷战的结束及美国和盟军在第一次海湾战争中取得压倒性胜利，美国海军的战略和作战构想也发生了根本性的转变，于是美国设想新世纪的海军主要作战样式是"由海制陆""空海一体战"和"网络中心战"等全新样式，美国海军新一代战舰"自由"级和"独立"级濒海战斗舰、"朱姆沃尔特"级驱逐舰和"圣安东尼奥"级两栖船运输舰等战舰系列都是有着类似的作战构想印记。

这些"由海制陆"利器和新型的核动力超级航空母舰"杰拉尔德·福特"级这种终极海上多任务作战平台，即空海一体战、全域作战等各种新旧理论和实战的中心点结合在一起，就构成了美国海军称霸全球的基本力量之一（另外就是美国空军、陆军、海军陆战队、各支特种部队和新组建的空天军）。作为当今海上力量不可或缺的利器和一个国家综合国力的象征，航空母舰的重要性不言而喻，而作为专门针对敌方战略弹道导弹核潜艇和"由海制陆"核心力量的DDG-1000"朱姆沃尔特"级驱逐舰，其研发历程、技术发展也是值得我们了解的。

华中科技大学出版社出版的"航空母舰丛书"第一批出版了《美国海军超级航空母舰：从"合众国"号到"小鹰"级》《美国海军超级航空母舰：从"企业"号到"福特"级》和《现代航空母舰的三大发明：斜角甲板、蒸汽弹射器与光学着舰辅助系统的起源和发展》，深入而清晰地讲述了美国海军超级航空母舰的研发、制造和改进过程，以及航空母舰这一终极海上多任务作战平台的运用历史。丛书以美国海军航空母舰发展的时间为脉络，将航母发展中发生的技术进步从航母设计的技术角度完整展现，在国内尚属首次。

现在我们进一步出版海军武器发展史中读者感兴趣的攻击型核潜艇系列：《"洛杉矶"级攻击型核潜艇》《"海狼"级攻击核潜艇》《"弗吉尼亚"级攻击型核潜艇》，还有《DDG-1000"朱姆沃尔特"级驱逐舰》，本丛书延续了以往深入叙事、条理分明、时有内幕揭出、笔触冷静自然的风格，使读者对美国海军战舰总的研发构想和各个分系统的整合、推进、发展有着深入而系统的认知。

本书作者张明德先生是著名军事作家和军事领域专栏编辑，出版过多部军事科普题材作品，在长达十几年的写作过程中形成了自己的风格。他的文章内容翔实，对于写作内容所涉的武器装备技术研发背景、过程和历史的描述和分析，有着客观冷静和较为详尽的叙述，从而获得了广大军迷朋友和众多读者的好评。

目录 Contents

第1部 探索新时代的水面作战舰艇

1 新世代水面舰艇概念萌芽   003
- 冷战末期萌芽的新形态舰艇概念   009
- 冷战结束的冲击   019

2 瞄准21世纪的新世代水面作战舰   033
- "21世纪水面作战舰艇"计划基本概念——家族化与共通化的舰艇家族   033
- "21世纪水面作战舰艇"舰艇家族   037

3 海军武力投射新概念——"武库舰"计划始末 051

从"未来打击巡洋舰"到"大容量导弹舰" 051
新世代舰艇发展计划转向——"武库舰"概念的诞生 055
"武库舰"的技术特性——独特的设计与运用概念 063
"武库舰"计划的消亡 074
"武库舰"计划取消——回归发展"21世纪驱逐舰" 079

第2部
聚焦先进技术的新世代驱逐舰——DDG-1000"朱姆沃尔特"级

4 新世代驱逐舰计划启动:从"21世纪驱逐舰"到"新世代驱逐舰"计划 087

重生的"21世纪驱逐舰"计划 087
"21世纪驱逐舰"的设计概念 092
从"21世纪驱逐舰"到"新世代驱逐舰" 114
DDG-1000登场 119

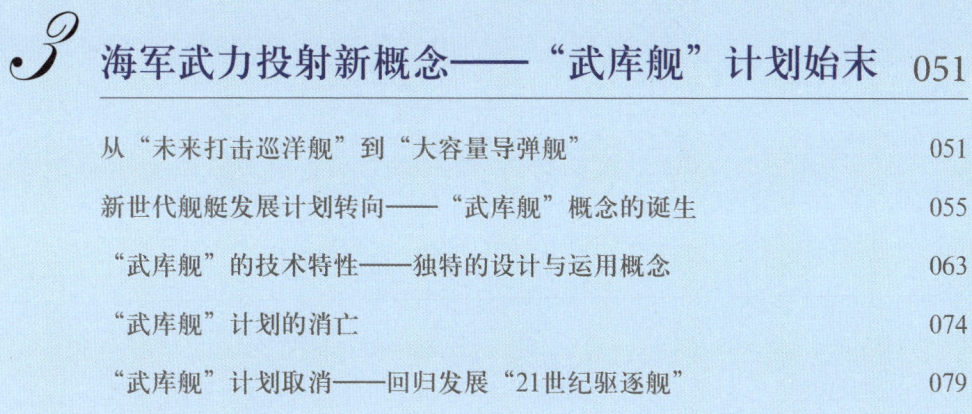

5 "朱姆沃尔特"级的设计特性
——船体、动力与传感器系统　125

DDG-1000的技术特性　125

独特的船体设计　128

全电力驱动的动力系统　139

DDG-1000的舰载传感器　151

6 聚焦先进技术的新世代驱逐舰
"朱姆沃尔特"级的设计特性
——武器系统与作战指挥系统　171

创新的"舷侧配置垂直发射系统"　171

强力的舰载火炮配备　180

DDG-1000的近迫火炮系统　199

DDG-1000的大脑——"全舰计算机环境"　213

第 3 部
壮志未酬的新世代舰艇计划

7 争议中前进的DDG-1000计划
"朱姆沃尔特"级的发展与建造   237

苦涩的新世代舰艇计划   248
规格与性能缩水的"朱姆沃尔特"级   256

8 失落的DDG-1000姊妹计划:
夭折的"新世代防空巡洋舰"   277

"新世代防空巡洋舰"计划的争议与消亡   289

第 1 部
探索新时代的水面作战舰艇

1

新世代水面舰艇概念萌芽

历经4年的建造工程与半年的试航后，美国海军DDG-1000级驱逐舰首舰"朱姆沃尔特"号（USS Zumwalt DDG-1000）终于结束初步试航工作，于2016年10月举行了服役仪式。这项过去20年来最先进、但也最富争议性的新世代军舰计划，终于得以接近实用化阶段。

从1997年底正式启动的"21世纪驱逐舰"（DD-21）计划，到"朱姆沃尔特"号投入服役，正好经过了20年时间，其间经历了计划重组甚至是濒临取消的危机，采购规模也连遭裁减。在最初的"21世纪驱逐舰"计划时期，美国海军曾规划建造32艘这种新型驱逐舰，但2001年改组为"新世代驱逐舰"[DD(X)]计划时减为24艘，接下来又一路削减为10艘、8艘、7艘，最后在2009年确认为只造3艘，仅相当于原始计划的十分之一。

于是DDG-1000便从最初被寄予厚望、大量建造的新世代主力舰，沦落为只造3艘、技术验证性质浓厚、规格也有所缩减的舰艇。

DDG-1000计划的遭遇，是后冷战时代美国海军一系列战略构想与兵力结构规划调整下的牺牲者。整个计划的发展经历是后冷战时期美国海军水面舰发展的一个缩影，清楚呈现了美国海军在世局变动下所面临的困境与挣扎。

在服役部署政策方面，DDG-1000计划可说是一败涂地，无论建造数量还是服役后的地位，都远远不如计划起始时的设想。但在技术方面却非如此，DDG-1000可说是现代驱逐舰发展史上的一座里程碑，集多种前所未有的崭新技术于一身，可说是美国海军的水面作战舰艇发展，从冷战时代跨入后冷战时代的一个重要尝试，即使建造数量缩减到只剩3艘，但凭借着一系列革命性的设计，仍足以让DDG-1000载入史册。

革命性的驱逐舰

如同以往的驱逐舰，DDG-1000拥有执行防空、反潜、水面作战等多方位任务的能力，但特别强调了水面火力支持（Naval Surface Fire Support，NSFS）任务能力，为此配备了两座大口径（155毫米/62倍径）、长射程（大于63海里）的"先进火炮系统"（Advanced Gun System，AGS），相较于现役驱逐舰使用的5英寸舰炮，"先进火炮系统"不仅可更有效地为陆战队提供岸轰支持，针对某些作战情境（如目标距海岸线较近，且敌方缺乏跨地平线反舰能力），还能充当舰载机与巡航导弹的替代者，提供一种更廉价的精确打击手段。

为了在控制船体长度与排水量的情况下，搭载两座庞大的"先进火炮系统"，DDG-1000引进了独特的"舷侧配置垂直发射系统"（Peripheral Vertical Launching System，PVLS）设计，将MK 57垂直发射系统布置在船体两舷舷侧的内外壳之间，以便把船体中轴保留给"先进火炮系统"使用，还可获得更大面积的直升机甲板，并让导弹远离船体致命区域，搭配双层船壳可进一步提高安全性。

依循20世纪90年代以来武器系统隐形化的潮流，DDG-1000采用了前所未有的穿浪内倾船体（Wave Piercing Tumble

新世代水面舰艇概念萌芽　　005

Home），搭配"整合复合材料上层建筑与孔径"（Integrated Composite Deckhouse & Apertures，IDHA）的船体与上层结构设计。它是历来隐形设计最彻底的实用型水面舰，能借由大幅缩减雷达与红外线信号获得许多战术优势。

另外DDG-1000也是美国海军首种采用"整合电力推进系统"（Integrated Power System，IPS）的水面作战舰艇，全舰所有动力需求均改以电力形式供应，所有动力机组也以电力形式输出功率，供电能力是上一代舰艇10倍，功率分配也更灵活，可依需要在推进动力、武器与传感器与辅助设备等不同系统间弹性地调配电力，为日后引进更高功率的雷达或是高能激光或电磁轨道炮等极耗电的新型武器做好了准备。

借由引进许多自动化技术，DDG-1000的吨位虽然比"伯

下图：在开发服役政策上，DDG-1000驱逐舰可说是一败涂地，建造数量从最初的32艘减为只剩3艘，从最初被寄予厚望、大量建造的新世代主力舰，沦落为技术验证性质浓厚的少量建造舰艇。但在技术方面，却是现代水面舰发展史上的一座丰碑，集各种革命性设计于一身。（本书图片除非特别标注来源，均为美国海军）

复合甲板室

甲板室的上层——从主甲板升起并包含舰桥、排气管和各种雷达天线的船体部分——由以轻木为芯的碳复合材料制成。它增加了隐身性、抗腐蚀,并在顶部减轻重量,提高稳定性。

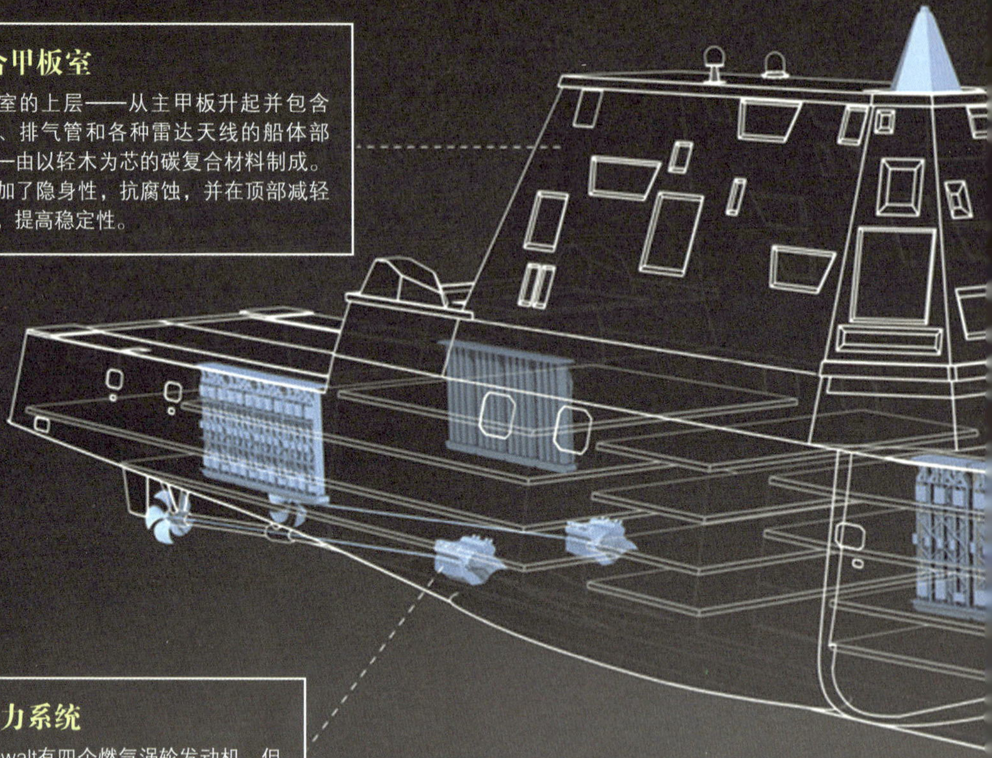

综合电力系统

USS Zumwalt有四个燃气涡轮发动机,但并不直接连接到驱动轴和螺旋桨。相反,这些发动机用于产生高达 78 兆瓦的电力,然后用于驱动两个电动感应电机 [详情见右图] 与船上的其他系统。

大型船舶长期以来一直使用与电动机相连的燃烧驱动发电机进行推进。Zumwalt的独特之处在于它的发电机不直接连接到电机上。电力通过全船配电网络在它们之间流动,从而允许将电力输送到任何需要的地方。

如果这些技术有朝一日成熟,这种灵活性应该可以更容易地用于改装朱姆沃尔特号。

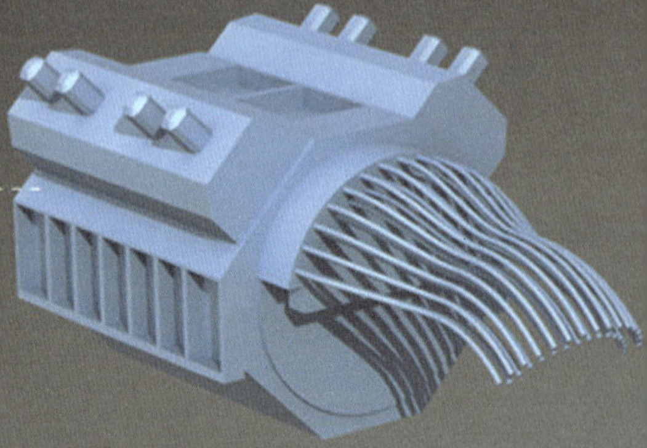

外围垂直发射系统

在其他驱逐舰上，导弹储存在船中部，以便保护免受敌人的火力攻击。在朱姆沃尔特号上，导弹排列在船的外部。垂直的导弹发射器单元夹在内外船体之间，被设计成在被击中时向外爆炸，从而保护防水的内船体完好无损。

先进的枪系统

该舰的两门 155 毫米炮发射可在飞行中引导的自行式射弹。它们能够到达100多千米以外的目标。每门炮可以容纳超过 300 发这些高科技炮弹，这些炮弹由自动装载机制处理。

翻滚船体

当船体从吃水线上升时，它的侧面向内倾斜，这是一个多世纪以来海军战舰所没有的特征。它在这里用于减少船舶的雷达剖面。

DDG-1000集众多先进设计于一身，从穿浪内倾船体、含有整合复合材料上层建筑与孔径的船体与上层结构设计，到"先进火炮系统"、"舷侧配置垂直发射系统"，以及"整合电力推进系统"，都是当前水面舰的最先进技术。

克"级大了将近70%,但人力需求只要158人,不到"伯克"级Flight ⅡA的一半,加上更有效率的"整合电力推进系统",DDG-1000的长期操作成本,可比"伯克"级低28%。

DDG-1000用于支持作战任务的传感器与指挥管制系统,包括"双波段雷达"(Dual Band Radar, DBR)、"全舰计算机环境架构"(Total Ship Computing Environment infrastructure, TSCE-I)战斗系统,SQQ-90整合水下战斗系统为核心的SQQ-60/SQS-61双频段船体声呐,SQR-20拖曳声呐阵列等装备。这些都是基于新的作战构想与技术,所发展出来的全新系统。

从崭新的船体构型、全电气化的动力系统组成,到以"先进火炮系统"为核心的武器系统,以及全新的传感器与作战系统配置,DDG-1000各方面的设计与配备,无一不是当前先进水面舰艇技术的应用,并以此形成了别具一格甚至堪称空前未有的外观与内在设计。而这样的特性,也反映了自20世纪80年

下图:20世纪80年代的美国海军体认到,借由宙斯盾系统与"战斧"导弹的结合,已对水面舰艇的设计与作战起了革命性的变化,重新检视舰艇设计基本理念的时刻已经来临。图为发射战斧(Tomahawk)巡航导弹的"提康德罗加"级(Ticonderoga Class)宙斯盾巡洋舰"希洛"号(USS Shiloh CG 67)。

代后期以来，美国海军在战略环境骤变所带来的作战需求更迭，以及在海军舰艇技术演进趋势等多重影响下对新世代水面舰艇发展的探索成果。

而这一切的发展，都可追溯到20世纪80年代后期开始的一系列舰艇技术研究计划。

冷战末期萌芽的新形态舰艇概念

经过近4年的争吵，当"伯克"级（Arleigh Burke Class）驱逐舰的设计终于在1983年定案后，美国海军也紧接着开始下一阶段的驱逐舰发展规划。然而迅速发展的通信、电子与计算机技术，已给海上侦测打击系统带来革命性的变化，新一代舰艇所处的作战环境，显然会与设计"伯克"级的20世纪70年代末期有很大的不同，由此产生的舰艇设计理念，也将与传统大相径庭。

下图：现代军舰使用的燃气涡轮主机和喷气机使用的喷气发动机核心部分是相同的，但航空用发动机可直接自压缩与燃烧后的排气获得推动飞机所需的推力，而舰艇则无法直接利用燃气涡轮的排气来推进，必须把燃气涡轮主机产生的轴功率通过传动系统传递给低转速、高扭力的螺旋桨，故需要复杂的减速齿轮以及进排气道等配套设施，因此舰艇的动力系统的结构和体积，都要比喷气机的喷气发动机庞大许多。图为"斯普鲁恩斯"级（Spruance Class）驱逐舰轮机舱的中央控制室，须配置多名操作人员监控4部LM2500燃气轮机的运作。（GE）

首先提出新形态舰艇设计概念的人物是曾参与入侵格林纳达战役（Invasion of Grenada）、主掌水面战的作战部副部长麦特卡尔夫（Joseph Metcalf III）中将。麦特卡尔夫认为：宙斯盾系统与"战斧"导弹的结合，已对水面舰艇作战形态产生了不下于20世纪初"无畏舰"（Dreadnought）革命的剧烈变化，重新检视舰艇设计基本理念的时刻已经来临，于是从1986年秋季起，发起了一系列未来水面舰艇研究。

麦特卡尔夫指出：显然地，任何武器系统的最终设计目的，不外乎是设法把军械弹药倾泻到目标头上，以此毁伤目标，而像这样的作战能力需求，应该是军舰设计唯一需要关心的事，除此之外，一些习以为常的舰艇附属设备，是否需要保留已有重新思考的必要。

因此麦特卡尔夫问道：大型民航机与驱逐舰的动力系统核心同样都是4具燃气涡轮发动机，但一架民航机只需要两名飞行员、再加上1至2名飞行工程师就能满足驾驶的需求，那为什么1艘驱逐舰却需要设置一个这么大的舰桥，并安置这么多人员才能完成航行操作与指挥呢？为什么舰艇需要在轮机舱配置这么多人力，才能保证动力系统的正常运作？为什么新舰艇愈造愈大，但与战斗无关的累赘设备却愈来愈多，以致武器反而愈载愈少？

于是麦特卡尔夫下令组织了一个称作麦克小组（Group Mike）的指导单位，负责审视新技术对舰艇设计的整体影响。接下来由麦克小组在1987年发起了"水面舰作战特性研究"（Surface Combatant Operational Characteristics Study, SOCS）与"水面战斗部队需求研究"（Surface Combatant Force Requirement Study, SCFRS）两项大型研究案。"水面舰作战特性研究"的目的是探讨新一代水面舰的设计构想。而"水面战斗部队需求研究"则是建立在"水面舰作战特性研究"的基础上，研究需要怎样的水面舰队结构，以及多少数量的"水面战斗部队需求研究"概念舰艇，才能满足未来环境的作战需求。

对页图：美国海军从20世纪80年代开始探讨在水面舰上全面应用隐形技术的可行性，图中由洛克希德负责设计建造的"海影"号试验舰，便是早期最重要的成果之一，"海影"号是美国海军第一种全面采用隐形设计的舰只，1982年签约建造，1985年下水服役，但直到1995年才对外公开。

"水面舰作战特性研究"的新舰艇设计特性探索

当时仍处于冷战末期，因此"水面舰作战特性研究"假设美国海军必须在挪威海域与优势苏联海军兵力进行漫长的战役。故舰队在承受苏联第一波攻击后，能否继续维持足够的作战能力将是生死攸关之事，为此"水面舰作战特性研究"中把舰艇的抗战损生存能力或作战性能的"柔性降级"能力置于很高的优先级。

舰艇的生存性可分为4个层次。

（1）避免被发现：控制与缩减舰艇的信号（雷达、红外线与水下噪讯等），从而减少遭敌方发现的概率。

（2）避免被敌火命中：当遭到敌方发现与攻击时，通过电子反制措施与自卫武器等手段，避免敌方的攻击武器命中自身。

（3）遭敌火命中后确保生存：当舰艇遭到敌方武器命中而受损时，借由对船体动力、燃油、弹药等致命区域的保护措施与分散配置，搭配损管措施控制受损程度，让舰艇保有基本生存能力。

（4）遭敌火命中后维持作战能力：当舰艇遭到敌方武器命中时，不仅要求确保生存，更进一步，还企图借由分散与多重配置的动力、指挥管制与武器系统，避免因敌火命中而同时损及整个舰艇作战能力。

过去的舰艇生存性设计，大多聚焦在（2）与（3），也就是避免遭到敌火命中与遭到敌火命中后确保生存。而"水面舰作战特性研究"则考虑了（1）与（4）的需求，探讨通过隐形设计来帮助舰艇避免遭敌方发现的可行性，并考虑了借由新的指挥管制系统配置与动力系统形式，来帮助舰艇在受损时仍能维持作战能力。

隐形需求

美国海军早在20世纪70年代末期就已察觉了隐形技术对

改善舰艇生存能力的潜力。20世纪80年代后期开始建造的"伯克"级，就是第一种考虑了隐形概念的美军水面作战舰艇，主桅、舰体与上层结构的造型都考虑了隐形的需求。而船体全面采用隐形设计的"海影"号实验舰（Sea Shadow IX-529）从1985年开始了海上测试。

当时的美国海军对于隐形技术在舰艇上的应用仍有许多疑虑。多数人都承认，若能仔细处理好这方面的设计能相当程度地降低舰艇遭击中的概率，但不认为舰艇能因此逃避战损。如果采用全面性的隐形设计，舰艇势必不能任意更动已在设计时间确定好的外形，以致限制了日后通过增设、改装装备来提高作战能力的弹性。考虑到隐形设计所需付出的成本增加、操作与改装弹性降低等代价后，"水面舰作战特性研究"的结论是：不要求新舰艇采用比"伯克"级所应用者更全面的隐形设计。

下图：现代军舰作战指挥的核心已经从舰桥转移到战情中心，舰桥只剩下航行操舰指挥的用途。图为美国海军"伯克"级驱逐舰"奥凯恩"号的舰桥。

上图：许多舰艇都会将战情中心紧临舰桥布置，但如此一来也会造成生存性的疑虑，可能会因单一敌火命中而导致舰艇失去指挥机能。因此较新的舰艇都将战情中心设于舰体深处，以获得较好的保护，不过这也必须改变舰艇指挥官习于待在舰桥的习惯，强制要求他们留在战情中心指挥。图为"伯克"级的战情中心。

舰桥与战情中心设计

"水面舰作战特性研究"也响应了麦特卡尔夫对传统舰桥设计的质疑。现代舰艇的作战中枢虽然是战情中心（CIC），但无论对操舰或作战指挥来说，位于舰桥内的指挥官仍有着无可替代的价值。但把指挥中枢从舰桥上移走也有其好处，早在20世纪20年代，美国海军就曾尝试强迫战舰指挥官必须在重装甲防护的指挥塔（Conning Tower）内指挥作战，并证实了把指挥官及其幕僚从舰桥上移走后，确实能有效地缩减舰桥空间的需求，进而带来舰体布置与作战指挥上的许多好处。战舰可以缩减配置舰桥所需的上层结构体积，且位于装甲指挥塔内的指挥官与幕僚群也能得到更好的保护，降低因敌火命中导致舰艇失去指挥能力的概率。

因此"水面舰作战特性研究"特别强调：必须强制指挥官待在战情中心，以尽可能地缩减舰桥结构尺寸，同时也需将战情中心设置在舰壳内部深处，以强化保护战情中心。

过去水面舰艇的指挥能力很容易因为舰桥与战情中心间的通道受损而丧失（会导致指挥官不能在两处间移动），这促使舰艇设计师经常把战情中心安置在舰桥的隔壁舱室，以便指挥官来往两处。但彼此紧邻的战情中心与舰桥一旦受到攻击将会导致战斗中枢失效。

引进整合电力驱动的尝试

动力系统也是"水面舰作战特性研究"的一大重点，被优先考虑的是整合舰艇主机与辅机系统的电力驱动系统。

在这种架构下，主机与辅机的动力将全部用于发电，然后再由电力驱动次系统。因此全舰的动力来源将完全一致，不再像过去一样必须分为电力、机械、液压等。而所有发电机的输出都将馈送到一个计算机控制的供电网络，再分别馈送给不同次系统使用，因此动力运用的效率会大为增加，可视需求在

下图：改用全电力驱动后，螺旋桨是由独立的电动马达驱动，无须像传统设计般被绑在船尾的传动轴末端，而可以荚舱方式安装到舰底不同位置。还能进一步把这种荚舱做成可旋转改变推进方向的"全向推进器"，大幅提高操舰弹性。

推进系统、空调系统、舰载电气设备或电子系统等不同次系统之间灵活地调配电力功率需求。若某些次系统不需要全功率运转，可关闭部分主机节省燃料消耗，也可将节余的动力转给其他次系统使用。

借由整合电力系统弹性调配功率的能力，电子设备能获得更充分的电力供应，还有利于在日后采用电磁轨道炮或高能激光等新武器，必要时可把全舰大多数的功率输出给这类极消耗电力的武器系统使用。

全电力驱动的另一重要优点是可以省略动力传动机构，舰艇不再需要安装贯穿整个后部舰体的螺旋桨传动轴，可提高舰体的空间运用弹性。例如可将燃气涡轮机设置在上层结构，这除了能降低安置吸气与排烟管道的难度外，舰体内也能空出更多空间，用以安置数量更多、深度也更深的垂直发射系统（但如果是庞大笨重的柴油机就不能这样做）。另外发电机组也不用再和过去一样，必须和主机绑在同一个舱室，而可分散安装于舰体内的不同位置，因此也降低了发电机组失效、导致舰艇完全失去电力供应的概率。

在全电力驱动环境下，螺旋桨也可分散部署。由于螺旋桨是由独立的电动马达驱动，故无须设置在舰艇的传动轴末端，而可把螺旋桨与驱动用的马达一同安装到荚舱中，成为"荚舱马达叶"，并安置到船底不同位置上。这种荚舱可做成任意改变推进方向的"全向推进器"，大幅提高操舰弹性，并摆脱对船舵的依赖。

人力精简的需求

人力的缩减是"水面舰作战特性研究"的另一重点，特别是缩减那些不能由短期征召的备役人员担负的关键职务所需人力。为此"水面舰作战特性研究"研究小组考察了欧洲国家海军在降低军舰人力需求方面的实际做法（特别是"荷兰M"级护卫舰与英国23型护卫舰），最后得出两种具体做法：一为

仿效英国方式，当船只靠港或在某些指定环境下时，可让签约的民间专业雇员登舰，分摊正规军职舰员的任务；二为通过引进更耐用、维护需求更少的新材料，或是采用自动化维修机械人，以最大程度地降低舰艇日常维护的人力需求。

上图：传统的螺旋桨是依靠传动轴驱动，因此安装位置必然是在舰艇的传动轴末端。不像全电力驱动舰体可以通过荚舱方式，灵活选择螺旋桨安装位置。

上图：基于全球部署与高强度作战的需求，美国海军一向偏好较大型的舰艇，虽然在20世纪80年代中期一度参与北约诸国合作的北约90年代护卫舰替换计划（NATO Frigate Replacement, NFR-90），但很快就退出。此后的十多年内，美国海军都不再对中小型舰艇感兴趣，自20世纪80年代后期到21世纪初期的新型舰艇规划都聚焦在8000吨以上的大型舰艇。图为NFR-90护卫舰想象图。

"水面战斗部队需求研究"的部队结构需求分析

至于与"水面舰作战特性研究"平行进行的"水面战斗部队需求研究"，得出的结论则是：美国必须发展替代"佩里"级（Oliver Hazard Perry Class）护卫舰执行船团护航任务（Protection of Shipping, POS）的新舰艇。该研究认为，在威胁日趋严重的未来战场上，以"佩里"级这种二线舰艇执行护航任务的效益欠佳，更好的选择是把资源集中投注在一系列顶尖的一线舰艇上。"水面战斗部队需求研究"最重要的影响，是使美国海军在接下来的10多年内都不再对护卫舰级的水面舰感兴趣，也没有设计"佩里"级的后继舰艇，而把资源集中到8000吨以上的大型驱逐舰上[1]。

麦特卡尔夫的《海洋革命》

当"水面舰作战特性研究"与"水面战斗部队需求研究"

---

[1] 美国海军虽曾在20世纪80年代中期参与北约诸国合作的NFR-90护卫舰计划，但美军对这种不到5000吨的小型舰艇实际上没有兴趣，该计划也很快就在1990年取消。一直到2003年，美国海军才又开始3000吨级的涉员海战斗舰（〔Littoral Combat Ship, LCS〕计划）。

两项研究刚启动不久,麦特卡尔夫便于1987年退役,但他仍不忘利用他的影响力推广新舰艇设计概念。他以退役海军中将的身份在1988年1月《美国海军学会月刊》(Proceedings)上发表一篇以《海洋革命》(Revolution at Sea)为名的文章[1]。麦特卡尔夫在文章中强调,有了射程超过1200海里的"战斧"巡航导弹、高带宽的新一代通信技术,以及可处理大量信息的计算机后,就不能再墨守成规,沿袭过去的思路来设计水面军舰,而须借由全新的概念来彻底活用这些新技术。

除了阐述新技术环境下新形态舰艇的必要性外,他的文章扉页上还描绘了一种配备了大量垂直发射系统的新型舰艇,称作"未来打击巡洋舰"(Future Strike Cruiser)。这种舰艇的特征是极低的干舷,宽广的舰体上塞满了搭载大量"战斧"导弹的垂直发射器,另外还设有升降式的舰桥,以及贴附在上层结构表面、供雷达与通信系统使用的适形天线,显示其对隐形性与攻陆火力的彻底追求。由于独特的外形,麦特卡尔夫也把这种船称作"龟甲船"(turtle ship),这也就是日后"武库舰"(Arsenal Ship)概念的滥觞。

上图:曾任美国海军作战部副部长的麦特卡尔夫中将,于1988年1月《美国海军学会月刊》杂志上发表的《海洋革命》一文,揭露了他对未来舰艇的构想——一种通过垂直发射器搭载大量"战斧"导弹、拥有高度隐形设计的大型舰艇,麦特卡尔夫称其为"未来打击巡洋舰"。这样的构想深深地影响了美国海军后来的新世代水面舰发展。图为麦特卡尔夫《海洋革命》的扉页,描绘了他构想中的未来打击巡洋舰。(知书坊档案)

冷战结束的冲击

美国海军于1989年完成了"水面舰作战特性研究"与"水

---

[1] VADM Joseph Metcalf III, USN (retired), "Revolution at Sea" USNI Proceedings.

面战斗部队需求研究"这两项探讨21世纪新型水面舰设计需求的研究案,但就在该年年底,柏林墙的倒塌,使长达40年的冷战有了结束的迹象,显然此后美国海军与苏联海军交战的概率将大为降低,因此美国海军对"水面舰作战特性研究"中规划的"新世代驱逐舰"也兴趣大减。美国海军决定继续建造"伯克"级,并通过先前已在1986年提出的Flights批次升级计划,建造改进的"伯克"级,作为过渡期内的临时替代方案。

从海到陆的转型

出人意料的,1989年底柏林墙的倒塌只是苏联解体的前

右图:在20世纪80年代中期出任美国海军主掌水面战的作战部副部长的麦特卡尔夫中将,是启动一系列新世代水面舰艇设计的关键人物,最后促成了DDG-1000驱逐舰的诞生。

上图：美国海军原以争夺制海权而设计的远洋作战舰艇，并不能适应后冷战时期的区域冲突作战，1991年海湾战争中，除了少数配有"战斧"导弹的水面舰艇能直接参与打击伊拉克外，多数水面舰都只能执行封锁、拦截等二线任务。

奏，短短两年内，美国海军原先的作战对象便不再存在。即使是承袭了80%苏联舰艇的俄罗斯海军，也因缺乏经费而迅速沦落为一支近海海军。

由于爆发大规模高强度战争的可能性已经降低，美国海军原先以对抗苏联为目标、争夺制海权为目的而设计的远洋作战舰艇，此时无用武之地。美国海军水面舰队在1991年海湾战争中的遭遇就是一个警讯。

尽管当时美国海军在波斯湾集结了以6艘航空母舰为核心的大批水面舰艇，而这些水面舰艇发射了288枚"战斧"导弹打击伊拉克境内的目标，但其中由2艘战舰与2艘核潜艇发射"战斧"导弹就占了52枚与12枚，9艘巡洋舰与5艘驱逐舰各自发射了112枚（共224枚）。换言之，除战舰、航空母舰以及这14艘配有"战斧"导弹的巡洋舰/驱逐舰能够直接参与对伊拉克的打击任务外，美国海军部署在战区的其余水面舰艇大部分时间都只是作为旁观者"观摩"了这场声势浩大的战争，除了执行

由一位陆军上将指挥的美国空军是海湾战争的最大赢家,相形下在这类区域冲突中无所著力的水面舰地位就岌岌可危了。因此如何在愈来愈重要的对地打击中让水面舰也插进一只脚,就成为美国海军重要的课题。

封锁、拦截检查等二线任务外,几乎无所事事。由一位陆军上将指挥的美国空军反而成了这场战争最出风头的大赢家。

如果这种情况持续下去,显然海军的经费分配、法定编制员额的维持,甚至是存在本身都会受到质疑。因此,随着外界环境转变而调整自身的战略构想与兵力结构,对美国海军来说已是刻不容缓。

新战略:从海上影响陆地

1992年9月,美国海军部公布了"……从海上来"战略纲领,提出美国海军应建立海上远征部队(Naval Expeditionary Forces),以与陆、空军进行联合作战;同时还要加强海军与陆战队间的协同作业(包括建立混合固定翼机联队),以便执行沿海与海上机动作战,并提出了强化控制远洋通往沿岸的近海通道,以及可由海上直接提供支持的沿岸作战能力。

美国海军稍后在1994年9月提出的"前沿……从海上来"纲领中,更强调了近岸作战与对陆攻击,第一次把支持近岸与陆上作战列为海军的首要任务之一,要求舰队必须能对深入海岸线100海里范围的地面作战提供直接支持,并把"前沿存在""前沿部署""前沿作战"等新概念纳入了海军战略。

在制定新战略纲领的同时,美国海军的造舰计划也开始了对应于战略调整的转型,由于"伯克"级是当时唯一仍在大量建造的美军主力作战舰艇,因此便成为转型计划的首个目标。海军作战部长(CNO)凯尔索(Frank B. Kelso Ⅱ)在海湾战争结束不久便下令开始"驱逐舰改型"(Destroyer Variant,DDV)研究。驱逐舰改型研究方案1991年12月完成,成果便是"伯克"级Flight Ⅱ与Flight ⅡA,其中Flight Ⅱ只是过渡,真正的重点在于Flight ⅡA。

"伯克"级Flight ⅡA除增设可搭载多用途直升机的机库外,还取消了"鱼叉"(Harpoon)导弹,并修改了垂直发射系统的配置。考虑到海上重新装填的困难与实用性,Flight

对页图:通过1992年的"……从海上来"与1994年"前沿……从海上来"两份战略纲领文件,美国海军表明了后冷战时代的转型方向,将从冷战时期的远洋舰队作战,转为近岸力量投射。

ⅡA取消了内建机械吊臂的垂直发射系统模块，代之以可装填更多导弹的普通模块。而这样的设计调整，也显示出美国海军对水面舰反舰能力的重视程度已有所下降，而陆上目标将是更重要的任务。

不过即使是"伯克"级改进版的Flight ⅡA也只是权宜之计，"伯克"级的基本设计到此时已问世10年之久，而"伯克"级Flight ⅡA的实际完工也还要再等上7至8年，美国海军显然还是需要一种真正为21世纪所设计的新驱逐舰。于是凯尔索便在1992年初指示开始另一项新的"21世纪驱逐舰技术研究"（Twenty-First Century Destroyer Study），并计划自2005年开始订购这种代称为"新型驱逐舰"的新舰艇。

21世纪驱逐舰技术研究

美国海军舍弃既有的"伯克"级，而启动全新的"新型驱逐舰"计划，主要基于两个理由。

其一为"伯克"级无法满足隐形的需求。隐形的首要考虑是外形，由于水面舰会保持一定的吃水深度，因此隐形只与暴露在水面上的舰体有关。而这也意味着，舰艇在碰到因机动或恶劣海象而使舰体产生严重的横摇或纵摇时，也不能因此而失去隐形特性。

为了不让舰体或甲板上的传感器、武器系统等装备或杂物破坏隐形外形，必须

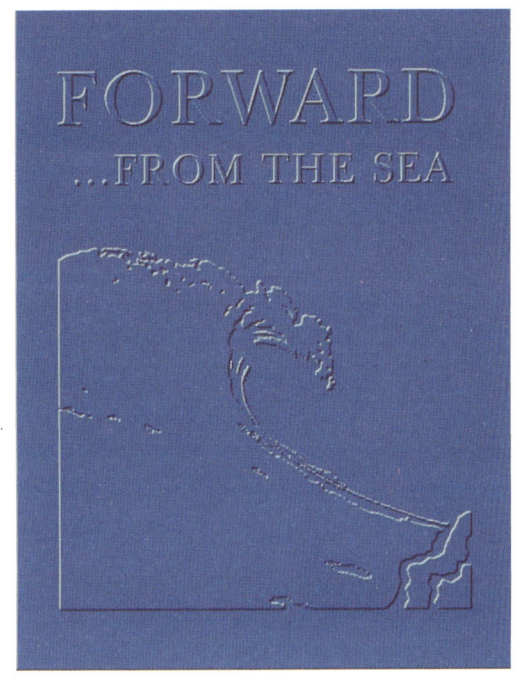

下图:"伯克"级驱逐舰的主桅以及舰桥、烟囱等上层结构,虽然都初步考虑了缩减雷达截面积的需要,采用内倾构型,避免形成会放大雷达反射的垂直交角,但离全面隐形还有很大的距离。因此美国海军决定另起炉灶,在下一代舰艇上应用全面隐形设计。

通过可与舰体融合为一体的特殊结构物将这些设备封闭起来。但这种考虑了隐形的上层结构与船体设计通常带有向内倾斜的表面,以致实际的可用容积会小于排水量相近、但采用垂直结构的传统舰艇,而且也会妨碍甲板上的设备安置。

因此若要搭载相同数量的武器弹药或其他设备,采用隐形设计的舰艇尺寸通常远大于传统设计舰体,才能具备足够的武器设备搭载容积。举例而言,若要使1艘隐形驱逐舰具备与传统设计9000吨级驱逐舰相等的装备搭载能力,排水量很可能会膨

胀到14000吨以上。

而对"伯克"级来说，虽然针对桅杆、舰桥、烟囱等上层结构都做了缩减雷达截面积（RCS）的处理，但就整体来说，还只是初级的隐形应用。

第2个理由是"伯克"级既有的战斗系统扩展性有限，不能充分应对未来的新计算机技术发展，特别是在美国海军当时正积极推行的商规现成技术（Commercial Off-The-Shelf, COTS）应用，以及开放系统架构（Open Systems Architecture, OSA）方面。虽然"伯克"级的旧舰体也能通过升级战斗系统引进开放系统架构［如多年后的基线（Baseline）7版宙斯盾系统］[1]，但效益毕竟比不上专门为新系统开发的全新舰体，而且重新设计舰体还可整合更进步的隐形设计、全电力驱动，以及可降低人力需求的自动化设备等新技术，设计弹性远比在旧舰艇上进行改良要高得多。

当然创新的设计概念能否得到青睐，最后还是得视海军决策阶层对新技术的接受程度而定。美国海军负责舰艇规划、设计与建造的海上系统司令部（NAVSEA），是由文化、观念均大相径庭的两大派系所构成［即来自旧的舰船局（BuShips）的船体/主机系统设计师，以及来自过去的军械局（BuOrd）的武器系统开发人员］。由于双方对舰船设计的出发点不同，以致龃龉不断。而在隐形技术获得重视之前，美国海军一向把注意力放在武器系统上，并没有足够的诱因来推动舰体与推进系统方面的革新，因此在过去的几项大型武器系统开发案中（如宙斯盾系统与"伯克"级驱逐舰），最后总是武器系统开发人员的意见占了上风。

---

[1] 20世纪90年代初期当时的"伯克"级搭载的基线4版宙斯盾系统，仍旧是以军规的UYK-43/44计算机，以及以CMS-2海军标准语言撰写的软件为核心的半分布式系统，基线5以后虽在部分周边系统上导入了商规现成技术组件，但主要的系统架构并未改变，直到21世纪初开始服役的基线7，才全面转换为全分布式与非专属规格的开放系统架构。

如在20世纪70年代末期的上一个"新型驱逐舰/新型防空驱逐舰"计划中（"伯克"级即为该计划的最终成果），美国海军内部就曾为是否要采用新的船体与推进技术发生过争执，最后负责决策的萨尔泽（Salzer）委员会否决了在"新型驱逐舰"上采用新式船体或主机设计的建议，认为"新型驱逐舰"计划重心应放在战斗系统方面，船体与主机只需采用既有的技术即可。虽然戴维·泰勒海军舰船发展中心（DTNSRDC）的格拉翰姆（"Corky" Graham）少校，早在1975年就已为"新型驱逐舰"计划提出过全电力驱动、全分布式战斗系统、垂直发射系统等新概念，但最后落实到"伯克"级船体/推进系统设计时，唯一被采纳的新技术只有一种新的宽水线面、高耐海性（Seakeeping）船体设计。

不过话说回来，诸如双船体、表面效应这类真正全新概念的船型，在20世纪

对页图：对于隐形舰艇来说，必须通过特殊的频率选择表面（FSS）材质，或具备隐形设计的上层结构，将电子设备天线与甲板设备封闭在内，以免这些杂物破坏隐形效果，但这也会带来增大上层结构尺寸与重量的副作用。

70—80年代还没成熟到应用到一线主力作战舰只的程度,也没有国家会有意愿把舰艇开发重心放在这类新船型上。不过,如果是为了隐形的缘故,情况就不同了,随着空军的F-117夜鹰(Nighthawk)隐形战机在1991年海湾战争中大出风头,已清楚显示出隐形将是未来武器系统发展的趋势,因此美国海军内部握有决策权的资深军官愿意在新一代舰艇上尝试采用任何对改善隐形性有益的新技术。

在"由海向陆"白皮书公布后一个月,"21世纪驱逐舰技术研究"也于1992年10月完成，随之被美国海军作为制定一系列未来水面作战舰艇计划的基础文件纳入到"21世纪水面作战舰艇"（Surface Combatant of the 21st Century，SC-21）计划中。

对页图：为了避免直接反射雷达波，或是形成强化雷达反射的垂直交角，水面舰艇往往采用了内倾的上层结构设计，但比起传统的垂直舱壁设计，内倾式舱壁也会造成可用容积减少的副作用。上图左为未考虑隐形需求的"纪德"级驱逐舰，采用了由垂直舱壁构成的上层结构，以此取得最大化的可用容积。上图右为纳入了初步雷达隐形设计的"伯克"级驱逐舰，采用了内倾的上层结构，可明显看出"伯克"级的内倾式舱壁设计，明显不利于内部空间的运用。

2

瞄准21世纪的新世代水面作战舰

早从20世纪80年代中期起，美国海军便开始探索21世纪的新型水面舰艇设计需求，不过面临苏联解体、冷战终结带来的剧变，美国海军被迫在20世纪90年代初期重新调整水面舰艇发展方向。依据新的"由海向陆"战略纲领所设定的后冷战时代作战形态，美国海军在1992年底启动了"21世纪水面作战舰艇"计划，重新探讨水面舰艇发展需求。

"21世纪水面作战舰艇"计划基本概念——家族化与共通化的舰艇家族

包括"斯普鲁恩斯"与"佩里"级在内的一大批20世纪70年代入役舰艇，均将在2000年后陆续退役，然而美国海军尽管有60~70艘以上的主力舰艇需要替换，但随着造舰成本的攀升，后冷战时代遭到大幅削减的军事预算，不可能满足大量建造新舰艇的需要，只能通过革新的技术与造舰观念来解决造舰成本持续提高、可用经费却不断削减这个两难问题。

上图:"21世纪水面作战舰艇"计划的精神,是"共通性"与"家族化",借由让不同舰艇共享相同的次系统,发展不同用途的系列化舰艇,来达到控制整个水面舰队成本的目的。

显然,美国海军还是免不了要建造一批复杂昂贵的一线作战舰艇,但可通过采用与二线作战舰艇或非作战舰艇共通的次系统,来达到降低成本的目的。因此"21世纪水面作战舰艇"计划的基本精神便是"共通性"与"家族化",也就是借由共通部件来控制整个水面舰队的成本。

依循这个思路,美国海军成立了联合需求审查委员会(JROC),负责评估"21世纪水面作战舰艇"计划的基本任务需求与概念,成果便是联合需求审查委员会在1994年9月2日批准的"21世纪水面作战舰艇任务需求报告"(SC-21 Mission Need Statement)。"21世纪水面作战舰艇任务需求报告"并不是针对特定的舰艇或系统,而只是一份框架文件,以作为后续技术与需求评估的前提或起点。报告中列举了新舰艇必须具备的能力,包括:全新推进动力设计,战场制空能力,指挥/控制与侦察能力,联合部队支持,生存/机动能力以及执行非战斗任务的能力等。

有了"21世纪水面作战舰艇任务需求报告"提供的指引与框架后,接下来便可开始针对具体技术应用的"费用与作战有效性分析"(Cost and Operational Effectiveness Analysis,

COEA），或称"选择分析"（Alternatives of Analysis, AOA），而"费用与作战有效性分析"产生的结果，将进一步形成具体的技术规格，即首要需求（Top Level Requirement, TLR），然后国防承包商即能依据"首要需求"制定的规范，提出自身的竞标设计案。

紧接在联合需求审查委员会之后，国防采购委员会（DAB）也在1995年1月18日批准让"21世纪水面作战舰艇"计划进入"里程碑0"阶段（Milestone 0），即概念设计探索与拟定阶段，并依"21世纪水面作战舰艇任务需求报告"的要求组建了"费用与作战有效性分析"小组，稍后又在1995年10月成立了对应"21世纪水面作战舰艇"的舰艇计划管理组织——PMS400R。

"费用与作战有效性分析"小组的工作方向受兰德公司（RAND）于1993年发表的报告"新计算：联合战区战役中的

下图："21世纪水面作战舰艇"计划的目的，顾名思义是要发展针对21世纪作战需求的新型水面舰艇。除了必须引进各式各样的新设计与新概念之外，美国海军还特别注重成本的控制。图为"21世纪水面作战舰艇"计划中最优先的"21世纪驱逐舰"计划早期构想，不仅要求采用隐形技术，还要求比"伯克"号驱逐舰（USS Arleigh Burke DDG-51）节省30%寿期循环成本。

空中力量角色变化分析"（The New Calculus: Analyzing Airpower's Changing Role in Joint Theater Campaigns）影响很深。兰德公司的这份报告指出，只要使用精确导引武器摧毁敌方部队20%的车辆载具，就能遏止一支入侵地面部队的行动。因此由空军B-2幽灵（Spirit）轰炸机或其他战机执行的精确对地打击，将是美国未来面对类似1990年伊拉克入侵科威特等危机时最佳的应对策略。不过这样的轰炸行动可能必须持续数天之久，才能让空中打击行动累积足够的效力。

而美国海军的"'21世纪水面作战舰艇'计划'费用与作战有效性分析'"（SC-21 COEA）小组在仔细研究过兰德公司的报告后，认为装备大量陆攻导弹的水面舰也能达到类似的打击效果，而且舰艇的弹药携载量远比空军机队更大，可同时打击的目标数量更多，因此打击作用可以更快生效。因此"费用与作战有效性分析"小组认为，装备大量导弹的"火力舰"将是战区指挥官的一大助力，而这种对陆地目标精确打击的角色，也非常符合海军在后冷战环境的需要。

"21世纪水面作战舰艇"舰艇家族

虽然"21世纪水面作战舰艇"计划一开始的主要目的，是要发展"斯普鲁恩斯"与"佩里"级的后继舰，但在战略环境与新技术的冲击下，美国海军并没有为这两级舰艇开发后继舰只，而是把"21世纪水面作战舰艇"计划拉到一个前所未有的高度，从新时代的兵力组成结构需求出发，重新审视舰艇设计的基本概念。

因此"21世纪水面作战舰艇"计划要求的不只是一两种舰艇，而是一系列基于共同技术基础、可分别适应不同任务需求的舰艇家族。为了满足新的作战概念，海上系统司令部的舰船设计人员也获得了空前的自由度，可以广泛地探索各种选择。

由于费用与作战有效性分析小组把对陆攻击放到需求首

对页图：兰德公司在1993年提出的研究报告指出，由空军B-2幽灵轰炸机或战机执行的精确打击，是美国遏止地面侵略的最佳手段。美国海军则认为携带了大量攻陆巡航导弹的水面舰艇，也能用于同样的精确打击任务，而且水面舰艇还可凭借庞大的携弹量，提供更高的对地打击能量。上为投掷联合直攻弹药（Joint Direct Attack Munition，JDAM）导引炸弹的B-2幽灵轰炸机，下为发射"战斧"巡航导弹的"提康德罗加"级巡洋舰。一架B-2幽灵顶多只能携带16枚GBU-31联合直攻弹药或联合距外武器。而1艘"提康德罗加"级巡洋舰或"伯克"级驱逐舰，必要时可携带70枚以上的"战斧"导弹。（B-2图片：美国空军）

位,也不拘泥于传统的水面舰设计,只要能达到目的就行,因此他们设想了各种能够满足对陆攻击需求的方式,如利用从两栖舰艇到护卫舰等不同舰体搭载大量攻陆导弹,还有一种"武装超级油轮"概念,也就是把人员、武器与动力设备都放到油轮的上层结构中,利用油轮庞大的双层壳体作为生存性的保证。经过半年多的研究后,"费用与作战有效性分析"小组提出了3种"21世纪水面作战舰艇"的基本概念供海军选择。

◆概念1:利用新技术改造现有舰艇,以求延长服役寿命。

◆概念2:基于现有舰艇的衍生型,其中作为基准的概念2A是一种基于"伯克"级Flight ⅡA的多用途化衍生版;概念2B也是利用"伯克"级船体的升级版;概念

2C则是以"圣安东尼奥"级（San Antonio Class）两栖船坞登陆舰的舰体为基础，增加携载4至8架垂直起降型战机或攻击直升机能力而成，基本上就是"圣安东尼奥"级的航空能力强化版，可充作武力投射任务时的前线指挥平台。

◆ 概念3：全新设计的舰艇，包括A、B、C、D等4个系列。概念3A是一种尽可能结合防空、反潜、攻陆等各种功能于一身的高性能多用途舰；3B则是一种以"负担得起"为目的设计的多功能舰，主要是去除区域防空能力，保留反潜与攻陆能力，算是3A简装版；3C为缩小任务涵盖范围的作战舰艇；3D则是以3A为基础的一系列模块化战斗舰艇家族。

3种概念中，自然是以全新设计的概念3最受瞩目，以下我们便对这个系列做进一步的说明。

概念设计3A：全方位高性能

3A系列概念设计中的3A1，为具备战区弹道导弹防御能力的武力投射舰（Power Projection Ship），拥有相当庞大的船体，全长达186米/194米（水线长/全长），宽22.5米/24.9米（水线宽/最大宽），吃水也有6.9米，排水量达12435.6吨/15133.7吨（标准/满载）。

3A1的主要配备包括多达256管的垂直发射系统（64管×4）、两门MK 45型5英寸/62倍径炮（1英寸≈25.4毫米），以及两架"轻型空中多用途系统"直升机，动力系统为3部中间冷却回热式（Intercool Regenerative）燃气涡轮机[1]，每部输出功率29040匹制动马力（Bhp），总功率为87120匹制动马力。舰艇宽敞的飞行甲板可满足V-22"鱼鹰"（Osprey）倾旋翼机的起降需求，能适应特种作战的需要，另外还预定配备

对页图："21世纪水面作战舰艇"计划考虑了类型非常广泛的新型舰艇设计，包含了现役舰艇的改进、以现役"伯克"级Flight IIA驱逐舰或"圣安东尼奥"级船坞登陆舰为基础发展的新舰艇，以及全新设计舰艇等3大类型。图为并排停泊的"伯克"级Flight IIA"哈尔西"号（USS Halsey DDG-97）与"圣安东尼奥"级"新奥尔良"号（USS New Orleans LPD 18），这两种舰艇由于基本设计优良、发展潜力大，因而经常成为衍生新舰艇的设计基准。

---

[1] 中间冷却回热是一种废热回收利用机制，将燃气涡轮机排气的废热回收，用于加热进气空气，从而改善效率。

SC-21 3A1 概念

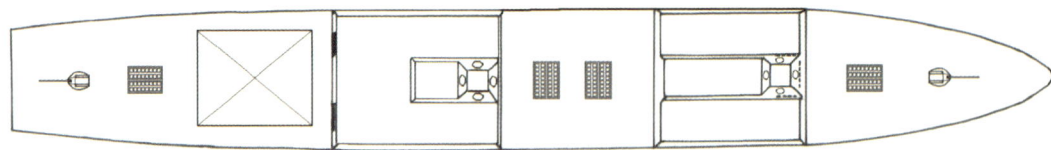

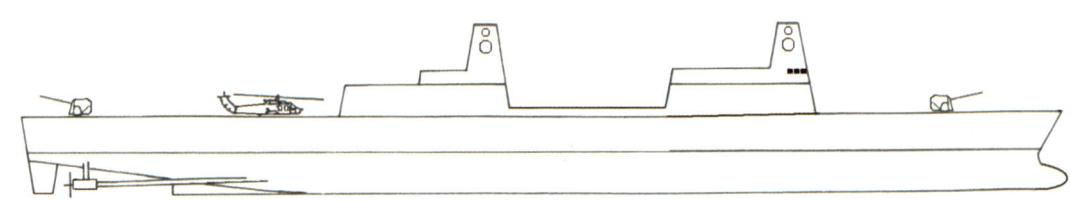

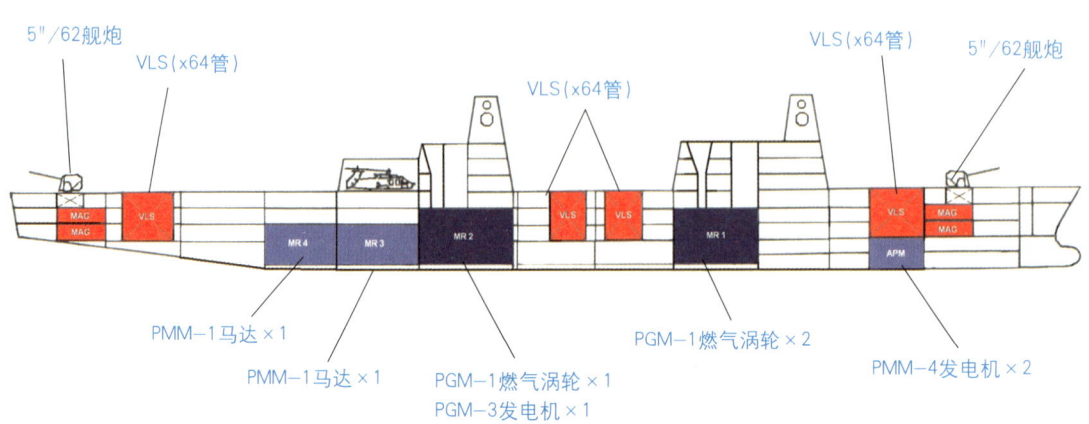

上图：SC-21 COEA 3A1武力投射舰设计案草图。
3A系列为全方位高性能的设计，具有强大的火力，并能兼顾防空、反潜、攻陆与弹道导弹防御等任务的需求。3A1火力支持舰为3A的基本船型，配备了256管容量的垂直发射系统、两门5英寸/62倍径炮与两架"轻型空中多用途系统"（Light Airborne Multi-Purpose System，LAMPS）直升机，满载排水量超过15000吨。搭载3具PGM-1燃气涡轮机的总输出功率为87120匹轴马力，其中推进系统可获得62226匹轴马力。

SC-21 3A2 概念

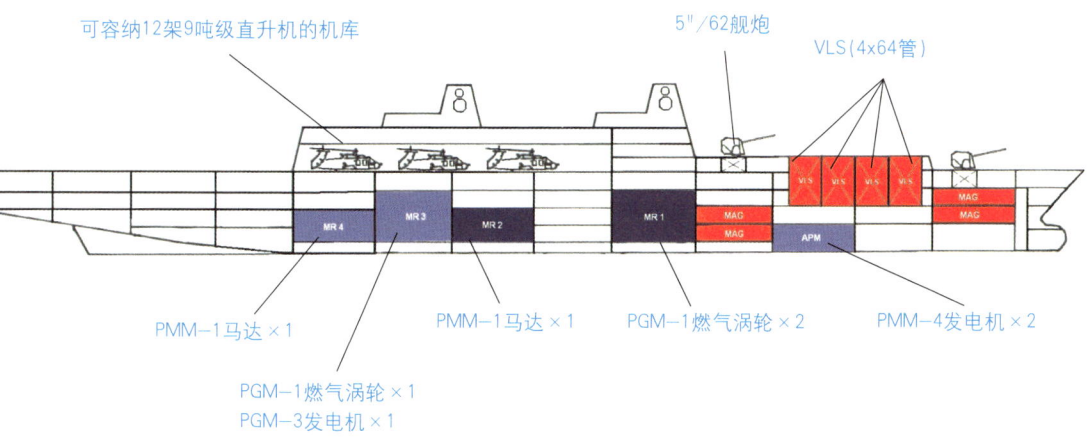

上图：SC-21 COEA 3A2 航空巡洋舰设计案草图。3A2大幅强化了航空支持能力，为空出飞行甲板，所有的垂直发射系统都被安置到舰艏。上层结构中的大型机库可容纳12架SH-60海鹰等级直升机。舰艉的飞行甲板设有6～10个直升机停驻点，并能支持V-22倾旋翼机与垂直起降（VTOL）型战机的作业。至于动力与武器系统则均与3A1相同，排水量则增加56%而达到23588吨。

新型的双波段多功能雷达。

3A2则是一种功能比3A1更全面的航空巡洋舰，满载排水量达到了23588吨，可用来替代现有的防空舰艇。3A2属于"万能舰"形式的概念设计，除了拥有6～10个直升机停驻点的大型飞行甲板，以及可容纳12架SH-60海鹰（Seahawk）等级直升机的机库外，还增设了宙斯盾系统与256管垂直发射系统，预估造价攀升到19亿美元，居于"21世纪水面作战舰艇"所有舰型之冠。

至于3A3则是一种3A2的简化版，同样设有大型飞行甲板，但飞行甲板的停驻点较少（只有2～6个，3A2为6～10个），机库也只能容纳两架直升机，排水量仅为3A2的70%（满载16391吨）。另外着眼于两栖作战，3A3在舰艉还设有一个可停放气垫登陆艇（Landing Craft Air Cushion, LCAC）的船坞。另外值得一提的是，所有3A系列的舰体都预留有足够空间，可把5英寸炮更换为155毫米"先进垂直发射舰炮"（Vertical Gun for Advanced Ships, VGAS）。

SC-21 3A3 概念

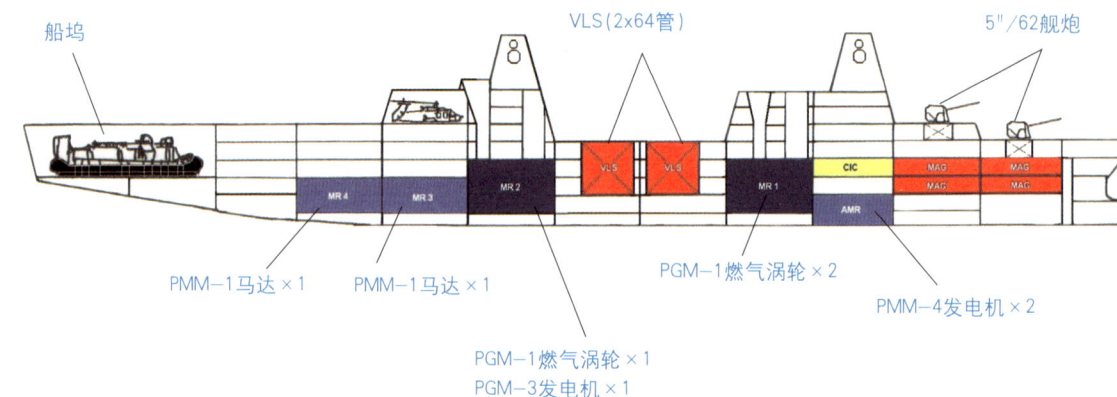

上图：SC-21 COEA 3A3 重巡洋舰设计案草图。3A3是一种强化两栖作战能力的船型，舰艉设有船坞，可容纳1艘气垫登陆艇，机库虽只能容纳两架直升机，但飞行甲板设有2～6个直升机停驻点，并有60天的自持力。不过武器系统较之3A1与3A2有所削减，垂直发射系统发射管数量减少一半，排水量则稍大于3A1，达到16391吨。

概念设计3B：突出反潜与陆攻

3B系列是一种强调反潜与陆攻的经济型设计，基准船型为3B1沿岸作战舰（Littoral Combatant），强调近岸对陆打击能力，并结合了反潜以及全面的信号缩减等特性。

3B1的定位及装备均与"斯普鲁恩斯"级近似，同样都设有可容纳两架"轻型空中多用途系统"直升机的机库，以及两门5英寸/62倍径舰炮，但垂直发射系统容量增加一倍达到128管（64管×2），可携带更多的"战斧"导弹，提供更强的对陆打击能力。不过3B1没有如"斯普鲁恩斯"级般配备方阵（Phalanx）近迫武器系统（Close-In Weapon System, CIWS），完全依赖垂直发射系统内装填的"改进型'海麻雀'导弹"（Evolved SeaSparrow Missile, ESSM）来提供自卫防空保护，主要对空传感器是一套双波段多功能雷达。至于3B1的尺寸、吨位则与"伯克"级近似，长169米/178米（垂线间长/全长），宽18米/21.2米（水线宽/最大宽），吃水5.7米，动力系统为两部模块化燃气涡轮机带动的电力驱动系统，满载排水量9441吨。

SC-21 3B1 概念

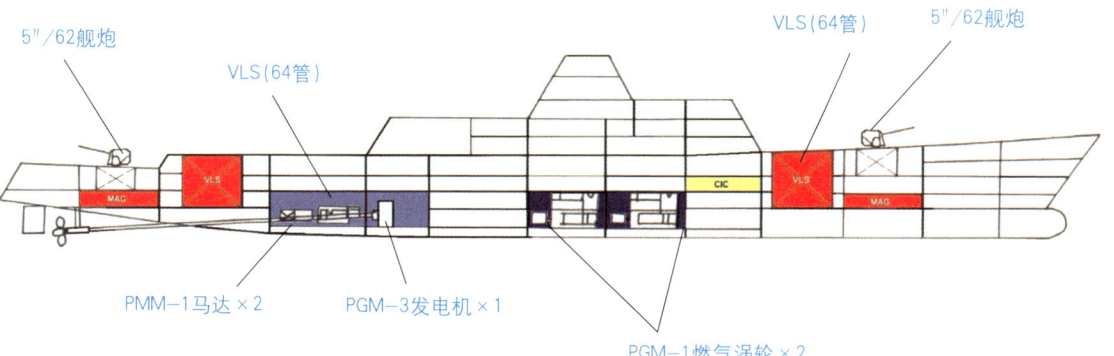

上图："21世纪水面作战舰艇" 3B1沿岸战斗舰设计案草图。

3B1是定位在替代"斯普鲁恩斯"级驱逐舰的船型，武器系统与前者差不多，都有两座5英寸炮，但垂直发射系统增加到两座（64管×2），并设有两门25毫米机炮，封闭式主桅虽设有S/C与X双波段相位阵列雷达，但只能支持自卫用的改进型"海麻雀"导弹，排水量则为9441吨。3B1大量借鉴了"伯克"级成熟的船体设计，虽然隐形性有所改进，但在某些角度下还是会形成强反射雷达波的角反射体。

概念设计3C：廉价多功能

3C系列的重点放在价廉的多功能船型，从这个目的出发，产生了两种互为极端的基准船型，一为武装型超级油轮，可提供攻陆、舰载火炮支持，以及2~6个直升机停驻点。二为敏捷（Agile）海上巡逻舰，基本上可看成是一种缩小版的"伯克"级Flight ⅡA，可提供区域防空与反潜能力，可搭载64管垂直发射系统、舰炮与攻击直升机。

从敏捷海上巡逻舰概念出发，又延伸出几种不同的设计，其中最高阶的船型是3C1海上作战舰（Maritime Combatant），具备区域反潜能力，但搭载的垂直发射系统管数略少；最低阶的则是3C4小型反潜舰，为护卫舰级的舰体，仅提供较有限的反潜与中距离反舰能力。

与3B系列概念设计相较，3C1的能力要缩水不少，只有64管垂直发射系统与1门5英寸炮，另外尺寸与航速也都有所降低，长、宽、吃水分别为146.5/151.6（垂线间长/全长）×16/19.9（水线宽/最大宽）×5.6米，排水量5566.4吨/7210.4吨（标准/满载），在两部回热式燃气涡轮机推动下，持续航速为26.8节。

至于低阶的3C4称作"聚焦区域任务作战舰"（Focused Mission Local Area Combatant，FMLAC），或称"制海作

SC-21 3C1 概念

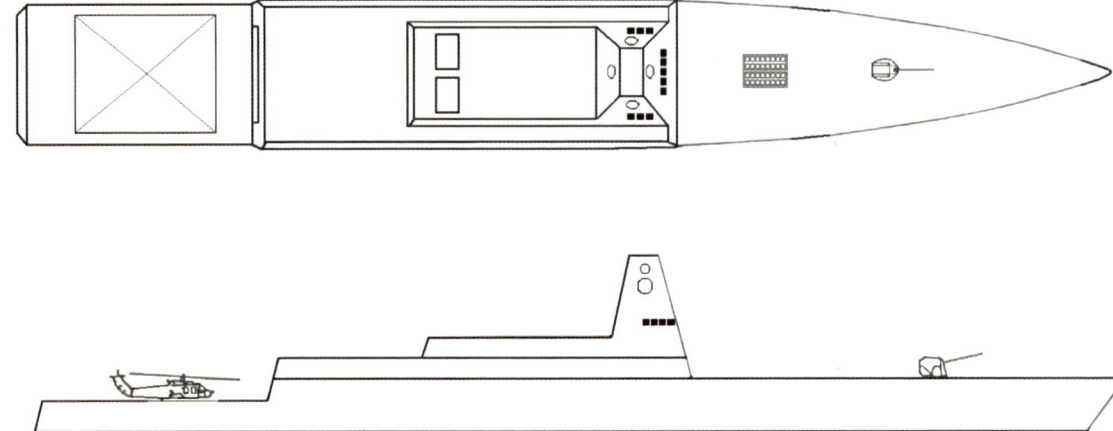

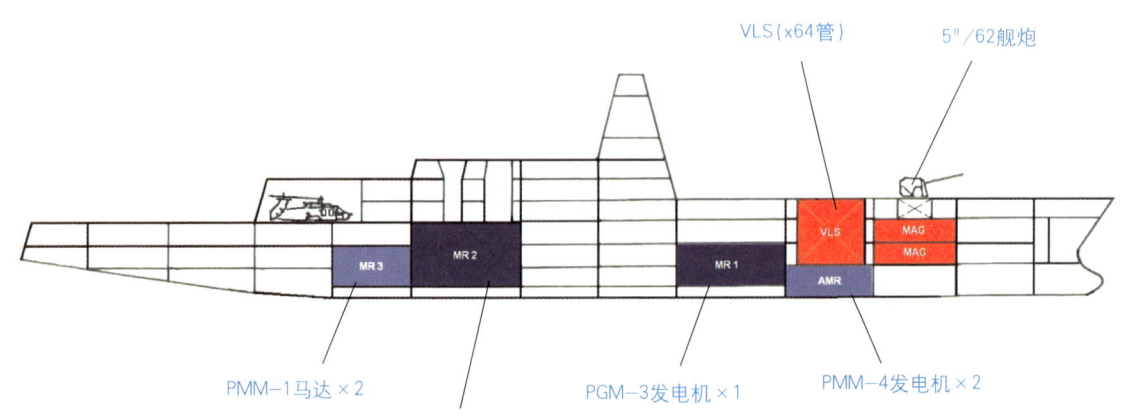

上图:"21世纪水面作战舰艇"3C1海上作战舰设计案草图。
3C1是一种缩减规模与造价的设计,大致相当于"斯普鲁恩斯"级,武器系统比3A或3B都减少许多,只剩下5英寸/62倍径舰炮与64管垂直发射系统各一座,但机库仍能容纳两座直升机,相位阵列雷达也获得保留,排水量则降到7200吨。

SC-21 3C4 概念

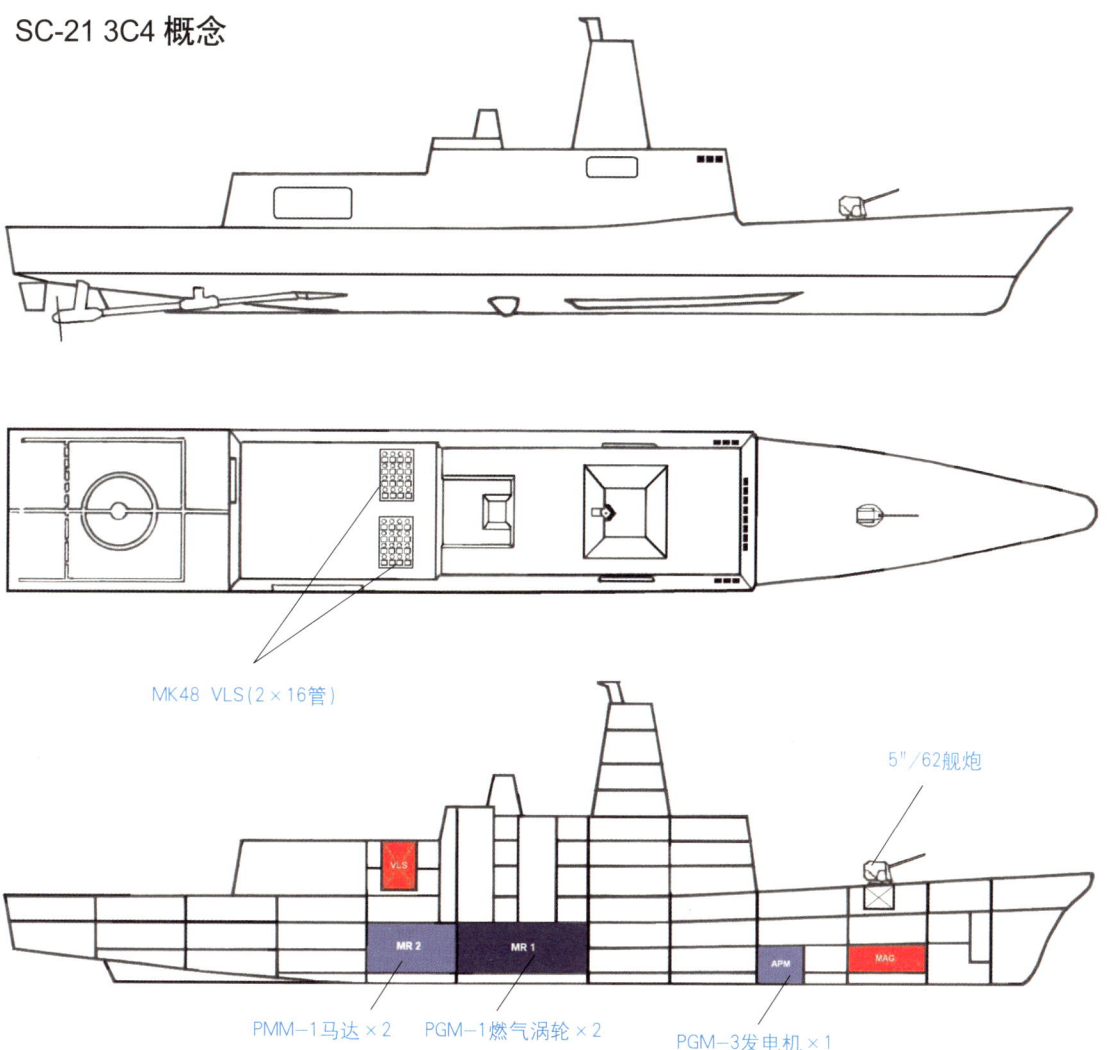

MK48 VLS（2×16管）

5"/62舰炮

PMM-1马达×2　　PGM-1燃气涡轮×2　　PGM-3发电机×1

上图："21世纪水面作战舰艇"3C4聚焦区域任务作战舰设计案草图。
3C4是所有"21世纪水面作战舰艇"概念设计案中最简化的一个船型，造价也最便宜，预估只需5.5亿美元。就概念而言，3C4可以看作是法国"拉法叶"级（La Fayette Class）护卫舰的美国版，外观颇为类似，应用了水平相似的隐形技术，也能容纳一架直升机，但火力较强，舰艏有1门5英寸/62倍径舰炮，另有两座25毫米机炮，直升机库前方的上层结构原打算安装一套8管的MK 41垂直发射系统，用于搭载32枚改进型"海麻雀"导弹（使用四合一容器），后改为两座16管的MK 48垂直发射系统。在整合电力驱动系统推动下，航速可达30节。

战舰"（Sea Dominance Combatant），主要任务为反舰、反潜与水雷作战，被看做是"佩里"级的后继者，只装备了1门5英寸炮、1架直升机，以及由8管垂直发射系统搭载的32枚改进型"海麻雀"导弹。反潜传感器颇为完整，设有一套包括SQS-53C舰艏声呐、高频舰壳声呐与"轻型宽带段可变深度声呐"（Lightweight Broadband Variable Depth Sonar，LBVDS）低波段可变深度声呐在内的声呐系统，而在最终版3C4设计案中，又把直升机支持能力提高到两架。

3C4的船体信号控制不像其他设计那样全面，隐形性大致相当于法国"拉法叶"级（La Fayette class）的程度。舰体尺寸则与"佩里"级差不多，长宽为123米×13.9米，满载排水量4260吨，两部燃气涡轮（输出功率32000匹制动马力×2）可提供30节的最大航速。预估造价约5亿美元，是概念3所有设计案中最便宜的，人力需求也只有现役护卫舰或非宙斯盾驱逐舰的一半。

3D：模块化家族

3D战斗舰艇家族为一系列采用模块化设计的舰艇，不同任务取向的舰艇，可借由不同模块的搭配来满足任务需求，如3D1远征部队支持舰（Expeditionary Force Support Ship）可选装战区弹道导弹防御（Theater Ballistic Missile Defense，TBMD）模块、扫雷模块、4至6组先进遥控载具模块，以及作战指挥模块。至于3D2海上支持舰（Tailored Maritime Support Ship）则可选装32管垂直发射系统、区域防空导弹、中口径火力支持，以及特种作战模块等。

共通的推进、感测与武器系统

"费用与作战有效性分析"小组亦为"21世纪水面作战舰艇"概念3规划了共通的电力驱动推进、感测与武器系统，以这些共通设备为基础，视需要进行搭配。

对页上图：SLY-2（V）先进整合电战系统曾被列为"21世纪水面作战舰艇"一系列新舰艇的主要电战系统，SLY-2旧称SLQ-54，主承包商为洛克希德·马丁（Lockheed Martin）公司，预计发展成集电子支持措施（ESM）、电子反制措施（ECM）、红外线搜索与追踪（IRST）与红外线干扰（IRCM）于一体的全功能电战系统，但因技术与经费上的困难，于2002年5月取消，改以持续改进SLQ-32（V）代替。

对页下图：美国海军海上系统司令部所属水下作战中心（NUWC）于"21世纪整合水下战斗"（IUSW-21）系统声呐计划中开发的轻型宽带段可变深度声呐，被"21世纪水面作战舰艇"计划列为新世代水面舰的标准配备之一。图为在"斯普鲁恩斯"级驱逐舰"尼科尔森"号（USS Nicholson DD 982）上，进行试验的轻型宽带段可变深度声呐吊放系统。

通用的整合电力驱动推进系统包括4个基本模块。

（1）代号为PGM-1的燃气涡轮机组，每套输出功率29040匹制动马力，搭配有可提高巡航效率的废热回收机制。

（2）PGM-3辅助发电机，功率为3000瓦。

（3）PMM-4分离式辅助发电机，功率也是3000瓦。

（4）PMM-1电动马达。

整套电力推进系统分散部署在舰体的不同舱室内，先由PGM-1燃气涡轮机驱动PGM-3或PMM-4发电机发电，PGM-3输出的电力再经配电网络分配给PMM-1电动马达带动桨叶，或是供应舰上各次系统的电力需求。

概念3系列中的4大类设计案，均视设计需要分别配置了不同数量的动力系统模块，如尺寸较大的3A1与3A3设计案，都安装有3部PGM-1燃气涡轮、一部PGM-3备用发电机、两部PMM-4发电机与两套PMM-1马达，而小型的3C4设计案就只有两部PGM-1燃气涡轮与一部PGM-3发电机。

不过"21世纪水面作战舰艇"计划的"费用与作战有效性分析"小组，虽然在概念3的一系列船型上，采用了整合电力驱动，但对推进器的设计就较为保守，仍采以长传动轴驱动的俥叶，而

SC-21 COEA部分新舰艇设计草案规格一览

类别		3A				3B		3C	
代号		3A1	3A2	3A3	3A6	3B1	3B5	3C1	3C4
名称		武力投射舰	航空巡洋舰	两栖重巡洋舰	大容量导弹舰	沿海作战舰	大容量导弹舰	海上作战舰	制海作战舰
舰长(水线/全长)(m)		186/193.9	205/212.1	186/192.5	164.7	169/178	228	146.5/151.6	123
舰宽(水线/全宽)(m)		22.5/24.9	28.2/30.2	21.5/25.0	21.35	21.2	28.8	16/19.9	13.9
吃水(m)		7.35	8.07	7.49	—	5.7	—	5.6	—
排水量(标准/满载)(tons)		12,435/15,133	23,588	16,391	9,715/13,412	9,441	24,980/29,894	5,566/7,210	4,260
武装	舰炮	5"/62×2	5"/62×2	5"/62×2	—	5"/62×2 25毫米×2	—	5"/62×1	5"/62×1 25毫米×2
	VLS(管数)	64×4	64×4	64×2	64×8	64×2	64×8	64×1	16×2
搭载直升机		2	12	2	—	2	—	1	2
雷达		MFR+MFAR	MFR+MFAR	MFR+MFAR	—	MFR+MFAR	—	MFR+MFAR	TAS MK32+SPQ-9
动力输出(bhp)		87120①	87120①	87120①	87120	58080	58080②	58080	
最大航速(kt)		—	26.0	28.1	23	—	26	28.3	30
乘员数		—	403	288	50—	402		212	

注：①其中用于推进的功率为62226shp。
②用于推进的功率为34202shp。
③此表依原书版式。

没有采用荚舱马达俥叶或全向推进器这些较先进的设计。

至于在感测系统方面，较引人注目的是一套新型的双波段多功能相位阵列雷达，含有S/C波段与X波段两套天线阵列，前者用于广域扫描与目标指示，天线直径达12英尺，后者用于低角度水平扫描、精确追踪与终端照明，天线直径7.5英尺，全系统一共含有八面天线。由于采用了轻量型发射/接收（T/R）模块构成的主动式电子扫描天线（AESA），故天线可安装在封闭式主桅顶端，借由提高安装高度来改善低空视野。

除了雷达外，"21世纪水面作战舰艇"规划的新舰艇设计还会配备辅助用的红外线搜索与追踪系统，而在水下侦测方面，多数设计案都会配备轻型宽带段可变深度声呐，另外除最便宜的3C4外，其余方案的舰壳声呐也大致都以SQS-53C低频船壳声呐为基准。而预定使用的电战系统形式，则锁定当时正在研发的"先进整合电战系统"（Advanced Integrated Electronic Warfare System，AIEWS），稍后改称SLY-2，不过3C4设计案则以节省成本出发，仍沿用现役没有主动干扰能力的SLQ-32（V）2。

至于在武器系统方面，"21世纪水面作战舰艇"计划中主要采用基于美国海军现役装备衍生的发展型，如当时刚刚开始进行试验的5英寸MK 45舰炮最新改进版Mod.4，就是所有"21世纪水面作战舰艇"概念设计预设的基本武器之一，炮管由54倍径延伸到62倍径，可发射增程导引弹药（Extended Range Guided Munition，ERGM），并更换了新的低雷达截面积炮塔外罩。"21世纪水面作战舰艇"预定使用的其他配备，像是"标准"II型（SM-2）导弹、改进型"海麻雀"导弹、"战斧"等导弹系统，以及MK 41、MK 48垂直发射系统等，也都是成熟的现役装备。

下图：62倍径的MK 45 Mod 4舰炮是"21世纪水面作战舰艇"概念3所有舰艇的基本武装，即使最阳春版的3C4方案亦是配备此炮，而不再装备"佩里"级上的MK 75 3英寸炮。显示出美国海军对岸轰火力的重视。而像3A系列这些大吨位的方案，甚至还预留了将5英寸炮改换为155毫米先进垂直发射舰炮的冗余。

3

海军武力投射新概念——"武库舰"计划始末

> 网络中心战的时代……聪明的武器并不需要聪明的平台!
> ——约翰·拜伦(John Byron)海军上校《国家需要不一样的海军》USNI Proceedings, June 2004

美国海军进行"21世纪水面作战舰艇"舰艇概念设计研究的同时,还平行发展了另一种源自麦特卡尔夫"龟甲船"或"未来打击巡洋舰"构想的"大容量导弹舰"(Large Capacity Missile Ship)。从这种大容量导弹舰概念出发,最后诞生了对后冷战时代美国海军水面舰发展运用概念带来莫大影响的"武库舰"(Arsenal Ship)。

从"未来打击巡洋舰"到"大容量导弹舰"

大容量导弹舰的基本设计概念,大致延续了麦特卡尔夫的未来打击巡洋舰构想,目的是通过携带大量"战斧"导弹的水面舰艇,来为战区指挥官提

未来打击巡洋舰（1988年）

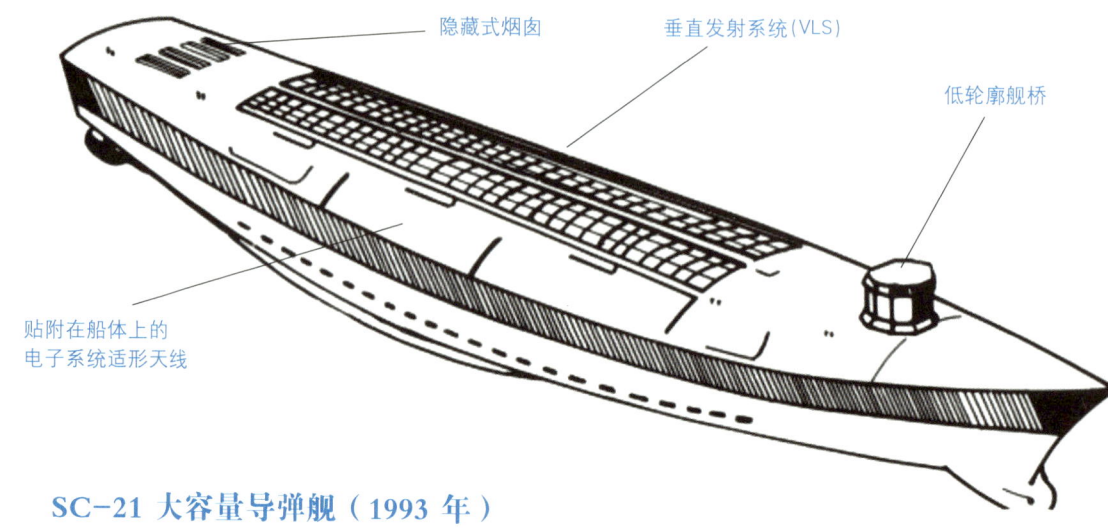

SC-21 大容量导弹舰（1993年）

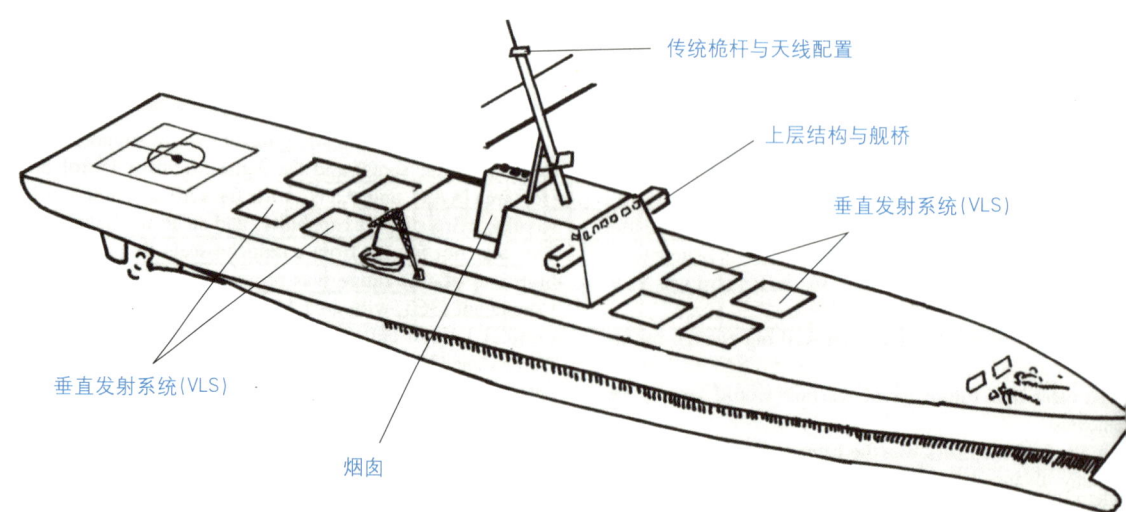

上图：未来打击巡洋舰与"21世纪水面作战舰艇"计划中的大容量导弹舰对比。
上为麦特卡尔夫中将在1988年提出的未来打击巡洋舰想象图，采用了十分特别的低轮廓船体，具备高度隐形性设计，并搭载了250管以上的垂直发射系统。下为"21世纪水面作战舰艇"计划中的3A6大容量设计案想象图，采用传统船型，配有8组64管模块的垂直发射系统，满载排水量达13412吨，没有配备雷达或其他感测系统，因而无法获取敌方目标数据，必须从网络上取得其他单位提供的目标信息，但也因此能大幅简化舰载系统配备，只需50名船员就能操作，是"武库舰"设计的原型之一。

供航空母舰或两栖舰艇以外的陆地攻击能力。

但大容量导弹舰的船型设计比较保守，未考虑采用麦特卡尔夫在未来打击巡洋舰中提议的激进船体设计——无上层结构的船体、低轮廓舰桥、船体上贴附适形雷达天线以及隐形性等。大容量导弹舰仍采传统船型，不过垂直发射系统的容量更大，"21世纪水面作战舰艇"计划所设想的大容量导弹舰预定配备多达500管的垂直发射系统，较麦特卡尔夫未来打击巡洋舰的垂直发射系统容量（约274管）多出近一倍，排水量则达到2万吨，造价估计约7.5亿美元。

前述的大容量导弹舰规格，只是"费用与作战有效性分析"的初步构想，"费用与作战有效性分析"小组后来将进一步的概念设计研究指派给两位正在海上系统司令部交流的法籍舰船设计学员负责，同时作为他们在法国国立高等军械技术研究工程师学院（ENSIETA）的年度研究计划报告兼博士论文。

大容量导弹舰的基本设计

两位来自法国国立高等军械技术研究工程师学院的学员在1993年6月提出了各自的大容量导弹舰设计报告，其中一个设计案采用作战舰艇的标准设计，另一个设计案则采用辅助舰艇（如货船）的标准设计。两种设计规格的主要差别在于生存性标准不同。采用战斗舰艇标准的设计案拥有军舰等级的生存性设计，垂直发射系统被安装在含有弹道防护设施的隔离舱室中，还有两个各自独立的主机舱，并设有必要的抗震措施；而采用辅助舰艇标准的设计案，其生存性设计则是依照二线舰艇或商船规格，生存性较军舰等级设计差了许多，成本也低廉许多。不管是哪一种设计，都具备整体式乘员核生化防护系统。

采用作战舰艇标准的设计案可使用柴油主机、燃气涡轮或回热式燃气涡轮作为动力系统，满载排水量约18500吨，持续航速约21节。采用辅助舰艇标准的设计案只采用柴油主机或燃气涡轮，航速也略低，只有20节，排水量为14500吨。

以这两个设计案为基础，"费用与作战有效性分析"小组为原先"21世纪水面作战舰艇"计划中的3A类方案添加了一系列大容量导弹舰设计案。这系列舰艇设计并不要求高航速，也没有采用"21世纪水面作战舰艇"计划中的整合式电力驱动系统，重点在于大量的垂直发射系统配置。

如大容量导弹舰设计案中尺寸最小的3A6设计案，设计航速仅23节，只相当于两栖船团的水平，但配有8组64管模块的垂直发射系统，总容量达512管，船体尺寸为164.7米×21.35米，排水量9715吨/13412吨（标准/满载），动力装置为4部PC4.2V10皮尔斯克（Pielstick）柴油机，搭配4组2500瓦的费尔班克斯·穆尔斯（Fairbanks Morse）柴油发电机。

下图：通过配置大容量的垂直发射系统，藉以携带大量"战斧"导弹，执行攻陆打击任务，是"21世纪水面作战舰艇"计划中的"大容量导弹舰"基本概念所在。

除了配置大容量垂直发射系统外，3A6设计案的运用方式也十分特别。它没有配备雷达或其他感测系统，所以也没有自力搜索与接战敌方目标的独立作战能力，完全依靠网络来取得由其他友军单位提供的目标信息，本身也没有自卫能力，必须依靠其他舰艇提供保护，但这种做法也能大幅简化舰艇系统配备，只需50名船员就能操作。

除了像3A6这种没有独立作战能力、单纯提供武器搭载能力的导弹舰外，大容量导弹舰之中也有功能较全面的3A5海上支持舰设计案，3A5增配了"体积搜索雷达"（Volume Search Radar，VSR）、SPQ-9B目标指示雷达以及改进型"海麻雀"导弹，造价约7.5亿美元。不过即使是配有独立传感器的3A5，其自卫能力也是奠基在协同作战能力上。它没有独立的防空与反潜能力（3A5似乎只配有目标指示用的SPQ-9，而没有可为改进型"海麻雀"导弹提供末端照明的射控雷达，故无法独立导控改进型"海麻雀"导弹）。

另外海上系统司令部还曾以前述导弹舰为基础，提出过一种装甲强化的3B5设计案，采用可改善抗水下爆炸能力的箱型大梁，垂直发射系统周围也敷设了装甲，可为弹药提供更好的防护，但尺寸也因此而放大到228米×28.8米（水线长×宽），排水量也达到24980吨/29894吨（标准/满载），是所有"21世纪水面作战舰艇"设计案中最大型者。虽然3B5的动力输出仅58080匹制动马力，但因较长的船体具有较佳的流体力学效率，故最大航速仍可达到26节，航速20节时可行驶1万海里。

新世代舰艇发展计划转向——"武库舰"概念的诞生

以"21世纪水面作战舰艇"计划中的未来水面舰船型研究为基础，费用与作战有效性分析小组向美国海军提出了未来的水面舰兵力规划。为求兼顾舰艇性能与数量需求，建议采用

7∶3的兵力结构方案，也就是70%具备完整作战能力的舰艇，搭配30%作战功能有限的舰艇。

第一种全功能型舰艇决定采用"21世纪水面作战舰艇"计划中的3B1设计案船型，任务重点为沿岸作战，用于取代"斯普鲁恩斯"级驱逐舰，这也就是后来的"21世纪驱逐舰"。就像之前以"斯普鲁恩斯"级舰体衍生出"提康德罗加"级巡洋舰的先例。"21世纪驱逐舰"的船体可作为"21世纪防空巡洋舰"（CG-21）的基础，从而减少发展新船型的花费。

第二种功能有限船型可能会选用"21世纪水面作战舰艇"计划中的3C4设计案。但"费用与作战有效性分析"还未完成定案，整个"21世纪水面作战舰艇"计划就发生了大幅度转向。

下图："武库舰"顾名思义是一种形同"海上军火库"的舰艇，借由舰上携带的大量"战斧"巡航导弹执行打击近岸与内陆地面目标的任务。1994年新上任的美国海军作战部长布尔达，偏好"武库舰"种种新概念舰艇，暂时搁置了"21世纪水面作战舰艇"计划，要求优先发展"武库舰"。上图为诺斯罗普·格鲁曼的"武库舰"概念设计想象图，可注意到在极低干舷的船体上，配备了大量的垂直发射系统。

1994年4月新上任的海军作战部长布尔达（Jeremy Boorda）上将，更偏好重型、为单一目的而设计的大容量导弹舰，要求优先发展后来被称为"武库舰"或"火力舰"（Bombardment Ship）的舰艇，指示由美国海军的海上系统司令部与国防部先进计划研究署（DARPA）共同负责"武库舰"的初步概念发展，而"21世纪驱逐舰"计划则被暂时搁置。

三管齐下降低成本

为符合20世纪90年代初期的预算，布尔达将降低成本列为"武库舰"的首要设计目标之一，要求海上系统司令部与先进计划研究署在"武库舰"计划上采用一系列以降低成本为目的的革新做法。

在冷战结束、军费大幅缩减的氛围下，美国国防部大幅更新了军备采购标准，希望通过各种方式降低装备成本。造成军舰成本高昂主要有以下原因。

（1）军舰的船体与所有次系统均采用规范严谨的军用规格建造，费用因此居高不下。

（2）舰载电子与武器系统日趋复杂，成本持续攀升。

（3）舰艇庞大的操作人力需求带来了高昂的人事费用。

因此"武库舰"计划降低成本的措施，也主要是针对以上方面。

针对第（1）点，包括军舰在内的军用装备，传统上都必须依循军用规格建造，但军规系统市场有限，难以达到经济的生产规模，因此造成军规产品的单位成本极为高昂。若能在新舰艇上完全弃用或部分弃用军用规格，引进商用规格，理应能节省大量费用。"武库舰"计划即被当成这种政策的试金石，国防部先进计划研究署获得特别授权，可在"武库舰"合约上尝试纳入商用规格，以探讨部分放弃使用军用规格的可行性。

针对第（2）点，现代军舰的总成本中，电子系统所占比

上图:考虑到生存性与可靠性需求,第一线水面作战舰艇都是按照严格的军用规格建造,但也带来成本居高不下的问题,故美国海军考虑在"武库舰"上尝试部分引进商船规格,以压低建造成本。

重愈来愈高,尤其是日益复杂的传感器与指挥管制系统。但"武库舰"恰好没有装备传感器与指挥管制系统,能节省大量的成本。但是导弹、发射器等武器系统相关装置也需要不少费用。

因此美国海军打算在"武库舰"的竞标中,让竞标厂商在两种竞标策略间做选择:①以现有技术为主;②发展更先进的技术,但需厂商自行负担额外费用。

显然,若将竞标设计提案局限在现有技术上,不但节省费用,管理风险也更低,但缺乏吸引力;然而若为竞标提案引进更先进的技术,可望带来更高的作战效率,进而有助于提高竞标获胜的概率,虽然厂商必须自行负担新技术研发费用,但若能在原型阶段获胜,并成功进入实际建造阶段,则能从美国海军计划订购的6艘(或更多)"武库舰"合约中得到补偿。

举例而言,当时部分海军工程师曾建议以一种新的同心式

（Concentric）垂直发射系统，来取代现有的Mk 41垂直发射系统，这种同心式垂直发射系统的每一个发射管都拥有独立的废气/尾焰排放管与机电单元，比起每个模块（8管）所有发射管都使用同一组排气/排焰管与机电控制单元的Mk 41，同心式垂直发射系统的配置将更为弹性，也更容易装填弹导弹。与这种构想中的同心式垂直发射系统相比，美国海军现有的Mk 41与Mk 48两种垂直发射系统的运用弹性都较差——Mk 41配置时必须以最基本的8管模块为单位；而轻型的Mk 48垂直发射系统配置虽较灵活，可以两管模块为单位来配置，但只能装填"海麻雀"导弹，通用性较差。

但问题是：美国海军并没有这种新型垂直发射系统的预算，因此希望由参与"武库舰"投标的厂商自费投资开发，来让同心式垂直发射系统实用化。换句话说，这意味着竞标厂商固然可以在竞标方案中采用更成熟、便宜的Mk 41垂直发射系统，但若能改用新的同心式垂直发射系统并自费承担相关

左图：美国海军标准的Mk 41垂直发射系统，是以8管模块为基本单位。每个8管模块共享同一套废气/尾焰排放管路，配置时也就必须从最基本的8管模块起跳，对舱室或甲板面积的布置限制较大，因此美国海军想在"武库舰"上采用新的同心式垂直发射系统来解决这个问题。

"武库舰"与其他海上投射平台的对比

在研拟全新的"武库舰"概念之外,美国海军曾考虑过另外3种同样以携带大量导弹为目的的替代方案。

(1) 以"俄亥俄"级(Ohio Class)战略弹道导弹潜艇(SSBN)改装的巡航导弹潜艇。

(2) 使用"伯克"级驱逐舰船体放大改造。

(3) 以商用油轮船体改造。

经评估后,美国海军认为"俄亥俄"级战略弹道导弹潜艇改装的方案拥有最佳的隐形性能,也能容纳数目合适的垂直发射系统(150~160管以上),但每管垂直发射系统所需单位成本过高。而"伯克"级船体的方案则受限于尺寸,只能容纳150管左右的垂直发射系统。油轮方案虽然有不错的生存性,庞大的船体也能容纳数百管垂直发射系统,平均每管垂直发射系统成本相对比其他方案低很多。但当时美国可用的油轮数目不多,而且油轮改装后的服役寿命也有限,最大的问题是航速过慢(仅15节左右),难以满足美国海军的全球部署需求。

最后海军部在1996年4月发布的"武库舰作战概念"(The Arsenal Ship Concept of Operations)中,判定全新设计的"武库舰"舰体是最佳选择。

下图：以"俄亥俄"级弹道导弹潜艇改装为大容量巡航导弹平台的概念，早在1995年，美国海军审核"武库舰"的各种替代方案时就曾提出，但因成本过高而未获实行。直到7年后，当最初4艘"俄亥俄"级潜艇准备依核态势评估（Nuclear Posture Review, NPR）报告的规划，退出战略巡航任务时，美国海军才将其改造为巡航导弹潜艇（SSGN），原用于搭载24枚"三叉戟"导弹的弹舱，改装为可容纳154枚"战斧"导弹与特战装备的新舱室，可视为以另一种形态重生的"武库舰"概念。

"同心筒式"发射器

- 同心管发射器
- 抗碎片防护罩
- 同心增压室
- COTS/开放式电子产品
- 正在开发中

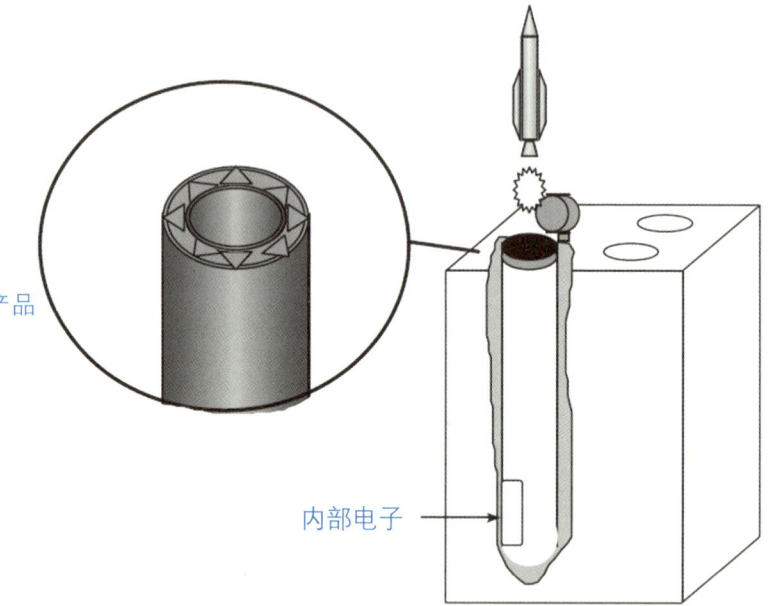

内部电子

上图：美国海军希望为"武库舰"引进的同心式垂直发射系统概念图，每一组发射管都有独立的排气/排焰管与机电单元，可以单独配置，比起必须以8管为一单元配置的Mk 41垂直发射系统更为弹性。

开发费用，则将有"加分"效果，让竞标提案更容易得到海军青睐。

除了部分放弃军用规格，以及竞标商自费发展先进装备外，降低"武库舰"整体成本的另一重要做法是尽可能地削减人力需求。

1艘军舰的人事费用占舰艇维持费的四分之一，如能将所需人力缩减到原来的三分之一或更少，舰艇维持费就能得到显著的降低，因此美国海军要求竞标厂商提出可"极大幅度"缩减人力需求的方案。海上系统司令部在启动竞标前，曾估计1艘"武库舰"大约需要200名船员，这个数字虽然已经比现役驱逐舰或巡洋舰减少了50%，但海军认为实际上需要的人力数字应该还可以更少。

由于"武库舰"没有独立的指挥管制能力，只需配置操舰、动力、损管以及通信系统方面的人员即可维持运作，加上自动化技术的应用,理论上只要数10名船员便能操作"武库舰"。考虑到许多比"武库舰"吨位更大的现代化油轮或货柜船都只需要10多名船员就能维持日常的运作,美国海军本身在自动化"整合舰桥系统"(Integrated Bridge System,IBS)与自动化主机控制方面,亦已累积多年的研究,而"武库舰"在省略了感测与指挥管制系统后,除了拥有大量的垂直发射系统配置外,性质与大型商船十分近似(只是承载的"货物"类型不同),因此减少操作人力并非不可能。当然这对美国海军来说,将是舰艇人力配置政策上的一个根本变革,并会对日后的舰艇采购策略与设计方向产生重大的影响。

"武库舰"的技术特性——独特的设计与运用概念

在海军作战部长布尔达上将推动下,海军部在1995年秋

下图:通过自动化技术来减少人力需求是节省舰艇操作维持成本的重要手段。美国海军希望将"武库舰"的操作人力降到几十人,因而引进整合舰桥系统等自动化操舰辅助技术降低舰艇轮值与操作人力,便成为"武库舰"的重要设计目标。

季正式提出"武库舰"的研发预算,并被列入1997财年的预算中。而海上系统司令部与先进计划研究署在1996年3月签署合作发展"武库舰"的协议,稍后便向各主要国防承包商发出了"武库舰"的提案征求书。

提案征求书中规定,"武库舰"必须搭载500管左右的垂直发射系统,操作人力需求在50名以下,所有关于目标标定与导弹导引所需信息都由其他友军通过"协同接战能力"(Cooperative Engagement Capability,CEC)网络提供。至于"武库舰"的船体则采商规标准的双层壳体,全长约250米,采用由燃气涡轮机发电驱动的电力推进系统,持续航速约25节。

先进计划研究署先后收到洛克希德·马丁、诺斯罗普·格鲁曼(Northrop Grumman)、巴斯钢铁厂(Bath Iron Works)等公司的提案,这些设计提案除了具备海军要求的庞大垂直发射系统容量、节省人力的高度自动化设计,完全依托网络的作战形态之外,还具备了高度隐形性、特别强化的被动防护设计,整体构型与以往的水面舰完全不同。

高度隐形性

美国海军将"武库舰"定位为一种单纯的"海上移动导弹

下图:巴斯钢铁厂的"武库舰"方案想象图,可注意到独特的内倾式穿浪船体设计,尖锐的舰艏倾角极大,舰舯则以内埋方式搭载了8座垂直发射系统,这些设计有助于降低雷达信号、改善生存性。

海军武力投射新概念——"武库舰"计划始末　065

上图:"武库舰"具有相当高的被动防护能力,船体采用双层船壳,并设置了大量的水密隔舱,垂直发射系统等重要部位周围亦设有凯夫拉(Kevlar)装甲防护。图为梅罗机械(Metro Machine)公司提出的一种"武库舰"船体概念,从剖面图可以看到船壳内外都设有大间隙的双层壳体。(上)(下)

库",凭借着长射程的攻陆导弹与借由网络取得的敌方目标信息,"武库舰"无须进入战场前缘就能打击目标,因而本身不配备雷达等传感器,也不具备自卫能力,而是借由距外部署与友军掩护来确保生存。不过"武库舰"也没有把生存性完全寄托于友军的保护或是远离敌方的阵位部署上,它将高度隐形性以及可承受打击的坚实被动防护能力来作为改善自身生存性的手段。

竞标厂商提出的"武库舰"设计都具备极为重视隐形性能的共通特色,即拥有低矮、简洁的上层结构,以及相当低的干舷。

"武库舰"不需配备雷达,上层结构无须顾及雷达视野而加高,因此可以采用极为低矮的上层建筑,大幅缩小"武库舰"的雷达反射截面积。而诺斯罗普·格鲁曼的设计提案能通过舰底压载水舱的调整让露出水面上的干舷高度保持在1.5米左右,形成"半潜式"的舰体,进一步降低雷达截面积。而这种极低高度的干舷甚至比当前各国服役的掠海反舰导弹飞行高度还要低，因此也降低了遭到导弹直接命中的概率[1]。另外巴斯钢铁厂的方案采用了具有内倾船舷与大倾角尖锐船艏的穿浪船体，亦有缩减雷达截面积的效用。

被动防护

虽然"武库舰"的船体采用耐战损要求较低的商用规格建造，通过汲取现代超级油轮等民用船只的设计特点，拥有不错的被动防御能力。

"武库舰"的船体采用源自超级油轮的大尺寸双层船壳，舰体内设置了大量的水密隔舱，垂直发射系统等重要部位周围亦设有凯夫拉装甲防护，另外还配备了自动化的损管消防系统。以两伊战争中波斯湾袭船战的经验来看，像"鱼叉""飞鱼"这种弹头重量在500磅以下的中型反舰导弹，将很难对"武库舰"产生致命威胁。

多样化武器选择与庞大载弹量

顾名思义，"武库舰"最大的特点在于多样化且数量庞大的武器携载，高达500管以上的垂直发射系统容量，可携带美国海军现役与发展中的各式舰载导弹。美国海军评估可与"武库舰"搭配的武器如下。

——可发射增程导引炮弹的155毫米舰炮，最大射程100海里（185千米）。舰炮形式包括传统火炮或是概念研究中的先进垂直发射舰炮。

——"战斧"陆攻导弹（TALM-C/D），射程1250～1650千米。

——"标准"导弹陆攻版（LASM），又称为"标准"Ⅳ型（SM-4），射程约280千米。

---

[1] 当然反舰导弹除了依靠直接命中，并以延时引信起爆弹头外，也能通过近发引信在接近目标时感应起爆，导弹不需要直接命中也能杀伤目标。不过感应起爆对舰艇的杀伤力要比直接命中、穿入舰体后起爆差了很多。

——陆军战术弹道导弹（ATACMS）的舰载衍生型，射程110~295千米。

——长程陆攻导弹（SLAM）舰载衍生型，射程大于80千米。

——支持区域防空与弹道导弹防御作战用的"标准"Ⅱ型（SM-2）Block Ⅳ/ⅣA。

——自卫用的改进型"海麻雀"导弹。

当时这些武器中有许多都还停留在概念研拟或开发阶段，美国海军也未强制要求必须把上述武器全部纳入"武库舰"设计中，而给各厂商的方案留下相当大的弹性，可视各自的理念自由发挥，如洛克希德·马丁公司的提案甚至还安装了舰载版的多管火箭发射系统（Multiple Launch Rocket System，MLRS），可携带陆军战术弹道导弹或各式长程无导引火箭。

依托网络作战

武器种类繁多或载弹量大并不稀奇，"武库舰"最重要的特性是采用了前所未有的"完全网络化"作战模式。

随着战术网络的逐步成熟，美军的作战观念也从"依托作战

上图：通过配置大容量的垂直发射系统来携带大量导弹，是"武库舰"的根本需求。因而庞大的垂直发射系统配置数量是"武库舰"概念设计中最重要也最显眼的特征。图为3种"武库舰"概念设计想象图，可见到甲板上塞满了垂直发射系统，最下面这张洛克希德·马丁公司的"武库舰"概念图中，舰艏与舰舯还配备了多管火箭发射系统。

平台"逐渐转变为"依托网络",可通过战术网络将不同功能的平台整合为一个战斗系统,而无须局限在单一平台上。只要能从网络上取得必要的目标信息或是武器导控服务,则武器平台本身无须具备独立的目标获得系统或是武器射控装备,甚至连复杂的任务规划与指挥管制系统都可省略,从而把这些功能交由网络中的其他友军平台负责处理。

换言之,武器平台本身只要充当单纯的"武器搬运工",或者说"拳头"的角色即可,无须具备"耳目"或"大脑"的功能。这就是所谓的"聪明的武器并不需要聪明的平台"——因为武器导引所需的一切功能或服务都可从网络上的其他平台获得,如此一来可节省武器平台的造价与操作费用。

因此"武库舰"本身并未配备搜索/追踪/射控雷达或声呐之类的侦测系统(仅配备航行用的导航雷达),完全依赖数据链接收友军提供的目标信息,包括打击目标的坐标设定、武器选择等发射决策功能都是由外部的单位执行,依托战术网络充作舰队的"浮动弹药库"角色。

但也因为"武库舰"没有独立的侦测与射控系统,故没有独立指挥、引导进行防空作战的能力,即使搭载了防空导弹,也不能独立进行导弹的导引("武库舰"没有射控雷达,其携带的防空导弹必须通过协同接战能力网络间接接受其他友军平台的导控),完全依靠友军提供防空、反潜掩护,并凭借自身的隐形性能降低被敌方侦测与遭到反舰导弹命中的概率。即使遭到命中,也能借由双层船壳、水密隔舱、凯夫拉装甲与自动损管设备确保一定

下图:"武库舰"最大特色是完全依托网络作战,本身不配备雷达、声呐之类的传感器,完全通过网络来取得友军提供的敌方目标数据,并据以发射武器。上图为洛克希德·马丁提出的一种"武库舰"概念设计,采用了有助于缩减雷达信号的极低干舷、整合式上层结构、大量的垂直发射系统配置。

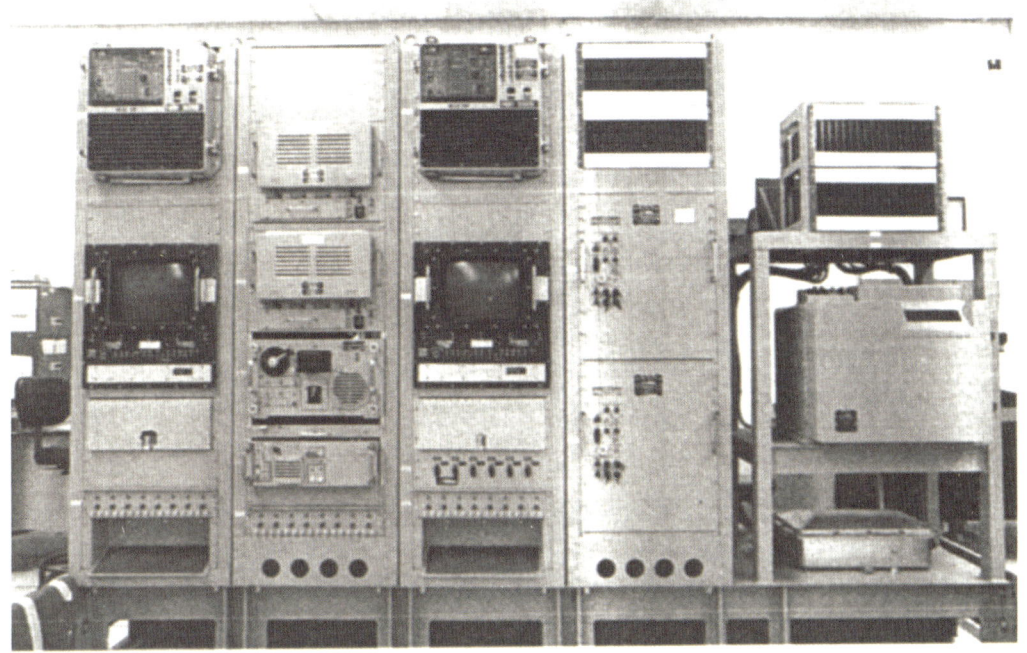

上图：对于没有雷达、声呐整合传感器、完全依靠网络提供目标信息的"武库舰"来说，网络通信设备就是"武库舰"的"耳目"，是舰上最重要的核心装备。图为美国海军舰艇上用于处理卫星通信数据的海军模块化自动通信系统（Naval Modular Automated Communications System，NAVMACS）处理器。

程度的生存性。

反过来说，由于"武库舰"完全依赖网络作战，本身不设置会主动发射电磁波的感测装备，因此也进一步提高了隐形性；减少了暴露在外的天线等弱点部位也有助于改善被动防御。

美国海军预计"武库舰"在服役初期将以接受宙斯盾平台的指挥为主，采用的网络为用于传输"战斧"导弹打击目标信息的卫星数据交换系统［战术信息交换系统/战术指挥信息交换系统（TADIXS/OTCIXS）］，以及支持舰队编队作战的Link 11/16战术数据链。待其他新式宽带战术数据链成熟后，"武库舰"还能与更多样化的指挥管制平台链结，接受E-8、E-3、E-2预警机等平台的管制，甚至连地面指挥中心或前线火力指挥官也能通过网络从远程直接控制"武库舰"发射导弹打击目标。而"武库舰"涵盖的任务范围亦能逐步扩展到对地攻击以外，如借由协同接战能力链路，让其他平台导引"标准"Ⅱ型导弹、改进型"海麻雀"导弹等防空导弹,让"武库舰"也能在舰队防空作战中发挥作用。

"武库舰"的发展时程规划

当时的美国海军认为,"武库舰"将能有效替代刚退役的"爱荷华"级(Iowa Class)战舰,为海军陆战队提供充足的火力支持,填补战舰退役后出现的岸轰火力间隙,并在最短时间内给敌方指挥系统与作战装备带来毁灭性的打击。因此"武库舰"被认为是"21世纪的战舰",在洛克希德·马丁公司发布的"武库舰"想象图中,甚至还特地使用了"72"的舷号,暗示其身为战舰接班人的地位[1]。

除了扮演火力支持角色外,"武库舰"还可凭借着携载大量"战斧"导弹,在某些环境下替代航空母舰,用于打击内陆关键目标。"武库舰"与航空母舰的舰载机联队相比,在20世纪90年代初期,航空母舰舰载机尚未普遍使用精确导引弹药,因而制约了打击效率,一个舰载机联队每个作战日只能攻击160个左右的目标;相较下,"武库舰"是以"战斧"导弹作为主要打击手段,由于"战斧"导弹是一种精确打击武器,"武库舰"若携带500枚"战斧"导弹,便能打击500个目标,单日打击能力在航空母舰舰载机联队之上。

美国海军将"武库舰"的工程发展作业分为以下阶段:①为期6个月的阶段Ⅰ,将邀请数家厂商分别提出概念设计,目的在于通过各厂商的概念设计案,使"武库舰"的概念与规范明确化;②为期12个月的阶段Ⅱ,将选出2至3家厂商的设计案,进行初步的设计研究;③长达33个月的阶段Ⅲ,将由从阶段Ⅱ胜

---

[1] 美国海军最后1艘获得建造授权的战舰,是"蒙大拿"级(Montana Class)战列舰"路易斯安那"号(USS Louisiana BB 71),1940年7月获得建造授权,1943年7月遭到取消,因此美国海军的战列舰编号也到"71"便止步。依照战列舰的编号序列,接在被取消的"蒙大拿"级之后的新战列舰,编号应为"72",由此可见洛克希德·马丁公司对其"武库舰"设计所抱的期望。

海军武力投射新概念——"武库舰"计划始末　071

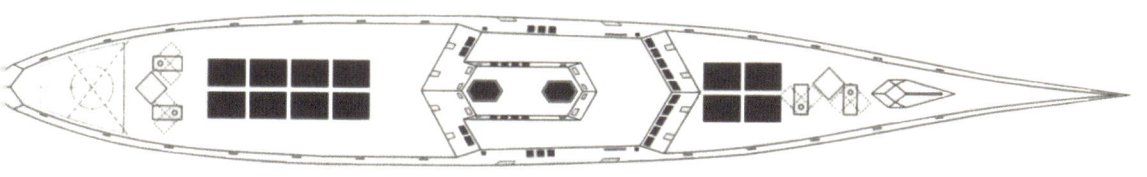

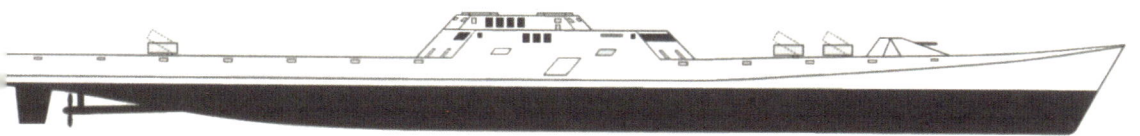

本页图：这个由洛克希德·马丁公司提出的基线1A"武库舰"概念设计（上）（下），这个设计是最知名的"武库舰"概念设计之一，具有低矮的舰桥与干舷，并配有12座垂直发射系统，最特别的是艏艉还各装备了两套舰载版的多管火箭发射系统，可通过这种发射器携带陆军战术弹道导弹或长程无导引火箭。注意下图模型中舰艉的"72"编号，正好接在1943年被取消的美军最后一艘战列舰编号71之后。

出的厂商负责"武库舰"技术验证舰的细部设计与建造;④当技术验证舰建造完成后,接着便是阶段Ⅳ长达12个月的实际海上验证。

阶段Ⅳ的高潮在于一项为期90天的作战测试,测试内容包括验证通信系统与数据链功能是否符合"武库舰"的作战需求,以及经由远程指示发射的打击、防空作战、火力支持测试等课目。如在3分钟内连续发射3枚"战斧"导弹,打击位置已知的固定陆地目标;通过协同接战能力网络,由远程平台导引"武库舰"发射的一枚"标准"Ⅱ型导弹接战空中目标;由地面单位标定目标位置,将目标信息经由空中平台中继传送给"武库舰"后,再由"武库舰"发射"战斧"导弹打击目标;由"海军水面舰火力任务控制系统"(Naval Surface Fire Control System,NSFCS)指挥,前线火力协调官呼叫"武库舰"发射导弹的整合测试。

若测试顺利,"武库舰"的技术验证舰将在2000年达到初始战斗能力(IOC),并在随后展开的阶段Ⅴ中,依据试验结果进行由验证舰到实用舰的设计修改与生产建造,最后的阶段Ⅵ则是针对实用型"武库舰"服役生涯的后勤支持。

海上系统司令部与先进计划研究署估计,在阶段Ⅲ中建造1艘技术验证用"武库舰"大约需要4.5亿美元费用,国会设定的预算上限为5.41亿美元,这笔费用将分别编列在国防部先进计划研究署与海军的预算中,其中先进计划研究署占3.71亿美元,海军占1.7亿美元。实用型"武库舰"的建造数量规模则为4~6艘,平均单位造价约5亿美元,仅及航空母舰的十分之一,比"伯克"级的造价便宜30%。

而且由于"武库舰"省略了感测系统与指挥管制设备,加上自动化操舰系统的应用,仅需数10名船员便能操作(某些设计案甚至只要22名船员),6艘"武库舰"所需的总人力比1艘导弹驱逐舰少,只有两艘"爱荷华"级战舰的1/13(每艘"爱荷华"级需要1900名操作人力),预估每年的维持费用仅数千

对页图:"武库舰"被视为是"21世纪的战舰",可接替"爱荷华"级战舰退役后的火力支持角色,就体型来看,"武库舰"确实也堪称"战舰接班人"。以上图中的洛克希德·马丁"武库舰"概念设计为例,排水量就达到22400吨(20000长吨),水线长630英尺(192米),总长度将近650英尺(198米)。洛马公司这个设计方案是各式各样的"武库舰"概念设计中较小的一种,某些设计方案还拥有长度超过800英尺(244米)的船体。

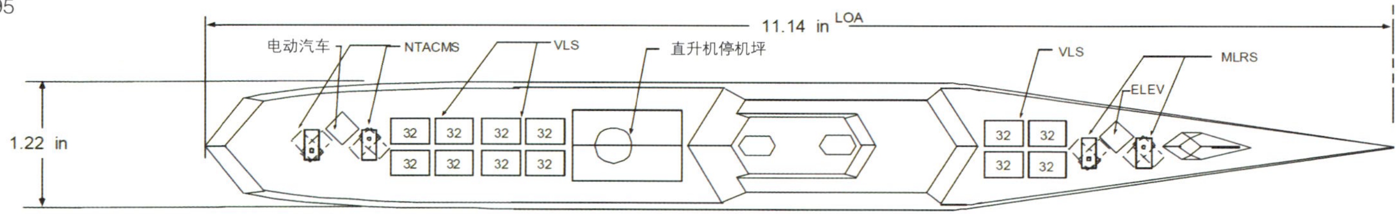

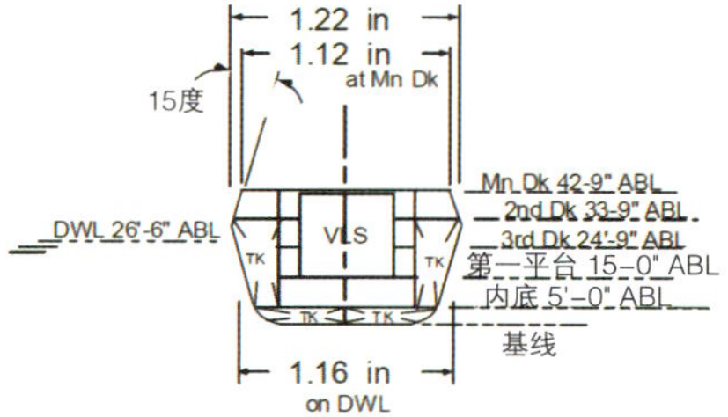

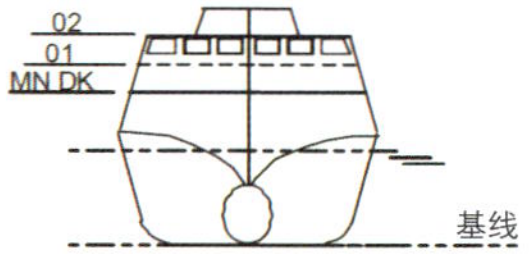

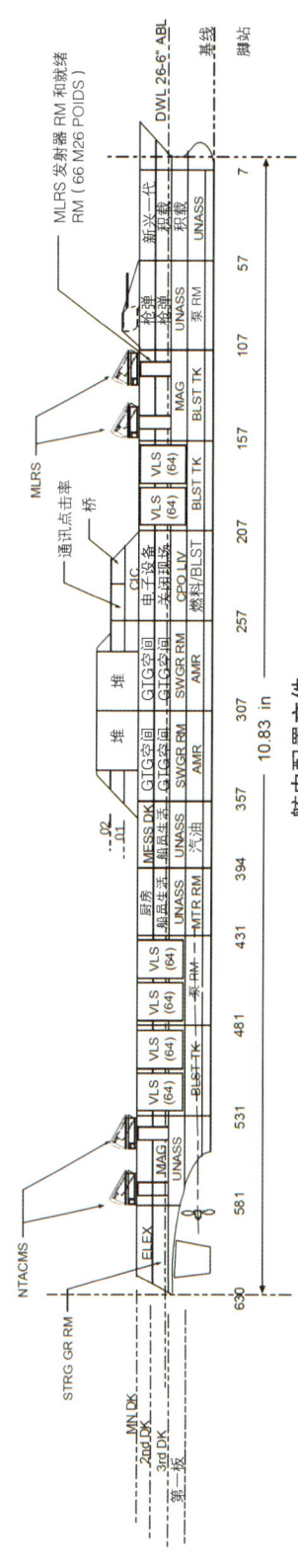

万美元，比起维持1艘航空母舰所需费用便宜许多，全寿期成本比过去的水面舰节省50%以上。

由于"武库舰"的航速不快（持续航速22节至25节），为了实时对区域危机做出反应，美国海军打算把"武库舰"前沿部署在西太平洋的关岛、印度洋的迪戈加西亚（Diego Garcia）与北大西洋的阿森松岛（Ascension Island），以便能在7天与14天的任务周期内，及时进入西太平洋（东北亚）、波斯湾等区域。

"武库舰"计划的消亡

"武库舰"计划虽然在布尔达大力支持下进展迅速，但这种由特定"有力"人士偏好而推动的计划具有不确定性。"武库舰"为了实现"以尽可能低的成本搭载最大量武器"的目标，以致采用了极端简化的设计，因此也有功能单一、任务弹性有限的缺陷。

"武库舰"的设计与运用局限

首先，"武库舰"为了省钱而选用了功率有限的动力系统，因此航速过慢，不能跟随高速的航空母舰战斗群行动。只有采取前沿部署方式，才能及时对危机产生作用。

其次，"武库舰"没有独立的侦测、指挥管制与防御能力，执行打击或防御作战均完全依赖友军支持。在网络畅通的理想情况下，"武库舰"固然能以自身庞大的弹药携载，充分发挥"浮动弹药库"的本色，为舰队提供强大的打击火力。若网络链路中断，无法取得友军信息支持时，"武库舰"就会失去作战能力，反而沦为"浮动的火药桶"。

更大的问题，在于"武库舰"使用弹性比不上航空母舰的舰载机联队，"武库舰"完全依赖导弹打击目标，打击能力也就受到导弹性能的限制。以"武库舰"用于对地打击用的主力

海军武力投射新概念——"武库舰"计划始末　　075

武器——"战斧"导弹来说，在20世纪90年代中期，受限于任务规划系统的能力，"战斧"导弹发射前的任务规划作业需时甚久（约80小时），因而无法用于对抗时间敏感性或临机出现的目标，只能用于攻击一个预先设定的目标；而且"战斧"导弹发射后，就难以更改目标或取消攻击，也难以应付"飞毛腿"导弹发

本页图："战斧"导弹是一种长射程，并依靠地形特征进行导引的武器系统，涉及地形数据输入与飞行路径设定在内的复杂任务规划作业，以20世纪90年代早期的计算机设备，必须花费80小时时间，才能完成一次任务规划编辑与输入作业，制约了"战斧"导弹的运用弹性，无法对抗临机出现或时间敏感性目标。上为飞行中的早期"战斧"导弹（四片式尾翼与外凸的进气口），下为美国海军用于协助"战斧"导弹任务规划作业的数字影像工作站组（DIWS）。

射车这类机动目标[1]。因此"战斧"导弹的运用弹性，远不如航空母舰的舰载机，制约了"武库舰"的任务能力。

从任务成本来看，如果仅以"将500枚'战斧'导弹部署到战区，并随时备妥待射"为目的，"武库舰"确实是一种极具成本效益的系统。1艘"武库舰"配备的垂直发射系统管数相当于6艘"伯克"级的总和，但1艘"武库舰"的造价却只相当于1艘"伯克"级的60%。

但"伯克"级除了用于携载"战斧"导弹打击陆地目标外，还有许多其他用途，并能独立执行任务。反观"武库舰"除了对陆打击外就毫无用处，在防空、反潜、护航等方面都派不上用场，虽然对陆打击被认为是美国海军在后冷战时期最重要的任务之一，但这不表示其他任务的需求就不存在。

而就实务操作层面来看，"武库舰"固然火力强大，但要在前线战区的海面上，为满载超过500枚导弹的"武库舰"提供补给与导弹再装填，也有实际上的困难。在海上为垂直发射系统重新装填导弹模块的作业难度很高，速度也慢，实用性有限，而且MK 41垂直发射系统内含的装弹机械臂模块无法吊装较重的"战斧"导弹，必须依赖基地支持设备的协助[2]。然而"武库舰"的航速慢，若离开战区、返回基地重新补给后，再重返战区，又会耗费不少时间。

"武库舰"运用上的难题

"武库舰"舰体本身的费用虽然相对低廉，但搭载的导弹并不便宜，以"武库舰"计划启动的1996年当时而言，其预定搭载的导弹单价几乎都是从100万美元起跳，而"武库舰"最

对页图：在海上为垂直发射系统重新装填导弹程序繁琐，效率也低，美国海军实际上还是以在岸基地重新装弹为主，因此MK 41内含装弹机械吊臂的模块实用性有限，起重能力无法吊装较重的"战斧"导弹，所以在"伯克"级Flight IIA上就取消了这种设计。若要替装备500管垂直发射系统的"武库舰"重新补给，遭遇的问题还会更多。上为正通过MK 41垂直发射系统内含装弹机械臂，在航行中进行吊装发射管作业的"提康德罗加"级巡洋舰，下为在基地内利用港口支持的吊臂装填垂直发射系统的"伯克"级驱逐舰。

---

[1] "战斧"导弹发射前的任务规划过于耗时、且无法更动默认攻击目标的问题，直到2004年服役的战术型"战斧"导弹（Tactical Tomahawk），才获得解决，战术型"战斧"导弹可预先输入15个目标，发射后也能通过数据链更换攻击目标。

[2] 由于Mk 41垂直发射系统内含的装填机械臂实用性有限，后来在"伯克"级驱逐舰Flight IIA便取消了这个设计。

主要的打击武器"战斧"导弹,单价更达110万至140万美元,可说是一种相当奢侈的打击手段。由于"武库舰"的弹药酬载量极大,要把500管垂直发射系统全都装填满导弹,光是弹药的采购费用就会超过5亿美元,比空军机队所需的弹药费高出许多。

而更重要的是,随着各类小尺寸导引炸弹的发展,一架战机能挂载的弹药数,以及单次任务能打击的目标数,随着技术的进步而大幅增加。再加上美国海军从20世纪90年代后期起全面引进兼具空战/对地攻击能力的F/A-18"超级大黄蜂"(Super Hornet)系列战机,取代F-14A"雄猫"(Tomcat)、A-6E"入侵者"(Intruder)这类单用途机型,大幅提升了整个航空母舰舰载机联队的对地打击能量。

因此"武库舰"在打击目标数量上相对于航

空母舰舰载机联队或空军战术攻击机的优势，在21世纪以后急遽减少。从下表可看出，与1991年的舰载机联队相比，"武库舰"的打击能力有相当程度的优势，但若与2003年以后的舰载机联队相比，"武库舰"的单日打击目标数已毫无优势可言，而且打击范围比不上可以深入敌后的空军轰炸机。

至于"武库舰"极低的人力需求，虽有助于降低操作成本，但对如何通过各种自动化技术来满足日常维护与战时损害管制的要求，也还有许多困难有待解决，更大的问题是较少的人力配置将给"武库舰"在面对海盗或恐怖攻击时的应变能力带来负面影响。

总而言之，"武库舰"这种专为对地打击而设计的单一功能舰艇，虽然兼有火力强大与价格便宜的优点，但美国海军显然还是需要建造其他类型的舰艇，来承担"武库舰"无能为力的防空、反潜、护航等任务；而对没有独立执行任务能力的"武库舰"来说，同样也要有其他舰艇的支持，才能发挥作用。所以就整个舰队兵力结构发展，以及预算资源的分配来看，"武库舰"反而可能是一种花费更大的选择。

在强调任务多元化以及反应速度的后冷战时代，"武库舰"在美国海军内部一直存在着争议，尤其是遭到航空母舰派的抵制，认为"武库舰"将会降低美国海军对航空母舰的需求，从而影响到航空母舰的地位。

当时媒体关于以"武库舰"取代航空母舰的传言也甚嚣尘上，虽然海军作战部长布尔达在接受媒体访问时，公开否认海军有这种打算，但仍可看出"武库舰"确实存在相当大的争议。只是在布尔达的强力支持下，才得以将这项计划推进到原型舰招标阶段，这也意味着，能否持续获得高层的支持，将是"武库舰"存续与否的关键[1]。

---

[1] 布尔达本人为水面舰单位出身，与航空母舰的渊源不深，曾经历多年的护卫舰/驱逐舰舰长与驱逐舰战队指挥官职，仅短暂担任过"萨拉托加"号航空母舰（USS Saratoga CVA 60）的指挥官。

"武库舰"与舰载机联队(CVW)的打击能力比较

类别	"武库舰"	1991年时的舰载机联队	2003年以后的舰载机联队
单日打击目标数目	>500	162	693
打击能力组成	VLS×500管以上	A-6E(×20)+F/A-18(×20)	F-14B/D+F/A-18C/D(×~50)或F/A-18A/C/D/E/F(×60)

*1艘"尼米兹"级航空母舰单日战机打击能量约140架次。

"武库舰"计划取消——回归发展"21世纪驱逐舰"

海上系统司令部与先进计划研究署在1996年3月发布"武库舰"的提案征求书后,先进计划研究署于1996年6月选择洛克希德·马丁、诺斯罗普·格鲁曼、通用动力(General Dynamics)、巴斯钢铁厂与立顿/英格尔斯(Litton/Ingalls)等5家厂商进入阶段I,分别给予100万美元经费用以发展各自的"武库舰"概念设计。

但就在"武库舰"计划阶段I发标前夕,"武库舰"最重要的支持者布尔达上将,却于1996年5月16日自杀身亡(此即轰动一时的V字勋表坠饰事件),因此美国海军对"武库舰"的兴趣也几乎在一瞬间冰消瓦解。费用与作战有效性分析小组原先以3B1沿海作战舰为基础的造舰计划建议案,被继任海军作战部长职位、属于航空母舰派的杰伊·约翰逊(Jay Johnson)上将重新采纳[1],稍后这种舰艇先经改名为"武力投射舰",后来又被定名为"DD-21",即21世纪驱逐舰之意。

不过"武库舰"概念在布尔达的大力推广下,已经在国会、五角大厦与海军内形成了一批支持者,因此当布尔达身亡后,"武库舰"计划仍继续存活了一段时间。

先进计划研究署在1997年1月选定由通用动力、洛克希德·马丁与诺斯罗普·格鲁曼等3家厂商领军组成3个竞标团

---

[1] 继任海军作战部长的约翰逊上将为飞行员出身,是典型的航空母舰派,曾历任舰载机中队/联队指挥官,以及"西奥多·罗斯福"号航空母舰(USS Theodore Roosevelt CVN 71)战斗群指挥官等职务。

"战斧"导弹的造价

相较于战斗机、轰炸机投掷的导引或无导引炸弹,"战斧"导弹是一种相当昂贵的打击武器。在1982年时启动"战斧"导弹全面量产作业之初,美国海军原定以240万美元的单价采购3994枚各种型号的"战斧"导弹,而在海湾战争结束后不久的1992年2月,为补充库存而新采购的"战斧"Block Ⅲ,平均单价则降到202万美元,但1995年外销给英国的65枚"战斧"Block Ⅲ,平均单价却高达437万美元。而后经过各种变化,依美国政府在1999年发布的统计显示,2805枚传统弹头型"战斧"导弹的平均单位成本是140万美元。

号称单价可降到57万美元(计划目标价格)的战术型"战斧"导弹,从1998年才开始研发,并在8年后的2004年达到初始作战能力。战术型"战斧"的单价会随着产量、经济变化等因素而变,实际单价平均仍在75万美元以上,如2006财年订购的379枚,平均单价为99万美元。

右图:在大幅变更设计并刻意降低成本的战术型"战斧"(即"战斧"Block Ⅳ+)导弹出现前,"战斧"导弹的单价达140万美元以上。如果要让"武库舰"的500管垂直发射系统装满各式导弹,光弹药费就超过5亿美元。图为试飞中的战术型"战斧"导弹,改用了三片式尾翼与内藏式进气口。

队[1]，分别给予1500万美元的"武库舰"阶段II合约。而众议院国家安全委员会也在1997年初认定，"武库舰"计划与被新任海军作战部长重新启动的"21世纪水面作战舰艇"计划为两个各自独立的主要军舰发展计划，国防部对两个计划所提出的预算要求并不会彼此冲突。

不过"武库舰"很快就保不住所谓"独立的主要军舰发展计划"地位，紧接在1996年4月就被美国海军改名为"海上火力支持验证舰"（Maritime Fire Support Demonstrator，MFSD），计划性质也改为"21世纪水面作战舰艇"计划的海上技术试验平台，用以支持"21世纪水面作战舰艇"、"新型航空母舰"（CVX）等新一代舰艇计划的发展。

依原定时程，国防部先进计划研究署在1998年1月选出一个竞标团队进入阶段III，开始原型舰的细部设计与建造，不过就在阶段III决标前的1997年10月，参众两院联席会议审查1998财年国防预算时，却拒绝了海军部提出的1.15亿美元"海上火力支持验证舰"计划追加预算，只同意拨给3500万美元的经费。但要让即将进入阶段III的"海上火力支持验证舰"计划持续下去，额外的1.15亿美元预算是不可或缺的。

由于预算不足，"海上火力支持验证舰"计划也难以为继，国防部在1996年12月1日发表的国防公报上发布了"海上火力支持验证舰"计划取消的讯息，于是阶段II合约便于1996年12月31日终止，海军与国防部先进计划研究署合组的"武库舰"共同计划室也同时解散，就此结束了"武库舰"这种曾一度被认为有望取代航空母舰的计划。

---

[1] 入选"武库舰"计划阶段II的3组团队如下：
  ◆通用动力/巴斯钢铁厂团队：另含通用动力电船公司（General Dynamics Electric Boat, GDEB）、雷神（Raytheon）与科学应用国际公司（SAIC）。
  ◆洛克希德·马丁团队：另含立顿/英格尔斯船厂、纽波特纽斯（Newport News）船厂。
  ◆诺斯罗普·格鲁曼团队：另含国家钢铁（National Steel）船厂、威曲洛（Vitro）、罗克威尔（Rockville）等。

布尔达海军上将的V字勋表坠饰事件

布尔达海军上将的自杀在当年轰动一时。布尔达是美国海军史上唯一一位从应募入伍的水兵,一路晋升到最高阶作战部长的海军军官,但因被《新闻周刊》(News Weeks)记者海克沃斯(David Hackworth)发现,布尔达在公开场合佩戴的勋表中,曾经在海军成就勋章(Achievement Medal)与海军褒扬勋章(Commendation Medal)勋表上,附有与其在越南经历不符的V字缀饰[所谓的"战斗V"(Combat V)坠饰],因此向布尔达探询此事,认为佩戴不符合实际资历的勋表有损军人荣誉。海克沃斯本人为参与过韩战与越战的退役陆军上校,因此对勋章勋表规定有相当程度的知识与敏感性。

上图:美国海军第25任作战部长布尔达上将是"武库舰"计划最重要的支持者,在他自杀身亡后,"武库舰"计划不久也跟着烟消云散。

布尔达曾对他人谈及,担忧这起事件会伤及海军荣誉,在会晤过两位专门就此事件拜访的《新闻周刊》记者后,便在1996年5月16日于家中举枪自尽,享年56岁。

档案照片显示,布尔达在20世纪80年代确实曾在勋表上佩戴V字坠饰,但是在海克沃斯开始调查的一年前,就已经停止这种佩戴,他在越战时期的上司——前任海军作战部长朱姆沃尔特(Elmo Zumwalt Jr.)上将也出面澄清,指出布尔达已获得授权佩戴V字坠饰。后来在1998年6月时,当时的海军部长达尔顿(John Dalton)在布尔达的海军纪录中,加入了朱姆沃尔特为授权布尔达佩戴V字勋表作出的声明,海军部随后也修改布尔达的档案,在授勋纪录中加入了V字坠饰。

但是当布尔达之子要求海军正式重新审查布尔达的服役纪录时,海军部的海军纪录管理委员会(BCNR)在1999年6月24日裁决,布尔达没有权利佩戴只有实际参与与敌军直接交战的行动,并在作战中有特别英勇表现的人才能佩戴的V字坠饰,因此布尔达最终还是未能完全恢复名誉。

第 2 部

聚焦先进技术的新世代驱逐舰
——DDG-1000 "朱姆沃尔特"级

★★★★★

新世代驱逐舰计划启动：从"21世纪驱逐舰"到"新世代驱逐舰"计划

一度被列为美国海军新世代水面舰发展重点的"武库舰"，随着布尔达上将的身亡，在1996年底烟消云散，接替布尔达成为新任海军作战部长的杰伊·约翰逊，将新世代舰艇的发展重点重新转回一度被搁置的"21世纪驱逐舰"上。

重生的"21世纪驱逐舰"计划

新任海军作战部长杰伊·约翰逊重新启动的"21世纪驱逐舰"仍是一种强调对地打击的隐形驱逐舰。在约翰逊授意下，联合需求审查委员会于1997年7月完成"21世纪驱逐舰"的"费用与作战有效性分析"，主要分析重点放在评估全新设计的"21世纪驱逐舰"与作为备案的"伯克"级衍生型间的效益优劣。纳入评选的方案如下。

（1）简化型"伯克"级，沿用"伯克"级驱逐舰原有船体，稍做简化系统设计，集中强化陆攻能力。

（2）陆攻型"伯克"级，采用修改的"伯克"级船体，发展出新的陆攻专用舰。主要变更是删除宙斯盾系统，并搭载容量更大的垂直发射系统。

（3）"21世纪驱逐舰/21世纪防空巡洋舰"，以同一个船体设计分别衍生出针对陆攻与防空用的两种舰艇——"21世纪驱逐舰"与"21世纪防空巡洋舰"，两种舰艇共享相同的船壳、主机与电子组件。

分析结果显示，"伯克"级衍生方案都因隐形性不足，加上无法整合人力缩减措施而遭淘汰。联合需求审查委员会的"费用与作战有效性分析"结论建议采用可通用船体的"21世纪驱逐舰/21世纪防空巡洋舰"方案。随后约翰逊在1997年11月签署了以"'21世纪水面作战舰艇'计划'费用与作战有效性分析'"研究为基础的"21世纪驱逐舰"作战需求书（ORD），同时在11月7日授权在海上系统司令部下成立"21世纪驱逐舰"的计划管理组织——PMS500，以及战术打击计划执行办公室（PEO TSC）。国防采购委员会也紧接在1997年12月批准让"21世纪驱逐舰"计划进入"里程碑0"阶段，开始计划定义与风险降低作业，至于"21世纪驱逐舰"后续发展备忘录也在同年12月11日签订。

接下来，美国海军的舰艇特性改进委员会（SCIB）也同意选用"21世纪驱逐舰"，而不是大幅修改的"伯克"级，并在1998年1月设定了"21世纪驱逐舰"设计需求细节。"21世纪驱逐舰"的计划执行办公室在1998年2月25日成立，不过到2000年1月20日改称为"打击（Strike）计划执行办公室"，以反映这项计划强调对陆打击的设计方向。

"21世纪驱逐舰"费用与作战有效性分析小组提出的舰艇概念，是以SC-21 COEA 3B1沿岸战斗舰方案为基础，但更强调舰炮火力与隐形性的陆攻驱逐舰（Land Attack Destroyer）。为满足需要，陆攻驱逐舰必须具备可适应不同打

对页图：1996年5月接任美国海军作战部长的杰伊·约翰逊，将新世代水面舰的发展重点，从前任海军作战部长布尔达偏好的"武库舰"，转回"21世纪驱逐舰"。图为联合防务公司提出的"21世纪驱逐舰"想象图。

右图:在当时担任国防部需求与技术助理部长、著名的政策需求规划专家甘斯勒博士主导下,美国海军在"21世纪驱逐舰"计划中引进了新的管理概念,让民间承包商从概念规划阶段便参与计划,并要求签订涵盖设计、建造到退役的"全服役合约"。

击距离的武器系统,而依计算机模拟结果,兼具精确度与打击涵盖面积的长射程舰炮,将是提供岸轰火力支持最有效率的武器。因此"21世纪驱逐舰"预定以两门发展中的155毫米口径先进垂直发射舰炮作为主要武装,再加上32~128管容量的垂直发射系统。

"21世纪驱逐舰"的传感器配置与SC-21 COEA 3B1相似,主要传感器则是一套主动阵列的双波段雷达,含射控用的"多功能雷达"(Multi-Function Radar,MFR)与长程监视用的体积搜索雷达,还会搭载一套号称是10年来最重大反潜技术突破、可跨层(cross-layer)运作的主动声呐。

另外延续早先在"21世纪水面作战舰艇"计划时期的规划,美国海军同样要求"21世纪驱逐舰"的船体必须与"21世纪防空巡洋舰"共享，相较于专注陆攻与反潜的"21世纪驱逐舰"，"21世纪防空巡洋舰"更强调区域防空与弹道导弹防御能力，垂直发射系统容量也增至128～256管。

革新的需求制定与设计程序

依美国海军典型舰艇开发作业流程，为了解不同作战需求对整体成本造成的影响，在每一种新舰艇进入招标与细部设计之前，必须先由海上系统司令部制定出具体需求，并完成一系列概念设计草案，接下来再发包给竞标厂商，依据海上系统司令部提出的草案，进行进一步的细节设计。

但在"武库舰"计划的经验激励下，美国国防部认为从前期的计划概念定义阶段就让承包商参与并开放竞标，充分利用民间的设计创意，从而得到比基于海上系统司令部设定的框架更好的结果，因此决定在"21世纪驱逐舰"上采用新的做法。

当时的国防部需求与技术助理部长（USD A&T），同时也是著名的政策需求规划专家甘斯勒博士（Dr. Jacques Gansler）认为："21世纪驱逐舰"计划是一笔预期规模超过30艘船，总金额超过250亿美元的大生意，竞标厂商基于赢得"21世纪驱逐舰"合约的渴望，有望激发出更有创意的解决方案。而海上系统司令部更倾向较保守的设计，未能充分将武器系统融合到新的舰体设计上，他希望"21世纪驱逐舰"与其战斗系统间能有更紧密、更有效率的整合，私人企业将比海上系统司令部更有可能满足要求。

在甘斯勒博士主导下，海军部在1998年1月重新调整了计划方向，决定将"21世纪驱逐舰"的概念设计交由竞标厂商决定，美国海军只负责制定基本的需求与设计指标。同时为了精确控制成本，合约范围也不再像过去一样仅限于新舰的设计与建造，而是涵盖从维护到退役的整个舰艇服役生涯，这种新概念就称作"全服役合约"（Full-Service Contracting，FSC）。

而在计划招标方面，美国海军虽曾考虑过由两组团队来参与竞标，不过一开始只有一个设计/建造团队组成，由两家主要驱逐舰造船厂——巴斯钢铁厂与英格尔斯船厂共同领军，另外还包括洛克希德·马丁、雷神、纽波特纽斯与国家钢铁等主要国防承包与造船厂。

但考虑到"21世纪驱逐舰"将是第二次世界大战后最具革命性的舰艇之一，从船体设计、武器系统到传感器将采用许多创新设计，在系统整合方面将会遭遇不少困难。为求降低风险，美国海军在1998年6月18日宣布改用"造舰联盟"（Shipbuilder Alliance）的方式来组织两支竞标团队，各由一家船厂与一家系统整合商领导，分别赋予"蓝队"（Blue Team）与"金队"（Golden Team）的代号，其中蓝队由洛克希德·马丁与巴斯钢铁厂组成，金队则为雷神与英格尔斯（蓝与金都是美国海军军服的传统颜色）。

"21世纪驱逐舰"的设计概念

在新的招标与研发程序下，美国海军只负责制定需求与基本设计指标，并指定采用由政府提供的次系统形式，至于竞标厂商要如何达到设定的目标，以及如何配置次系统，则由各厂商自由发挥。

替换"斯普鲁恩斯"级驱逐舰是"21世纪驱逐舰"的原始目标之一。"斯普鲁恩斯"级原本是一种以反潜为主要任务的通用驱逐舰，不过自20世纪90年代中期以来，随着"斯普鲁恩斯"级陆续将原来的反潜火箭（Anti-Submarine Rocket，ASROC）发射器，换装为可容纳"战斧"巡航导弹的MK 41垂直发射系统，就已从反潜驱逐舰转型为陆攻驱逐舰，因此美国海军期待作为"斯普鲁恩斯"级后继者的"21世纪驱逐舰"，能在提供更强的对陆打击火力之余通过自动化战斗系统等技术大幅缩减人力需求，另外还应具备隐形特性。

美国海军为"21世纪驱逐舰"定出的关键效率参数（Key

Performance Parameters，KPP），共分为5个方面。

（1）陆地攻击能力。

（2）联合作业兼容性。

（3）电磁信号。

（4）人力需求。

（5）舰艇的机动能力。

为满足这些需要，"21世纪驱逐舰"在船型、人力需求、操作成本等方面都有异于传统的要求。

基本船型选择

美国海军并未限定竞标团队采用何种特定船型，重点在于，美国海军并不排斥在这种未来第一线主力作战舰艇上采用与传统设计迥然不同的全新船型。当时曾评估过的船型主要有这4种。

（1）传统单体船：优点是技术风险低，但在隐形方面有

下图：美国海军在"21世纪驱逐舰"计划初期曾评估过4种船型，由上到下分别为三体船型、双体船型、传统单体船型与穿浪船型，最后选用了穿浪船型。

上图：三体船、双体船、传统单体船与穿浪船体等不同设计，在航行性能、隐形特性、可用船体容积、甲板面积等方面，各具不同特性，也隐含了不同程度的技术风险。考虑到作战性能与技术风险间的平衡，美国海军最后选择在"21世纪驱逐舰"上使用穿浪船体构型。

不易解决的缺陷。费用与作战有效性分析小组在概念3的一系列单体船草案中就已发现，这些设计草案虽然都结合了隐形设计，但外倾的下半部船体仍将入射电波反射到海面上，再折回发射源方向，另外恶劣天候下因船体的摇晃而形成角反射体造成强烈回波。

（2）双体船：优点是横向稳定性远优于传统单体船设计，且可获得较大的甲板面积。缺点则是船体内部可用容积过小，且吃水对载重的反应十分敏感。

（3）三体船：具有双体船的航海稳定性与大面积甲板优点，船体可用容积比双体船大得多。缺点则是美国船厂对三体船的设计经验不足，缺乏足够的设计数据库支持，因此技术风险相当高。

（4）穿浪船：类似传统单体船设计，差别在于传统单体船是呈由下到上逐渐外倾的V字截面，船艏则多为垂直于水面或从水面上向前斜张。而穿浪船体的截面则是由下到上逐渐内缩的倒V形，船舷则向内倾斜（称为Tumble Home），船艏也是从水面下逐渐向上收缩，构成一个尖锐的波浪贯通（Wave Piercing）船艏。穿浪船体的航行阻力较传统船型小，而且由于侧面向内倾斜,即使船体摇晃也不易破坏原有的隐形性,隐形性能较传统船体为佳。缺点则是甲板容易上浪,恶劣天候下甲板装备的操作与维护性较差,另外可用的甲板面积也比传统船型小。

由于双体船与三体船的技术风险较高,很快就被剔除在"21世纪驱逐舰"船型选择之外。而传统船型虽然成熟度高、开发风险低,但考虑到隐形性是"21世纪驱逐舰"的优先性能指针之一,两组竞标团队最后不约而同都选择了穿浪船型设计,并结合集中式的单一上层结构,包括雷达、无线电与卫星通信系统在内的所有舰载电子设备天线、发射机与信号处理设备,都被覆盖在这个具备隐形外形的上层结构中。

美国海军在1997年开始的"先进封闭主桅/传感器"

下图:美国海军自1997年起,在"阿瑟·雷福特"号驱逐舰的后桅杆装设了"先进封闭主桅/传感器"系统,以探讨在隐形外形的封闭结构中整合舰载电子设备相关问题。US NAVY

（Advanced Enclosed Mast/Sensor，AEM/S）系统试验，让美国海军累积了一定程度的在封闭桅塔结构中整合多种电子设备的经验，"先进封闭主桅/传感器"系统试验利用由频率选择表面（Frequency Selective Surface）制成的塔状结构，将"阿瑟·雷福德"号（USS Arthur W. Radford DD 968）试验舰的后主桅及后主桅上安装的SPS-40搜索雷达与MK 32目标搜获系统（TAS）等部件包覆起来，从而达到改善后主桅雷达信号特性的目的。

但"先进封闭主桅/传感器"的整合程度，比起"21世纪驱逐舰"的要求只是小巫见大巫，因此在"21世纪驱逐舰"计划进行的同时，海军研究办公室（ONR）也展开一项"先进多功能射频无线电系统"（Advanced Multi-Function Radio Frequency System，AMRFS）计划，进一步研究在舰艇封闭式上层结构中，整合雷达（含水面搜索雷达）、电战与通信系统所涉及的相关技术问题。

防空与弹道导弹防御需求

对美国海军来说,像"21世纪驱逐舰"这类多用途驱逐舰,在防空作战方面的传统做法是依托航空母舰战斗群的掩护,驱逐舰本身只需具备自卫用的点防御能力即可,如"斯普鲁恩斯"级便是一个典型,防空武器配备只有自卫用的"海麻雀"点防御导弹与作为最终防线的方阵近迫防御系统。

但是对"21世纪驱逐舰"而言,美军为其设想的任务经常会碰到需要独立作战的情况,如在航空母舰抵达以前,先期遏止敌方地面部队的进攻;或是接近敌对海岸,以便打击深入内陆目标等。在这些情况下,"21世纪驱逐舰"的隐形特性都能提供一定程度的帮助,借由隐形的保护可有效降低敌方侦测体系与反舰攻击的概率,使"21世纪驱逐舰"所需面对的攻击强度,降低到仅装备点防御系统就足以应付的程度。相较下,这就是删除宙斯盾系统的"伯克"级陆攻衍生型不具备。对没有隐形特性保护的舰艇来说,就必须装备性能更高、也更昂贵的防空系统,才能提供足够的自卫能力。

"21世纪驱逐舰"的作战需求并不需要拥有宙斯盾系统等级的区域防空能力,但凭借高效能的新型双波段雷达,"21世纪驱逐舰"即使不配备射程更长、区域防空等级的"标准"Ⅱ型导弹,光靠改进型"海麻雀"导弹也能拥有相当高的自卫防空能力,所以争议重点在于,是否应让"21世纪驱逐舰"具备弹道导弹防御能力。

基于1991年海湾战争中的经验,美国海军认为舰载的弹道导弹防御系统能为远征部队或盟国提供"随叫随到"的导弹防御服务,作战弹性远高于陆基系统,因此开始发展"标准"Ⅱ型导弹的反弹道导弹衍生型,以及修改宙斯盾系统与SPY-1雷达,以适应弹道导弹防御的需要。

由于美国海军已经拥有大批搭载宙斯盾系统的"提康德罗加"级巡洋舰,新建造的"伯克"级驱逐舰也正陆续投入服

对页图:"21世纪驱逐舰"被定位为以陆攻打击任务为主的多功能驱逐舰,并不需要宙斯盾系统等级的区域防空能力,仅需具备以改进型"海麻雀"导弹为基准的自卫防空能力即可,但美国海军希望"21世纪驱逐舰"能预留日后升级弹道导弹防御能力的冗余,这就带来了配备拦截弹道导弹用的"标准"Ⅲ型导弹潜在需求。图为试射中的改进型"海麻雀"导弹(上)与"标准"Ⅲ型导弹(下)。

上图:"21世纪驱逐舰"不需具备宙斯盾系统等级的区域防空能力,不过凭借着高性能的新型双波段雷达,"21世纪驱逐舰"即使只搭配改进型"海麻雀"导弹,仍能拥有相当强大的自卫防空能力。图为瓦勒普斯岛(Wallops Island)的双波段雷达试验设施。

役,理论上只需升级这些舰艇,就能满足弹道导弹防御任务的需要,无须另行建造导弹防御用的新舰艇。首先被挑上实施弹道导弹防御升级的是"提康德罗加"级,升级后将具备联合空中管制的区域防空指挥(area air defense commander)能力,SPY-1雷达与宙斯盾系统软件也会修改符合战区的导弹防御需求。

但不幸的是,以"斯普鲁恩斯"级驱逐舰船体衍生的"提康德罗加"级,船体冗余不足,对改造升级来说过于局促,唯一办法是通过巡洋舰现代化计划(cruiser modernization program)引进计算机技术应用以及更合理的人员配置方式,才能腾出必要的升级空间。"伯克"级的问题虽然较少,但它是一种进入服役的成熟船型,不可能专门为了导弹防御任务而做大幅度的设计变更。

也就是说,"提康德罗加"级与"伯克"级的船体设计,对于扩充升级弹道导弹防御能力来说,都存在着改装冗余有限、不便达到最佳改装效果的局限。相较下,全新设计的"21

世纪驱逐舰"舰体就不会有这么多麻烦,可更方便地添加新功能,因此"21世纪驱逐舰"原始概念中虽然不需要宙斯盾等级的区域防空能力,但美国海军仍期待"21世纪驱逐舰"能在弹道防御中扮演一个关键角色,即使初期服役的"21世纪驱逐舰"可不具备弹道导弹防御能力,但仍须保留日后的升级冗余。

操作人力需求与成本控制

美国海军曾在"武库舰"的设计中采用了剧烈的人力削减策略,凭借高度的自动化,庞大的两万吨级船体却只需数10人即可操作,但由于"武库舰"没有进入实际建造,故其革命性的人力配置方式可行性也未能得到验证。考虑到日常维护与战时损害管制的需求,海上系统司令部并不打算让"21世纪驱逐

下图:美国海军要求"21世纪驱逐舰"将操作人力需求降到100人以下(不到"伯克"级的三分之一),这是一个高难度的目标,但美国海军认为可通过全面采用内嵌式计算机的自动化系统,急遽缩减舰艇所需的操作人力(例如大幅减少战情中心与声呐室的轮值人力),来达到"21世纪驱逐舰"的低人力需求。图为"伯克"级驱逐舰的战情中心,典型状况下需要25~45人轮值操作,借由自动化技术可望压缩到7~10人。

上图:1998年制定"21世纪驱逐舰"计划时,成本目标是低到不可思议的7.5亿美元,实际上的采购成本足比这目标高出5倍以上。图为通用集团巴斯钢铁厂准备下水的"21世纪驱逐舰/新世代驱逐舰"首舰DDG-1000。

舰"的人力配置采用变革幅度这么大的设计。但全寿期成本控制(LCC)仍是一大重点,而人力成本又占运用维持费用的四分之一以上,因此"21世纪驱逐舰"在人力政策上仍需采取革新的做法。

依循"全服役合约"的全寿期成本控制精神,部长助理甘斯勒博士在1998年1月签署的"'21世纪驱逐舰'计划需求决策备忘录"中,规定"21世纪驱逐舰"执勤时的操作与支持成本必须控制在每小时2700美元(1996年币值,不含进行升级或持续性工程的费用),相当于"伯克"级操作费用的70%。为促使竞标厂商达到控制"21世纪驱逐舰"的操作成本目标,美国海军设定"21世纪驱逐舰"的乘员配置以95人为目标(含直升机/无人机的航空分队人员在内),而这也让"21世纪驱逐舰"成为美国海军史上第一种把乘员编制数目列为合约关键效率参数的舰艇。

95名乘员的目标值,还不到"伯克"级驱逐舰乘员编制人数的30%，乍看之下难度很高。不过海军舰船研究发展中心（NSRDC）几年前的一项研究显示，通过全面采用内嵌式计算机的自动化系统，将能急遽缩减舰艇所需的操作人力，尤其是战情中心与声呐室所需配置的监控轮值人员数目。如战情中心人力需求有望从现役驱逐舰典型的25～45人压缩到7～10人；而声呐室更可缩减到只需1人负责监控，至于整艘驱逐舰的乘员数目则可望降低到113人以下。未来还可借由引进更先进的网络技术，将部分原由舰艇军官负担的职责移往岸上，进一步降低人力需求。因此美国海军认为，100人以下的人力配置，是"21世纪驱逐舰"可以达到的指标。

除了操作成本外，甘斯勒的"'21世纪驱逐舰'计划需求决策备忘录"对建造成本也有严格的要求。初步的估算显示，"21世纪驱逐舰"是一艘排水量达到15400吨，舰体长度超过215米的大船，为填补"斯普鲁恩斯"级与"佩里"级退役后的战力间隙，美国海军规划一口气采购多达32艘"21世纪驱逐舰"，原来设定的单舰目标价格为8.5亿美元，但后来改为希望能在建造第5艘时，就把造价压低到7.5亿美元（1996年币值）。

7.5亿美元是极为严苛的要求，相较下，当初美国海军在1991年规划"伯克"级Flight II／II A时，最便宜的DDV3方案都需要8.5亿美元（1996年币值）。从另一方面来看，由于通

左图：由于原定采用的先进垂直舰炮开发风险过高，1999年后被代之以一套由联合防务公司设计的传统构型，155毫米先进舰炮系统。上图为早期的"先进火炮系统"炮塔设计。

上图:"21世纪驱逐舰"预定采用以燃气涡轮机驱动的"整合电力推进系统"作为船体推进与供电系统,上图的通用LM2500+G4燃气涡轮机是"21世纪驱逐舰"计划列入评选的主机之一,不过最终还是败在罗尔斯·罗伊斯的MT-30之手。

货膨胀之故,在2001年若要重新开工建造1艘"斯普鲁恩斯"级,所需费用将高达7亿美元,新造1艘"佩里"级也要5亿美元,它们的排水量、系统复杂度和作战能力比"21世纪驱逐舰"差得多,很难想象"21世纪驱逐舰"能把采购费用压低到7.5亿美元的水平。

"21世纪驱逐舰"的通用次系统

如同在"21世纪水面作战舰艇"计划中的做法,美国海军也为"21世纪驱逐舰"指定了一系列共通的舰载电子设备、武器与动力系统。

对空侦测系统的核心是前面提到的双波段雷达,水下侦测系统则将整合一套新的"多功能拖曳阵列"(Multi-Function Towed Array,MFTA),以便与壳体搭载的低频阵列、舰载直升机携带的沉浸声呐,以及新式宽带可变深度声呐搭配,构成双基(bistatic)接收机。

而在武器系统方面,由于原定采用的先进垂直发射舰炮开发风险过高,1999年8月以后,蓝、金两队均同意放弃,代之以

收购时间表

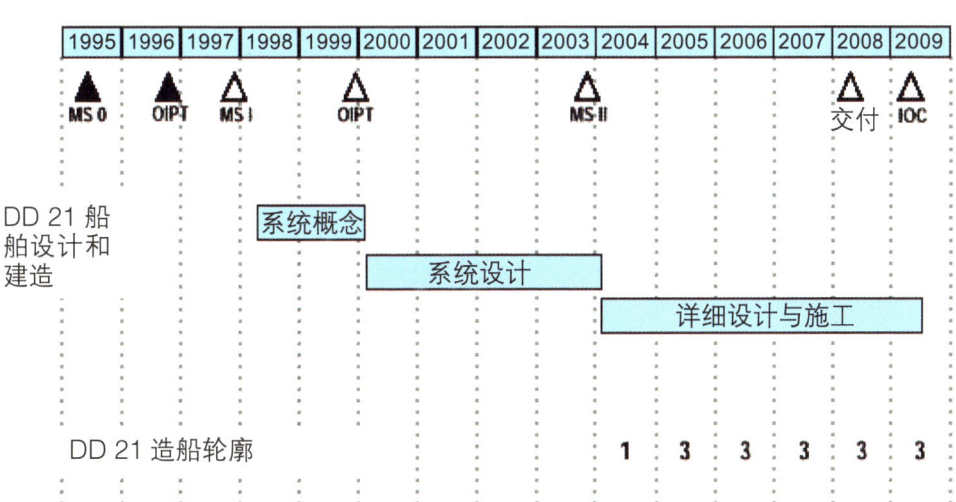

总计 DD 21 获得32艘船

一套由联合防务（United Defense）公司设计，采用传统构型的155毫米"先进火炮系统"。

"21世纪驱逐舰"的动力系统仍为"21世纪水面作战舰艇"中规划的电力推进系统，由两部功率3500万瓦（47600匹轴马力）等级主机、两部功率400万瓦（5440匹轴马力）等级辅机，以及两部用于驱动桨叶的"永磁马达"（Permanent Magnet Motor，PMM）组成。初期纳入考虑的燃气涡轮主机，包括罗尔斯·罗伊斯（Rolls-Royce）的WR-21、MT30，以及通用公司（GE）的LM2500衍生型（LM2500+G4）等几种。

除了前述指定设备外，海军留给设计者极大的设计自由，如无须采用现役的MK 41垂直发射系统，在垂直发射系统的配置，以及近迫防御系统方面也都可以自由发挥。

上图：1998年以前的"21世纪驱逐舰"计划原始时程规划，预定于2004财年采购首舰，然后从2005财年起每年采购3艘，总采购量定为32艘，首舰预定于2008财年交付，并于2009财年达到初始作战能力。

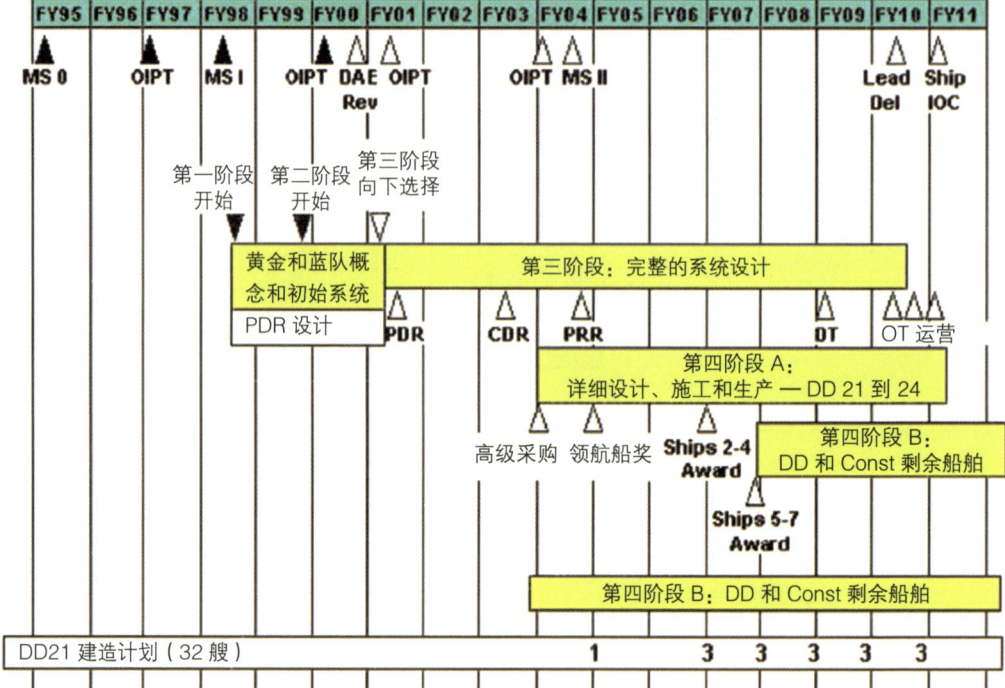

上图：2000年时调整后的"21世纪驱逐舰"时程规划，各阶段时间节点均稍有延后，仍定于2004财年采购首舰，不过后续舰延后到2006财年后再开始采购，首舰交付与达到初始作战能力时间也延后到2010与2011财年，比早先规划延后2年，总采购量维持32艘不变。

"21世纪驱逐舰"计划时程

"21世纪驱逐舰"计划的执行分为5个阶段。阶段I为概念设计，运行时间自1998—1999财年，阶段II从2000—2001财年中期，为初期系统设计，这两个阶段都将分别交由两组竞争团队进行；阶段III为完整系统设计，从2001财年中期到2004财年中期为止，将选出获胜团队，并开始量产预备工作；阶段IV从2004财年中期开始，将进行细部设计与"21世纪驱逐舰"首舰的建造工程。接下来从2005财年起每年订购3艘，陆续完成全部32艘的建造，首舰则定于2008年交付，并于2009年加入海军舰队。阶段V则是服役后的维护支持。

美国海军于1998年6月正式启动"21世纪驱逐舰"阶段I，分别拨给蓝队与金队两组团队各1.05亿美元的概念研发费用。

但随着美国大型国防厂商在20世纪90年代末期的一连串整

"21世纪驱逐舰/新世代驱逐舰"竞标团队组成

并行动,两组竞标团队的组成也有所异动。

其中巴斯钢铁厂早在"21世纪驱逐舰"启动前的1995年9月就被通用动力并购,而立顿-英格尔斯船厂也在2001年4月纳入诺斯罗普·格鲁曼旗下,因此原来的蓝队成为通用动力团队,而金队则转变为诺斯罗普·格鲁曼团队。但实际的团队主体并没有结构性的变化,且在美国海军的双来源政策保护下,无论金队、蓝队何者获胜,两家船厂都能共享32艘"21世纪驱逐舰"的建造份额,落败的一方仍可分配到一定数量的建造合约。

"21世纪驱逐舰"将会采用许多共通系统,因此各厂商间的竞争与合作关系相当复杂,如SPY-3多功能雷达是金队的雷神公司产品,而体积搜索雷达则是蓝队的洛克希德·马丁公司产品。美国海军准许两个团队自由使用海军实验室的资源进行各项研究,但也在两个团队间规定了复杂的"防火墙"措施,以避免负责研发共通系统的厂商偏袒自身参与的竞标团队。依时程规划,美国海军将于2001年4月挑出获胜的设计。

而当"21世纪驱逐舰"正进行到阶段II时,所余任期无几的柯林顿也把握了最后一次为主力舰艇命名的机会,在2000年7月4日宣布:以在2000年1月2日去世的前任海军作战部长朱姆沃尔特(Elmo Zumwalt, Jr.)上将之名为DD 21命名,称为"朱姆沃尔特"级驱逐舰。

本页图：以巴斯钢铁厂为首的蓝队所提出的"21世纪驱逐舰"设计案（上）（下），具备高度隐形性的内倾船体与单一大型上层结构，直升机机库与甲板位于舰艉末端。武器布置相当传统，两座主炮与垂直发射系统分别位于舰艏、艉的船体中心线，这种布置可让两座主炮获得最佳射程。

两种竞标设计

蓝队率先在2001年1月发表了"21世纪驱逐舰"设计案，蓝队的"21世纪驱逐舰"采用长舰艏船型，干舷高度相当高，虽然采用了具有隐形特性的内倾船体与单一大型上层结构，但武器布置方式相当传统，舰艏、舰艉各自布置了1门155毫米"先进火炮系统"与一座垂直发射系统，舰炮与垂直发射系统均位于上层结构前后的甲板中心在线，直升机甲板则位于船艉长舰艘的切断处（类似"伯克"级FlightⅡA的布置），特别的是在机库顶部安置了两座57毫米舰炮。

蓝队的"21世纪驱逐舰"采用了高度自动化的舰桥系统，只需15人即满足操舰需要，另外还以一种多模式的"先进任务控制中心"（Mission Control Center，MCC），来整并当前

新世代驱逐舰计划启动：从"21世纪驱逐舰"到"新世代驱逐舰"计划

舰艇的战情中心、声呐室与损管控制中心的专用显控台，并预定采用荚舱式侪叶作为推进装置。

继蓝队后，金队亦在2001年3月公布"21世纪驱逐舰"设计案。金队的"21世纪驱逐舰"是一种平甲板船型，同样具备相当高的干舷高度，有助于改善恶劣天候下的操作能力。这个方案最不寻常的是垂直发射系统的配置，4组垂直发射系统分别沿着艏艉两舷的外侧布置，可将船体中心线留给需要庞大容积的"先进火炮系统"等装备使用，减少垂直发射系统所占用的船体长度，并降低垂直发射系统遭到毁伤时的风险。

由于位于舷侧的垂直发射系统远离舰体要害部位，周围亦有双层结构保护，即使任一组垂直发射系统发生爆炸，爆炸能量也会被导向较薄的外层壳体，而不会对船体结构造成致命伤害。诺斯罗普·格鲁曼声称，他们的"21世纪驱逐舰"方案即使是遭受像"科尔"号（USS Cole DDG-67）驱逐舰在亚丁港碰到的那种2000磅等级成形装药爆炸攻击，内壳也不会被穿透。不过为了在两舷容纳垂直发射系统模块，也必须付出舷宽较大、长宽比较低的代价。

金队"21世纪驱逐舰"设计案较特别之处还有主炮的布置方式，考虑到"21世纪驱逐舰"配备的是发射导引炮弹的155毫米"先进火炮系统"，炮弹射出后仍可进行方向调整，故诺斯罗普·格鲁曼认为可把两门舰炮一起布置在上层结构前方，可在舰艉空出足供两架直升机同时起降点的宽广飞行甲板，直升机甲板

上图：蓝队的"21世纪驱逐舰"设计案采用传统的船体中心线来布置垂直发射系统，在须控制船体长度的情况下，压缩了可用的直升机甲板面积，比金队的设计案要小了很多。从这个蓝队的"21世纪驱逐舰"模型上可清楚看到机库顶部增设的两座57毫米炮，以及船艉底部的荚舱式侪叶推进器。

埃尔莫·朱姆沃尔特二世小传

下图：朱姆沃尔特是第二次世界大战后美国海军少数纯粹水面舰出身的海军作战部长，服役生涯都是在指挥水面舰，未曾拥有航空母舰相关经历。图为1957年7月交卸"伊斯贝尔"号驱逐舰舰长职务的纪念照，右为当时担任舰长的朱姆沃尔特中校，左为准备接任舰长的波特中校。

"没有黑人的海军，也没有白人的海军，只有一个海军，就是美国海军。"

伊利莫·朱姆沃尔特二世

朱姆沃尔特（Elmo Zumwalt, Jr., 1920至2000）在1970年以不到50岁之龄（47岁7个月）接任美国海军第19任海军作战部长时，除了是美军史上最年轻的海军作战部长外，也是最年轻的四星上将（Full Admiral），由于他在任内推行了几项极富争议的革命性政策，或许也让他成为自尼米兹与哈尔西（William Halsey）以来，最为人所知的美国海军将领。

朱姆沃尔特生于旧金山，1942年毕业于安纳波里斯海军学院（USNA），第二次世界大战中先后于太平洋战区的费尔普斯（USS Phelps DD 360）与"罗宾森"号（USS Robinson DD 562）驱逐舰上服役，当他在"罗宾森"号上服役时，曾参与过1944年的雷伊泰湾海战（Battle of Leyte Gulf），并以在该舰战情室中的沉着表现，荣获附加勇气坠饰的铜星勋章。

朱姆沃尔特先后调任"萨弗莱"号（USS Saufley DD 465）与"雷拉斯"号（Zellars DD 777）

驱逐舰，历经执行官与导航官等职务，并在1950年获得生涯第一个舰长职务，被任命为"提尔斯"号驱逐舰（USS Tills DE 748）指挥官，不过很快就在1951年调到"威斯康辛"号战列舰（Wisconsin BB 64）担任导航官，稍后在1952年进入海军战争学院进修。接下来经历过一段时间的陆上职务后，1955年时奉派到第7舰队指挥"伊斯贝尔"号驱逐舰（USS Arnold J. Isbell DD 869），1957—1959年间又被调回岸上任职于人事副官部门，接下来在1959—1961年间回到海上职务，负责指挥刚完工的新锐导弹护卫舰"杜威"号（USS Dewey DLG 14），稍后获准进入国家战争学院进修，替未来进入最高层做好准备。

上图：朱姆沃尔特从1970—1974年任海军作战部长，遭逢了军费缩减、旧舰艇大量退役等困难，以致在建军方面未能有更大的贡献。不过他在军内推行的种族、性别平等，以及开放式管理政策的影响极为深远。图为朱姆沃尔特任职海军作战部长时的官方档案照。

自1968年起，朱姆沃尔特被任命为越南战区海军指挥官，兼任美军驻越军援司令部海军顾问团主席。在这段期间内他下令执行了一项极具争议的政策——在每条水道中撒入化学物橙剂（Agent Orange），好让敌人无处藏身。橙剂造成的危害极大。越战时朱姆沃尔特的儿子朱姆沃尔特三世也在越南服役并担任河道巡逻舰指挥官，当朱姆沃尔特三世在1988年死于癌症时，朱姆沃尔特便一直以当年的决策而自责不已，认为这是当初他下令撒布橙剂造成的结果。

1970年尼克松总统提名朱姆沃尔特出任海军作战部长，同时晋升上将。不过在他的海军作战部长任内，适逢美国海军衰退期，面临大量第二次世界大战时期建造舰艇的持续老化，以及越战造成的经费短

上图：朱姆沃尔特在海军作战部长任内大力促成海军内的种族平等，取消了许多对少数民族的任职限制。图为1971年朱姆沃尔特视察驻横须贺的美国海军基地时，与水兵们会谈的情形，可注意到图中有许多黑人水兵。

缺，朱姆沃尔特选择让老舰艇退役，将经费保留给新舰艇与新武器使用，但这也导致美国海军的舰艇规模，在1970—1974年间大幅缩减了45%（从900艘降到500艘以下）。

为适应日趋收缩的战略现实，并兼顾舰队质与量的需求，朱姆沃尔特制定了以"高低混合"概念为基础的"60计划"（Project 60），预定以"尼米兹"级航空母舰、"塔拉瓦"级两栖突击舰、"斯普鲁恩斯"级驱逐舰、"弗吉尼亚"级巡洋舰与"洛杉矶"级潜艇等5种新设计的高性能舰为主干，搭配"佩里"级巡逻护卫舰（PF）、"飞马"级（Pegasus Class）快艇，以及可搭载14架SH-3海王（Sea King）直升机或8架AV-8的制海舰（Sea Control Ship）等低价舰艇。后来制海舰虽然遭到继任者取消，"飞马"级快艇也没有太大发展（只造了6艘），不过朱姆沃尔特的"60计划"仍是20世纪70年代美国海军建军政策基础之一。

比起建军构想，朱姆沃尔特任内更引人瞩目的是他的管理哲学，他认为当时的美国海军未能跟上美国社会现实的改变，因此大力推行种族机会平等政策，取消对少数民族任职的限制，还实施了更开放的管理（包括允许蓄须、蓄鬓、蓄发，以及在营区提供啤酒），并准备引进女性水兵与军官。朱姆沃尔特这套被称为"Z-Grams"的新思想在当时遭到保守的资深军官们抵制，到1974年7月他退役时仍有许多政策未能顺利推行，但仍为今日的美国海军奠定了基础。这从1971年由越南返国的大量海军人员仍愿意签约留营，就能看出他的改革措施功效（相较下，同时期的美国陆军则是流失大批现役人员）。

在朱姆沃尔特影响下，美国国会在他卸任不久后的1975年8月，授权朱姆沃尔特的母校——安纳波里斯海军学院招收女生，4年后，1980年的770名毕业生中首度出现55名女生。

从海军退伍后，朱姆沃尔特曾在1976年试图争取民主党弗吉尼亚州参议员提名，但未获成功，后来出任美国医疗建筑公司总裁。1996年时曾公开为他越战时期的部属——当时海军作战部长布尔达的V字勋表事件作证，可惜布尔达仍自杀身亡。朱姆沃尔特后于2000年病逝于北卡罗莱纳的杜克大学医疗中心。

由于受到里科弗（Hyman Rockover）等人的反对，朱姆沃尔特的建军政策主轴——高低混合并没有得到太大的发展，唯一较显著的成果只有"佩里"级护卫舰；但他在组织文化上的变革影响极为深远，成功将保守的海军融入了美国主流文化，被认为是挽留越战时期的海军士气、再造现代海军的关键人物，因此以他来为"21世纪驱逐舰／新世代驱逐舰"驱逐舰命名，可说是再适合不过了。

本页图:金队的"21世纪驱逐舰"采用平甲板船型,两门主炮均布置在舰艏,如此能把舰艉空出,设置一个大面积的飞行甲板。另外上层结构后方还设有两门57毫米舰炮。(上)(下)(图片:Northrop Grumman)

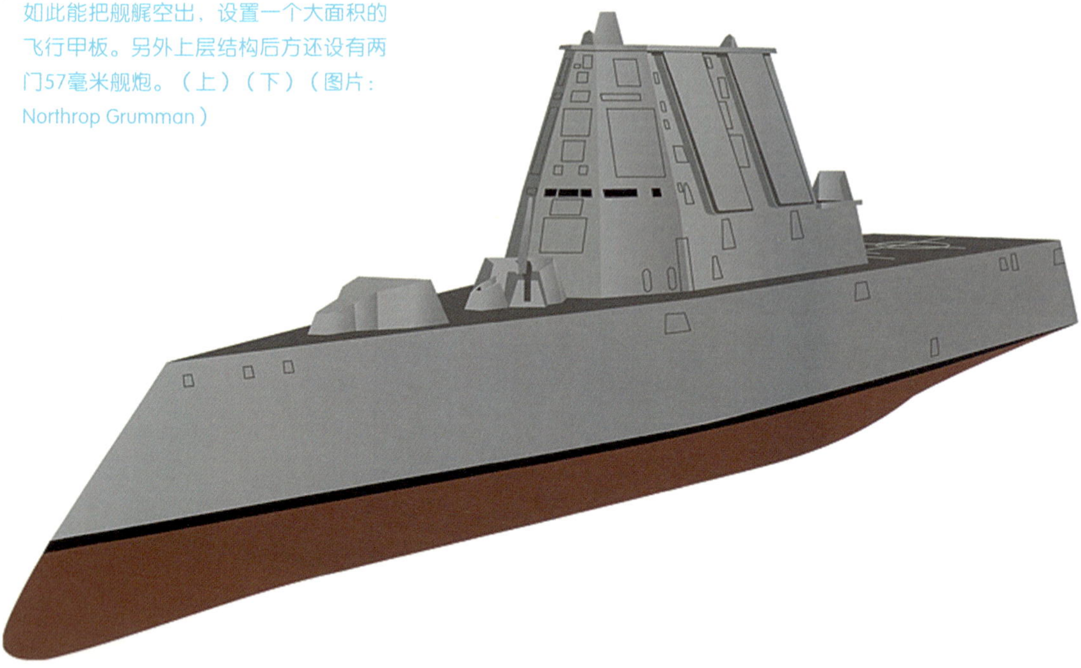

上图：金队的"21世纪驱逐舰"设计把垂直发射系统分为4组，分别布置在舰艏两舷外侧。能有效降低垂直发射系统遭命中后，弹药殉爆危及舰体结构的概率，还有助于缩短船体长度。

DDG-1000 "朱姆沃尔特"级驱逐舰

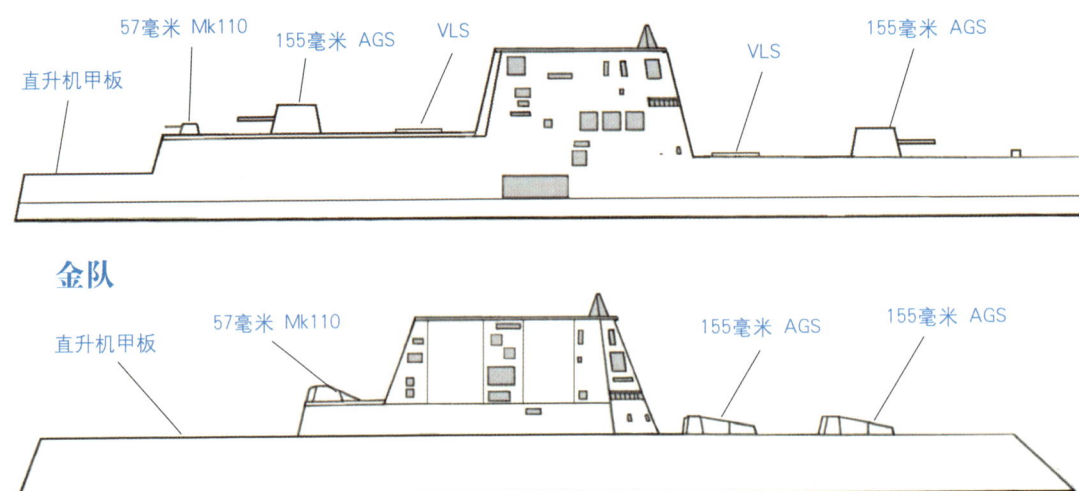

上图：蓝队与金队的"21世纪驱逐舰/新世代驱逐舰"设计对比。

面积也是蓝队的设计案的两倍，必要时能改为操作一架直升机搭配一架无人机。

另外金队还建议以口径更大的博福斯（Bofors）57毫米炮做为近迫防御武器（蓝队同样也采用了这种57毫米炮），以强化反恐、反小型水面舰与反导弹效能，替代美国海军惯用的方阵系统，或"圣安东尼奥"级两栖船坞登陆舰采用的新式Mk 46 30毫米舰炮。不过金队在推进系统上就比较保守，仍采用传统的传动轴和螺旋桨设计。

从"21世纪驱逐舰"到"新世代驱逐舰"

"21世纪驱逐舰"是克林顿政府时代最后一项主要舰艇计划，但在小布什政府上台后，以国防部长拉姆斯菲尔德（Donald Rumsfeld）为首的国防政策制定者，随即开始推行国防组织的大规模改造，认为前任政府留下的武器开发计划多数都是冷战时代遗留的无用之物，必须予以剔除，另行发展真正符合后冷战时代需求的系统。

于是趁着执行2001年的4年期国防总检（Quadrennial Defense Review，QDR）机会，拉姆斯菲尔德成立了10多个由退役军官组成的委员会，负责对克林顿政府留下的战略规划与武器装备采购计划进行彻底的大审查。

虽然"21世纪驱逐舰"自始便是专为后冷战环境的任务需要设计的舰艇，尤其可充分支持陆战队新的"由舰到目标机动"（Ship to Objective Maneuver，STOM）作战概念，因此得到了陆战队坚定支持。但拉姆斯菲尔德的"转型与传统部队小组"却批评"21世纪驱逐舰"计划不足以"转型"（Transformation），认为"21世纪驱逐舰"过于强调对地打击，不能满足未来环境需要的弹性作战能力。

为暂避拉姆斯菲尔德的"转型"，美国海军不得不在2001年5月31日宣布暂时停止"21世纪驱逐舰"，以便重新评估整个计划的方向。但两组竞标团队均被私下告知可继续执行研发工

下图：拉姆斯菲尔德上台后全面检讨了前任政府留下来的国防计划，耗资庞大的"21世纪驱逐舰"首当其冲，被迫改组为重新规划的"新世代驱逐舰"计划。

作，无须顾虑行政当局方面的动作。稍后在2001年8月，美国海军内部又出现一种看法，认为可以合并两组竞标团队，如此就能得到一种兼有两种设计方案之长的新设计。不过这种建议在行政程序上的更动程序烦琐，而且失去竞争关系也会带来许多副作用，故未得到实行。

除了面临行政当局的战略调整威胁外，共和党控制的国会也注意到"21世纪驱逐舰"计划潜在的问题。出于担心"提康德罗加"级巡洋舰预定的后继者——"21世纪防空巡洋舰"计划可能无法获得国会批准的考虑，美国海军不断追加"21世纪驱逐舰"的功能与规格，以作为"21世纪防空巡洋舰"一旦无法过关时的备案，但这也造成"21世纪驱逐舰"的吨位与复杂度不断上升，到2001年初估计的吨位竟达到18000吨，连带也造成日后建造与维持费用的高涨。于是众议院预算委员会在2001年10月投票通过，决定将下一年度的"21世纪驱逐舰"预算从6.43亿降为1.5亿美元，删减幅度达75%，以示对该计划的不满。

计划改组

为挽救岌岌可危的"新世代驱逐舰"计划，海军部在2001年11月1日宣布取消"21世纪驱逐舰"，改由"转型"后的"新世代驱逐舰"计划替代，以示对拉姆斯菲尔德"转型"政策的遵行。很明显是一种应付上级的伪装手法，美国海军虽一度对外放出将考虑全新设计案的烟幕，然而"新世代驱逐舰"需求规格仍与原来的"21世纪驱逐舰"完全相同，就连行政管理组织与竞标厂商也完全没有变动。美国海军甚至宣称"新世代驱逐舰"要在5个月后结标（2002年4月），显示了"新世代驱逐舰"与"21世纪驱逐舰"计划间的延续性。如果"新世代驱逐舰"是全新开始的计划，显然不可能在启动的5个月后就结标。不过拉姆斯菲尔德此时也认识到"21世纪驱逐舰/新世代驱逐舰"的进度确实已到了难以中止的程度，因此对海军改个名字的"转型"

睁只眼闭只眼,同意了海军部的做法。

但为了应付国会的不满,海军这次也为"新世代驱逐舰"找了更多的支持理由,特别强调"新世代驱逐舰"是先前倡议的"21世纪水面作战舰艇"计划中"新世代舰艇家族"一环,所以"新世代驱逐舰"应用的一系列创新技术均可转移到更小、更便宜、也更受高层喜爱的濒海战斗舰上。且"新世代驱逐舰"部分任务也可交由"21世纪防空巡洋舰"转型而来的"新世代防空巡洋舰"分担,故本身的设计也得以相当程度的简化。

下图:"新世代驱逐舰"计划最后选择了拥有更多创新设计的金队设计案(上),舍弃了较保守的蓝队设计案(下)。但为了确保双重供货来源,蓝队的巴斯钢铁厂也能分包到"新世代驱逐舰"设计与建造工作。

竞标结果出炉

经过计划重组的波折后,海军部终于在2002年4月29日宣布:由诺斯罗普·格鲁曼与雷神领导的金队赢得"新世代驱逐舰"计划,授予他们一份价值2.65亿美元、为期3年的系统设计、建造与测试合约。

为确保双供货来源政策,美国海军分割了"新世代驱逐舰"的研发与建造工作,故蓝队的巴斯钢铁厂也将作为次承包商参与"新世代驱逐舰"开发。美国海军计划待"新世代驱逐舰"细部设计完成后,于2004年至2005财年发布"新世代驱逐舰"首舰的建造招标书,届时再由诺斯罗普·格鲁曼-英格尔斯〔即诺斯罗普·格鲁曼造船系统(Northrop Grumman Ship Systems,NGSS)〕与通用集团巴斯钢铁厂(GD/Bath Iron Works,GD/BIW)竞标首舰的全寿期承包商合约。

这种双供货来源的做法,可使两家船厂都保有建造"新世代驱逐舰"的完整能力,除可保证就业机会外,竞争机制也能带来成本的降低,并避免造舰进度因意外而中断,即使一家船厂因罢工或其他因素而被迫停工,另一家还能继续建造工作。

虽然美国海军的政策可确保失败一方日后还有分享建造工作的机会,不过由于两组团队间的评选得分差距非常小,蓝队方面对竞标胜败犹有疑义。于是巴斯钢铁厂便在结标过后一周的5月9日,向审计署(GAO)提起申诉,而审计署在受理后也立即宣布:即日起"新世代驱逐舰"计划暂停一切活动,直到调查结束为止。以致"新世代驱逐舰"才刚刚启航,便遭逢了搁浅的意外。

巴斯钢铁厂控诉的理由主要有二:①金队从雷神在SPY-3雷达研发工作上得到了额外利益。雷神属金队的一员,因此巴斯钢铁厂怀疑金队可从内线获得更多的设计参数与实验数据,有助完善金队的"新世代驱逐舰"设计,而SPY-3雷达从法律上来说是"政府供应装备"(Government Furnished Equipment,GFE),独立在

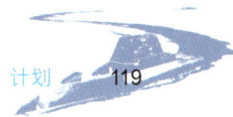

竞标之外,所以这对蓝队形成了不公平竞争。

②巴斯钢铁厂指控金队从海军得到使用"阿瑟·雷福德"号驱逐舰作为试验舰的协议,"雷福德"号是美国海军用于试验"先进封闭主桅/传感器"系统的平台,故能作为"21世纪驱逐舰/新世代驱逐舰"的设计参考,并在其上进行一些有用的测试。但问题是蓝队并没有得到相同的使用许可,所以巴斯钢铁厂认为这也对他们构成了不公平竞争。

然而前述指控都缺乏实际证据,因此审计署经过调查后,便在2002年8月19日驳回巴斯钢铁厂的申诉,使"新世代驱逐舰"在暂停100天后重新起锚。

DDG-1000登场

经过3年的细部设计工作后,"新世代驱逐舰"于2005年9月通过海军的细部设计审查,稍后国防部需求与技术助理

下图:美国海军在2005年普一度决定"新世代驱逐舰"的建造将改为"赢者全包"的做法,但遭到有选票压力的国会反对而作罢,最后改为"双首舰策略",由两家船厂各承包1、2号舰,接下来再决定后续舰由何者承包,但无论如何,两家船厂都能分到一部分舰体的承造工作。图为原属诺斯罗普·格鲁曼造船部门的英格尔斯船厂,2011年独立改组为亨廷顿·英格尔斯工业(Huntington Ingalls Industries, HII)集团。

上图:"新世代驱逐舰"很可能是继"伯克"级之后,美国海军未来10年内唯一新开工建造的驱逐舰,今日美国只剩诺斯罗普·格鲁曼-英格尔斯与通用集团巴斯钢铁厂两家有能力建造驱逐舰的船厂,因此"新世代驱逐舰"合约也牵涉到美国驱逐舰承包船厂的业务消长,从而影响到整体国防工业的发展。图为诺斯罗普·格鲁曼-英格尔斯船厂(现在的亨廷顿·英格尔斯工业集团船厂)厂房。

部长克里格(Kenneth Krieg)也于同年11月23日宣布"新世代驱逐舰"计划进入阶段IV,即系统发展与验证(System Development and Demonstration,SDD)阶段,准备开始头两艘的建造工程。

不过计划到了这个阶段又有了重大变动,在5年前,美国海军曾规划建造多达32艘的"21世纪驱逐舰",同时也准备采用双供货商制度,让通用集团巴斯钢铁厂与诺斯罗普·格鲁曼-英格尔斯两家船厂共享建造工作。但到了"新世代驱逐舰"时代以后,由于军费日益吃紧,加上设计单位的成本管控也不如预期理想,导致预估的建造费用不断攀升。

当初美国海军在1998年"'21世纪驱逐舰'计划需求决策备忘录"中设定的单舰目标价格为8.5亿美元,并希望能在第5艘时就把造价压低到7.5亿美元(1996年币值)。后来到了规划"新世代驱逐舰"的2001年时,则改为首舰预估20亿美元,后续舰10~12亿美元。但到了2005年细部设计审查阶段时,首舰

新世代驱逐舰计划启动：从"21世纪驱逐舰"到"新世代驱逐舰"计划

预估建造费用已经上涨到33亿美元，后续舰也达到24亿美元，比起美国海军当初的期待，可说是天壤之别。

于是美国海军也只能从削减计划规模着手，设法压低整个计划的费用。"新世代驱逐舰"的建造规模从原先的32艘先削减到24艘、12艘，然后又降为先建造首批8艘。

折中的采购策略

除了将"新世代驱逐舰"的采购规模从最初设定的32艘缩减为8艘外，更糟的是美国海军还在2005年时变更原本的双重供货商政策，打算改采"赢者全包"的单一承包商方式，希望借此节省30亿美元的开销。

然而"赢者全包"的政策却引起了众议院的反对，乍看之下，改采单一承包商的账面采购成本确实较低，可省去两家船厂间的重复投资。但让另一家船厂完全失去建造工作，长远看来却不利于整体国防工业的发展，以及长期采购成本的控制。

美国目前就只剩两家船厂有建造驱逐舰的能力，而当"伯克"级驱逐舰全部建造结束后，"新世代驱逐舰"很可能是美国海军未来10年内唯一新建造的驱逐舰，因此失去"新世代驱逐舰"建造合约的船厂很可能被迫关闭厂房，以致短期内都无法恢复建造驱逐舰的能力，这方面海军在建造核动力潜艇与航空母舰上都有很好的经验。更重要的是，引进双供货商制度，可刺激各厂商在质量与报价上互相竞争，最终也能使美国海军得利。反之"赢者全包"就可能产生后续采购报价，都被单一供货商吃死的风险。

下图：DDG-1000首舰原本规划由诺斯罗普·格鲁曼-英格尔斯船厂承造，也就是今日的亨廷顿·英格尔斯工业集团船厂，不过为了帮助营运状况较差的通用集团巴斯钢铁厂，美国海军在2007年9月将DDG-1000首舰转由通用集团巴斯钢铁厂承包建造。图为在通用集团巴斯钢铁厂建造中的DDG-1000。

众议院在2005年预算修正案中否决了海军的"赢者全包"决策，于是海军便与诺斯罗普·格鲁曼-英格尔斯与通用集团巴斯钢铁厂两家船厂达成了"双首舰策略"（Dual Lead Ship Strategy）的折中方案，即两家船厂分别负责建造"新世代驱逐舰"上不同的部分，然后各自负责头两艘DDG-1000其中1艘的最终组装。接下来海军再依两家船厂执行成果的评比，于2009财年决定后续舰的承包商。

成本上涨的危机

不过"新世代驱逐舰"面临的问题还不仅止于建造合约的分配，由于众议院不满于"新世代驱逐舰"节节升高的费用，因此在2006年预算案中，附带决议要求海军把后续舰造价降到17亿美元以内，至于首舰成本则希望尽可能控制在33亿美元。但随着设计的持续深入，许多规划阶段未曾预料到的问题将一一浮现，连带着也会影响到原先的成本估计，另外加上原材料价格上涨与通货膨胀等因素的影响，未来"新世代驱逐舰"首舰费用还有可能飙涨到40亿美元。

虽然有人建议改以增购"伯克"级，来替代"新世代驱逐舰"计划，但美国海军却表示，由于通货膨胀之故，2010年以后续建"伯克"级的费用也会上涨到24亿美元，而且美国海军早在1997年的"21世纪驱逐舰"研究中就已证实，"新世代驱逐舰"的许多特性都是"伯克"级无法提供的，回头继续建造"伯克"级既不能比"新世代驱逐舰"省钱，性能更是差得多。

最后美国海军与国防部达成的妥协是先暂定建造7艘"新世代驱逐舰"，并将前两艘改为试验舰，后续5艘建造与否，需视首两舰的建造与运用情形而定。于是美国海军便在2006年4月7日为"新世代驱逐舰"首舰赋予了DDG-1000的正式编号，同时以前任海军作战部长朱姆沃尔特之名命名。

接下来美国海军在2007年1月将价值2.68亿与2.57亿美元

DDG-1000建造规划（2007年）

财政年度	2007	2008	2009	2010	2011	2012	2013
建造数量	2*	0*	1	1	1	1	1

*2007财年订购的两艘DDG-1000所需费用分摊在2007至2008两个财政年度。

的两份合约分别授与诺斯罗普·格鲁曼-英格尔斯与通用集团巴斯钢铁厂，以便两家厂商执行DDG-1000细部设计，以及到2013年为止的采购与材料管理。而雷神也在2007年2月获得价值3亿美元合约，以为舰载任务系统设备（Mission Systems Equipment，MSE）——包括计算机基础架构、雷达、声呐、垂直发射系统等系统的发展与整合提供支持。

直到2007年7月为止，美国海军都是打算让作为主承包商的诺斯罗普·格鲁曼-英格尔斯船厂负责首舰DDG-1000的最终组装，至于第2艘DDG-1001再交由通用集团巴斯钢铁厂。不过考虑到通用集团巴斯钢铁厂手上的最后1艘"伯克"级舰造工程即将在2011年结束，如果未能赋予新的合约，恐将危及该厂建造能力的维持。相较下诺斯罗普·格鲁曼-英格尔斯船厂还有"圣安东尼奥"级两栖船坞登陆舰、两栖突击舰（LHA）与海岸防卫队深水（Deepwater）计划等舰艇合约在手，营运状况要比通用集团巴斯钢铁厂好了很多。因此美国海军在2007年9月25日宣布，将首舰的建造合约转给通用集团巴斯钢铁厂，而诺斯罗普·格鲁曼-英格尔斯船厂则改为承造2号舰。

5

"朱姆沃尔特"级的设计特性——船体、动力与传感器系统

DDG-1000的技术特性

　　DDG-1000可说是第二次世界大战后最具革命性的水面作战舰艇之一，在船体、动力系统、武器系统的设计与布置上，都引进了创新技术，应用的创新技术范围之广泛，可说是当时水面舰之最。

　　举例来说，先前的"伯克"级驱逐舰只有船体与防护设计是全新设计，战斗系统是宙斯盾系统的驱逐舰版本，至于武器装备与动力单元则都是既有的系统。更早的"提康德罗加"级巡洋舰，则是在"斯普鲁恩斯"级既有的船体与动力系统上，搭载新发展的宙斯盾系统，除了引进新的"标准"Ⅱ型导弹外，多数武器装备都是当时的标准装备。相较下，DDG-1000"朱姆沃尔特"级从船体、动力、战斗系统到武器配备，都是基于全新概念而发展的新形式，同时应用这样多新概念与新技术，势必将给DDG-1000带来很高的技术与成本风险，为降低风险，美国海军除了采用逐步推进的螺旋式开发策略外，还针对10项主要关键技术，分别指定承包厂商以工程开发模型（Engineer Development Model，EDM）进行实测，如四分之一的船体比例模型、整合复合材料上层结构模型等，以便慎重审查各项新技术的可行性，并依实测结果进行必要的设计修正。

美国海军目前在官网上公布的DDG-1000尺寸为满载15656长吨（long tons），约合17534短吨（tons）或15907公吨，舰体长186米、宽24.6米，吃水深8.4米，较8年前刚签约时的估算数字、或2011年至2013年建造阶段时的公布数字略大。

依前述数据，DDG-1000将是自"长滩"号导弹巡洋舰（USS Long Beach CGN 9）以来，第二次世界大战后美国海军建造的最大排水量水面作战舰，比现役的提康德罗加或"伯克"级都要大上50%至60%，也比2001年刚完成"新世代驱逐舰"计划改组时公布的12000吨大上许多。

虽然对现代军舰来说，最花钱的部分是传感器与武器系

DDG-1000的十大关键技术

1. 穿浪内倾船体（Wave Piercing Tumble Home）
2. 舷侧配置垂直发射系统（Peripheral Vertical Launch System，PVLS）
3. 整合复合材料舱室开口（Integrated Composite Deckhouse and Apertures，IDHA）
4. 红外线模型（IR Mockups）
5. 整合电力系统（Integrated Power System，IPS）
6. 双波段雷达（Dual Band Radar，DBR）
7. 整合水下作战系统（Integrated UnderSea Warfare，IUSW）
8. 先进火炮系统（Advanced Gun System，AGS）
9. 全舰计算机环境（Total Ship Computer Environment，TSCE）
10. 自动火灾抑制系统（Autonomic Fire Suppression System，AFSS）

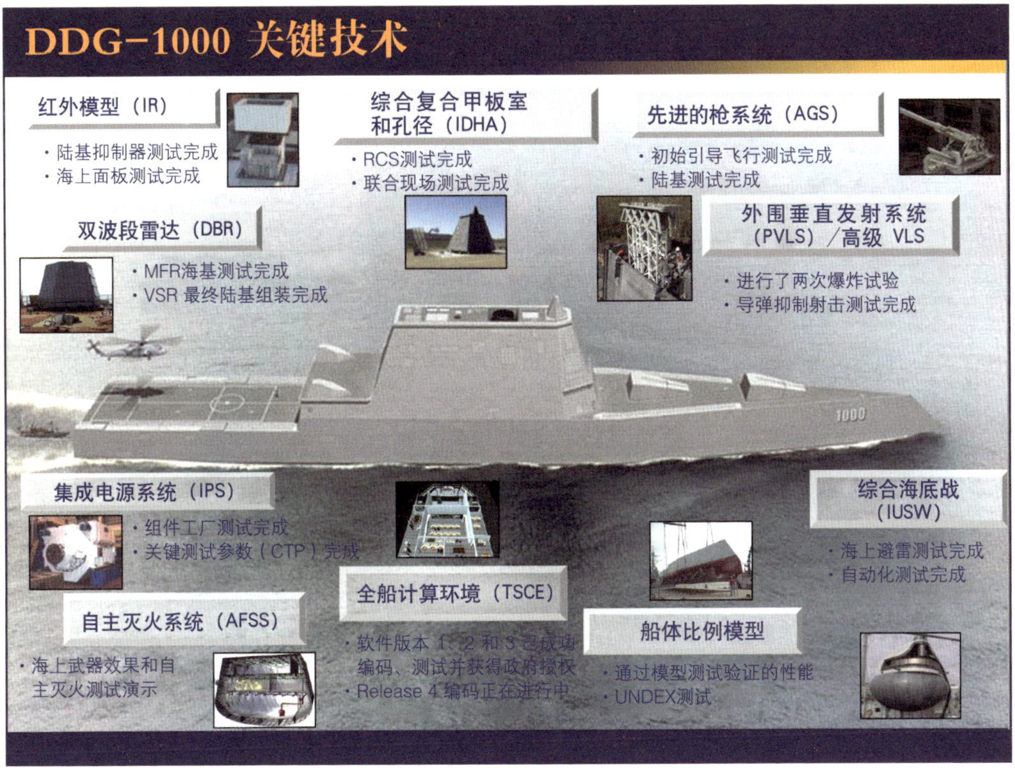

"朱姆沃尔特"级的设计特性——船体、动力与传感器系统

DDG-1000 关键技术

红外模型（IR）
- 陆基抑制器测试完成
- 海上面板测试完成

综合复合甲板室和孔径（IDHA）
- RCS测试完成
- 联合现场测试完成

先进的枪系统（AGS）
- 初始引导飞行测试完成
- 陆基测试完成

双波段雷达（DBR）
- MFR海基测试完成
- VSR最终陆基组装完成

外围垂直发射系统（PVLS）/高级VLS
- 进行了两次爆炸试验
- 导弹抑制射击测试完成

集成电源系统（IPS）
- 组件工厂测试完成
- 关键测试参数（CTP）完成

全船计算环境（TSCE）
- 软件版本1、2和3已成功编码、测试并获得政府授权
- Release 4编码正在进行中

综合海底战（IUSW）
- 海上避雷测试完成
- 自动化测试完成

自主灭火系统（AFSS）
- 海上武器效果和自主灭火测试演示

船体比例模型
- 通过模型测试验证的性能
- UNDEX测试

统，船体结构占总费用的比例愈来愈低。但考虑到排水量愈大，相对应的动力系统功率与燃油筹载需求也随之增加，因此愈大的排水量，还是意味着更高的建造与操作费用。美国海军虽曾研究过较低排水量的替代设计案，但最终结论是：任何低于14000吨的设计，都会造成武器的大幅缩减，从而严重影响到独立作战能力，因此还是决定采用这种排水量规模空前的"驱逐舰"设计。

除了舰体规模比预期更大以外，另一值得注意的是乘员数目指标的变化。原先"21世纪驱逐舰"计划规定的乘员数目是95人，后来到了"新世代驱逐舰"时期就放宽到125～175人。而依DDG-1000计划执行办公室技术副总监霍瓦斯（Joseph Horvath）在2006年11月提出的一份简报显示，含航空分队人

上图：DDG-1000的十大新技术图解。"朱姆沃尔特"级从船体、动力系统，到武器系统，都引进了基于全新构想而发展的新系统，创新技术应用范围之广，堪称第二次世界大战后水面舰之最，这样大规模的应用新技术，虽可望能带来作战能力的跃进，但也隐含了高度的技术与成本风险。

员在内，DDG-1000的乘员人数为142人，已比最初设计值多出近50%。而到了2016年中即将投入服役的阶段，美国海军官网上公布的DDG-1000含航空分队乘员数量达到了158人，显示在精简人力这个目标上，美国海军最终采取了较保守的做法。

除此之外，受经费问题影响，DDG-1000在建造过程中也对雷达与武器规格做了一些调整，与原始的规划有所不同。

接下来我们便依序从船体、动力、雷达电子系统来逐一介绍DDG-1000的设计特性。

独特的船体设计

与众不同的船体造型是DDG-1000外观上显著的特征，内倾、带有尖锐舰艏的外形让人联想到19世纪末期的铁甲舰。这种水线上方船幅逐渐缩小的内倾侧舷构型称为"Tumble Home"，是木造帆船时代为了减轻船体上部重量、改善船体稳定性而出现的设计。当铁甲舰在19世纪末期登场时，也有部分设计师采用了这种设计，借以压低重心、平衡增设装甲后的重量，不过到了第二次世界大战前后，这种设计就在各国的舰艇设计中消失。但是进入21世纪后，出于隐形性的要求，又让这种古典设计复活了。

下图：DDG-1000船体总体布置图解。
DDG-1000从船艏到船舯段的船身分为6层甲板，直升机库部位以后则缩减为5层甲板，上层结构则分为6层。内倾的穿浪船体、简洁的单一大型上层结构，加上独特的双层壳体设计，都让DDG-1000更像是1艘潜艇或是半沉式船只，而不像传统的水面作战舰艇。

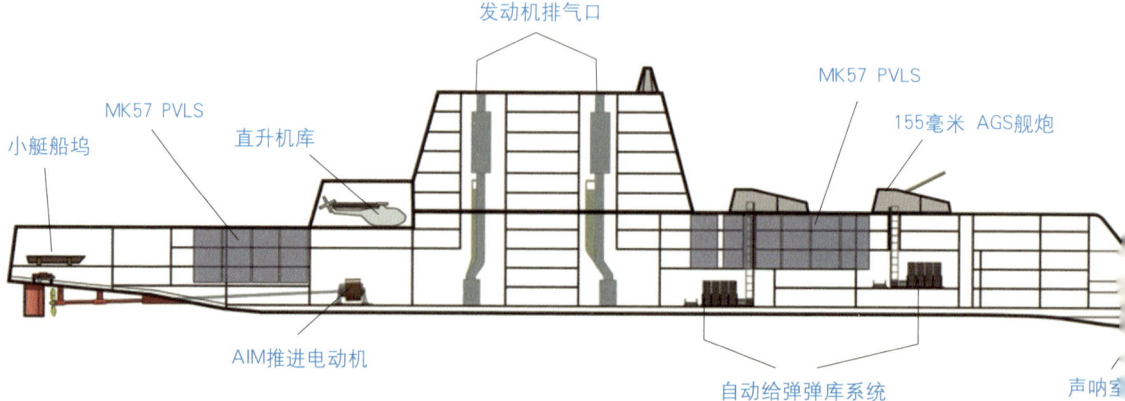

5 "朱姆沃尔特"级的设计特性——船体、动力与传感器系统   129

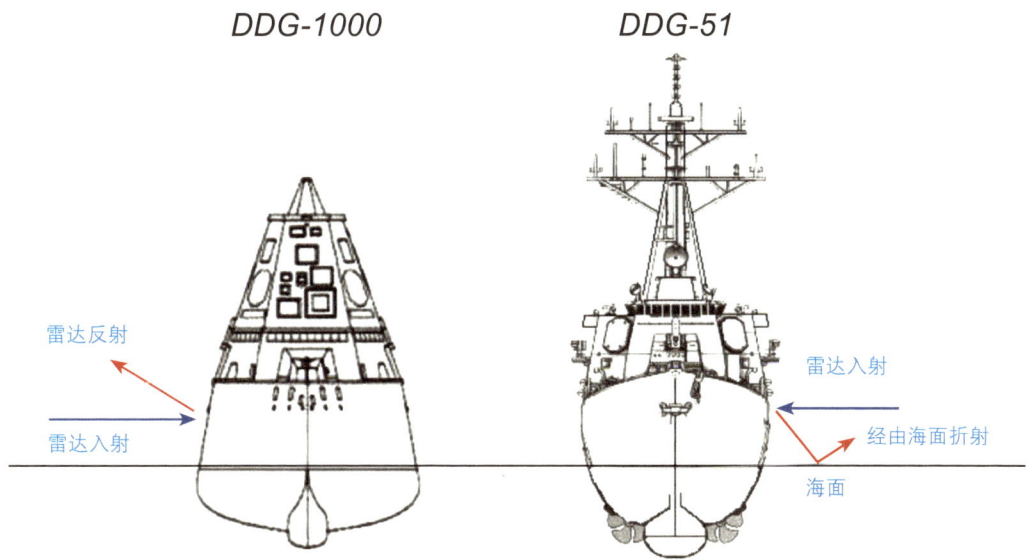

上图：内倾式船体是DDG-1000最大特色之一，可降低雷达信号的反射。与"伯克"级相比，"伯克"级船体已考虑了隐形设计，但是在某些雷达照射角度下，外倾的下半部船身仍可能会使雷达波反射到海面上，从而折回发射源方向。相对地，内倾式船体的DDG-1000，就没有这种海面反射的问题。

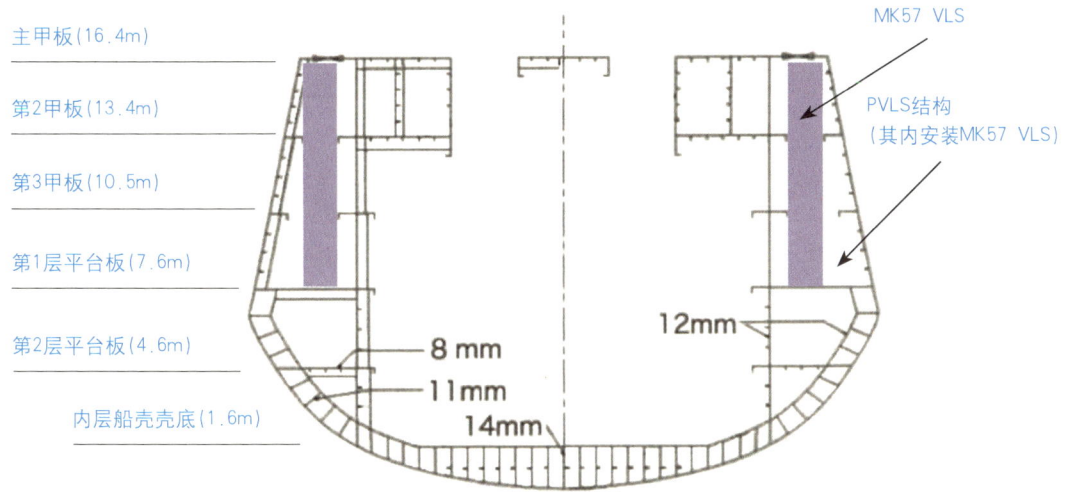

上图：DDG-1000的中央船体剖面，采用双层船底，还可清楚见到船体两侧也是双层船壳设计，还有贯穿3层甲板的"舷侧配置垂直发射系统"结构。

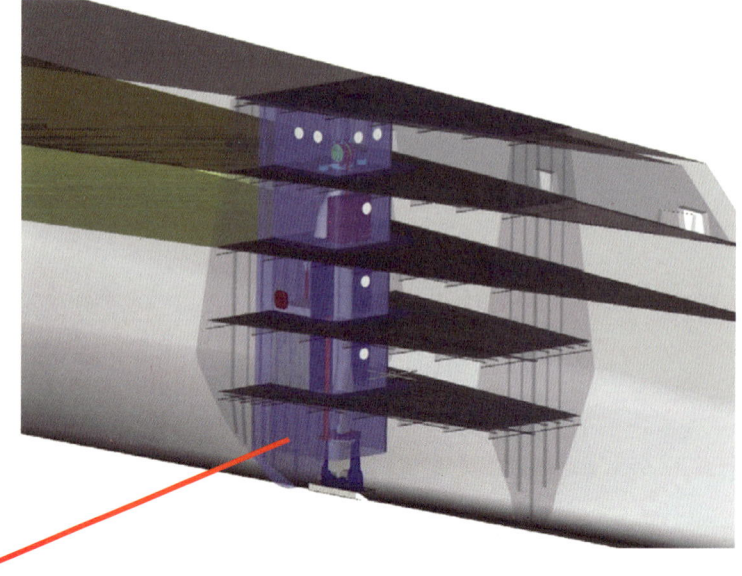

右图：DDG-1000独特船锚机构图解。为了维持舰体外表的隐形性，DDG-1000的船锚机构设于船舷内部，通过藏在船底的开口投放，完全没有露出在舰体水上部位外。

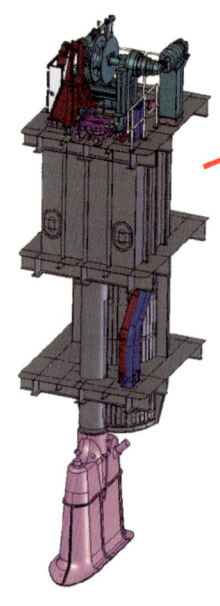

即使像"拉法叶"级、"伯克"级这类已考虑了隐形设计的传统船型舰艇，在某些雷达照射角度下，外倾的下半部船身仍可能会使雷达波反射到海面上，从而折回发射源方向。相对地，内倾式船体就没有这种海面反射的问题。

至于DDG-1000船舷类似古代战舰的"冲角"造型，则使新设计可在恶劣海象下切开波浪、降低船体晃动的穿浪型船舷，位于水下的尖锐船舷内部则用于安装声呐，所以DDG-1000的整个船形就称为穿浪内倾船体。

DDG-1000的船壳构造亦有不同寻常之处，大量使用新式HSLA-80钢板建造，并采用了现代水面舰少见的双层壳体，除了全面采用双重船底外，船体两侧也由内、外壳双层壳体构成，并在内、外壳之间的空间布置了"舷侧配置垂直发射系统"。

为了保证完整的隐形特性，DDG-1000甲板以上的结构极度简化，除了前甲板的两门155毫米"先进火炮系统"舰炮外，就只剩下一个倾斜的大型上层结构，排烟管道与所有电子设备均集中在这个上层结构内。船锚与系留装置内藏于船体

"朱姆沃尔特"级的设计特性——船体、动力与传感器系统

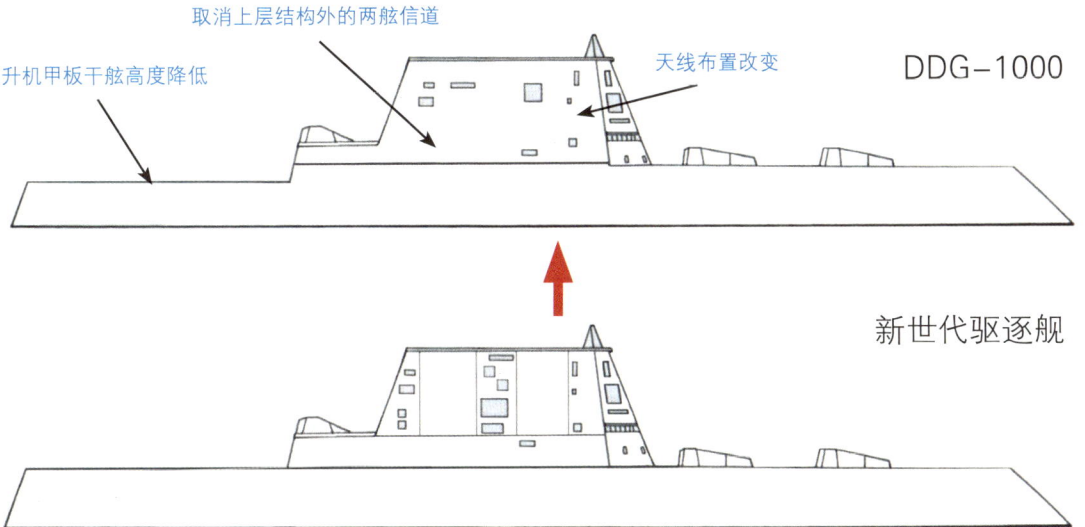

上图：目前的DDG-1000设计外观（上）与"新世代驱逐舰"时期的设计外观变化（下）

在"新世代驱逐舰"舰队时代，采用的是平甲板船型，设有连通舰艏到舰艉的连续主甲板，上层结构两侧还留有狭窄的甲板通道。到了实际建造阶段，DDG-1000将舰艉飞行甲板则设于比前甲板低一层的甲板上，转变为长艏楼船型。另外上层结构的宽度也稍有增加，整个上层结构扩展到整个船舷宽度，取消了两侧通道。

内，将暴露在外的设备降到最少。

举例来说，DDG-1000的船锚是设置在船舶内部、通过藏在船底的开口直接向海中投放，完全没有露出船体外部。另外DDG-1000也没有设置一般舰艇常见的固定式舷墙与护栏，栏杆是升降式的，必要时才升起，并由人工为栏杆挂上绳索。由于DDG-1000雷达信号非常低，以致平日航行时，必须在船体上加挂角反射器、主动增大信号，便于让其他船只侦测，以维持航行安全。

上层结构后方为大型的直升机库，机库上方另有两座Mk 46 30毫米炮，飞行甲板则设于比前甲板低一层的甲板上，这也让DDG-1000的船型，从"新世代驱逐舰"舰队时代的平甲板船型转变为长艏楼船型。另外上层结构的宽度也稍有增加，早先设计案在上层结构两侧还留有狭窄的甲板通道，便于连通船头与船尾甲板，目前的设计则已把上层结构扩展到整个船舷宽度，取消了通道。

DDG-1000设于上层结构末端的机库，可容纳一架直升机与3架垂直起降无人机，较特别的是携带舰载小艇的位置位于直

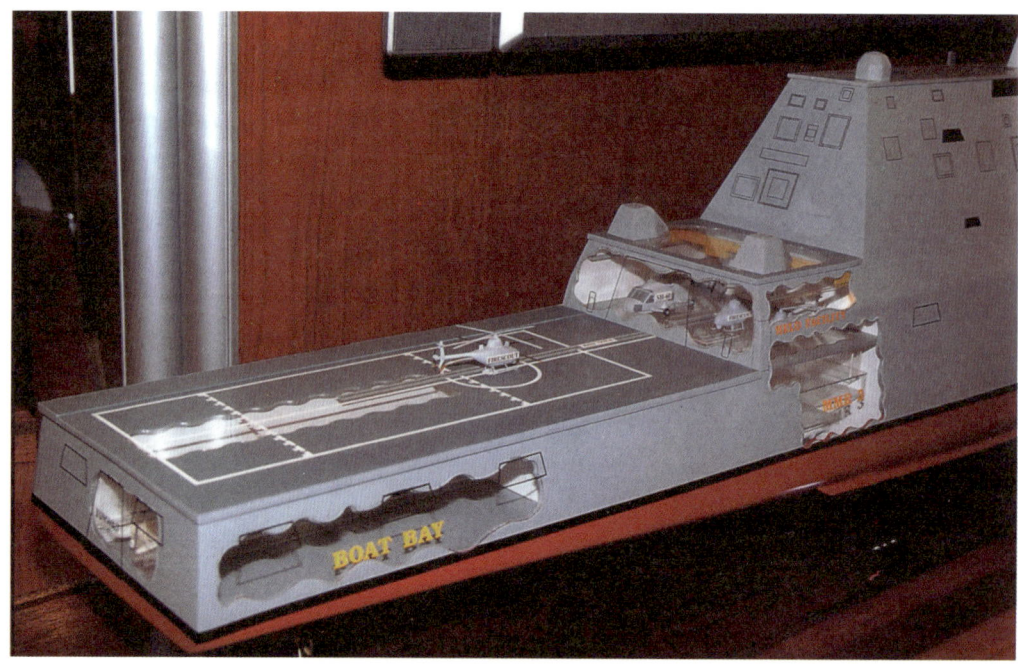

"朱姆沃尔特"级的设计特性——船体、动力与传感器系统   133

左图：DDG-1000船艉小型船坞内部，空间足以容纳两艘11米长硬式充气艇，目前暂定配备两艘7米长的RHIB，通过舰艉舱门进行充气艇的施放与回收作业。

升机起降平台下方的船体内部，这个位置设有可容纳2艘11米长硬式充气艇（RHIB）的小型船坞（Boat Bay），目前暂定配备两艘7米长的硬式充气艇，通过舰艉舱门进行充气艇的施放与回收作业。DDG-1000这种"藏"在船尾内的小型船坞除能满足舰体隐形要求外，也便于舰载小艇的施放与回收作业，比起传统上布置在甲板上的小艇，DDG-1000的小型船坞更易于小艇的入水与回收操作，也免除了使用大型机械吊车的必要。将小艇放置在船艉的小型船坞内更有利于小艇的维护保养。

为了获得更彻底的隐形效果，DDG-1000把所有电子设备都"包"在具有隐形外形设计、称作"整合复合材料上层建筑与孔径"的巨大上层结构内。这个上层结构由复合材料制成（不像主船体是由钢板建造），倾斜的壁面设有嵌装电子设备天线孔径的位置，所有雷达与通信系统的天线均为埋设在上层结构内部的形式。

烟囱排气道也是埋设在"整合复合材料上层建筑与孔径"的结构内，排烟口设在上层结构顶部，只有从顶部才能看到排气口，有效降低了从其他方位观测时的红外线信号，还结合了冷却水与冷却空气等降低红外线信号的机制。

在早期的概念图与模型中，DDG-1000上层结构顶部还设有一个称作"多功能船桅"（Multi-Function Mast，MFM）系统的六角锥体，用于容纳通信系统与数据链天线，但实际完工的DDG-1000尚未见到这个锥体结构。

对页上图：DDG-1000的机库设于上层结构末端，可容纳一架直升机与3架垂直起降无人机，直升机起降平台下方的船体内部则设有小型船坞（Boat Bay），图为在2007年4月3日至5日在华盛顿特区举办的美国海军联盟展中，诺斯罗普·格鲁曼造船系统展出的DDG-1000模型，可以清楚见到直升机库与船艉船坞的构造。

对页下图：DDG-1000船艉设有可容纳两艘硬式充气艇的小型船坞，藉此可将舰载小艇藏于船体内，改善隐形性，还能通过船艉舱门直接让小艇出入，免除使用大型机械吊车来操作小艇的需要。

DDG-1000"朱姆沃尔特"级驱逐舰

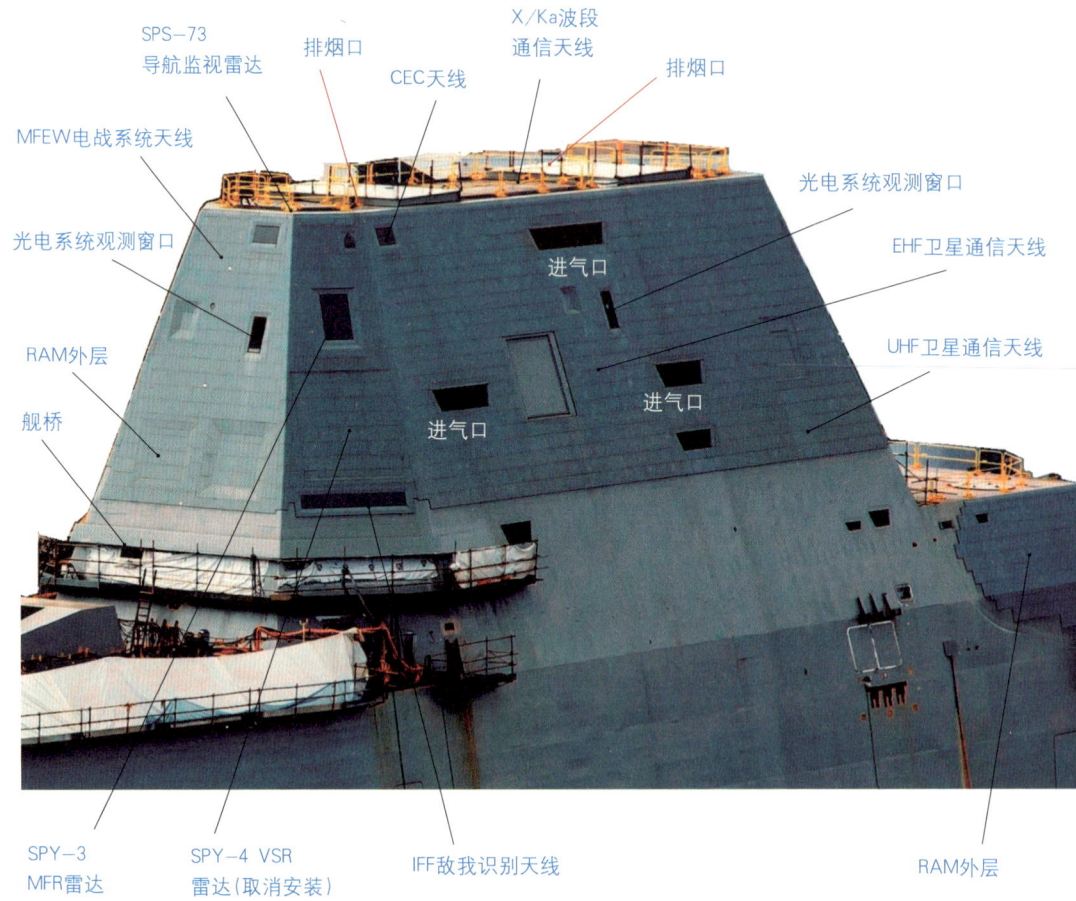

上图：DDG-1000采用称作整合复合材料上层建筑与孔径的上层结构设计，所有电子设备都被"包"在这个隐形外形的巨大上层结构内，电子设备的天线则嵌在"整合复合材料上层建筑与孔径"的壁面开口，主机的吸气口与排烟通道，也是埋设在这个上层结构中，通过开设于上层结构顶部的排烟口排气。

图为舾装中的DDG-1000"整合复合材料上层建筑与孔径"结构特写，虽然此时大多数天线尚未安装，但已能判断出主要的天线位置，可注意到整个上层结构的外形考虑了降低雷达截面积的设计，表面还敷设了一层雷达波吸收材料（RAM），进气口外形同样也考虑了缩减雷达截面积需求。

"朱姆沃尔特"级的设计特性——船体、动力与传感器系统

由于DDG-1000的船型与上层结构均为前所未有的新设计,为了验证新船型设计的可行性,除了用于水槽模拟航行性能试验的二十分之一模型外,诺斯罗普·格鲁曼-英格尔斯船厂特别建造了1艘150英尺长、排水量126吨的四分之一比例船体模型,不过这个模型没有动力,所以只能用于漂流与抗震爆试验。

美国海军另外还建造了1艘代号为"海喷射"(Sea Jet)的先进电力船展示舰(Advanced Electric Ship Demonstrator,AESD),先进电力船展示舰是海军与国防部先进计划研究署合作的电力推进系统试验舰,可搭载各种新型推进器进行实验,但也具备了与DDG-1000相同的船型,故可用于试验DDG-1000的水动力与水声讯特性。尺寸较前述四分之一比例模型稍小,全长为136英尺,排水量为120吨,乘员2名,搭载了两具罗尔斯·罗伊斯AWJ-21先进水喷射系统(每具功率400匹轴马力)来推进船体,使用柴油发电机驱动水喷射系统时,这艘试

下图:为了隐形,DDG-1000的所有传感器与通信电子设备,连同主机的排烟管道与烟囱都必须包覆在特别设计的"整合复合材料上层建筑与孔径"结构中,但为容纳这些一般都是暴露在外的天线设备与烟囱,并保证雷达视野与各类天线的收发效果,也造成了DDG-1000必须采用极为巨大的上层结构,甲板以上的高度达18米,全长超过60米,如果加上船体水线高度,则上层结构顶部距水线的高度将可超过25米。图中可见到上层结构前端顶部,另设有一个容纳通信系统天线的六角锥体结构。

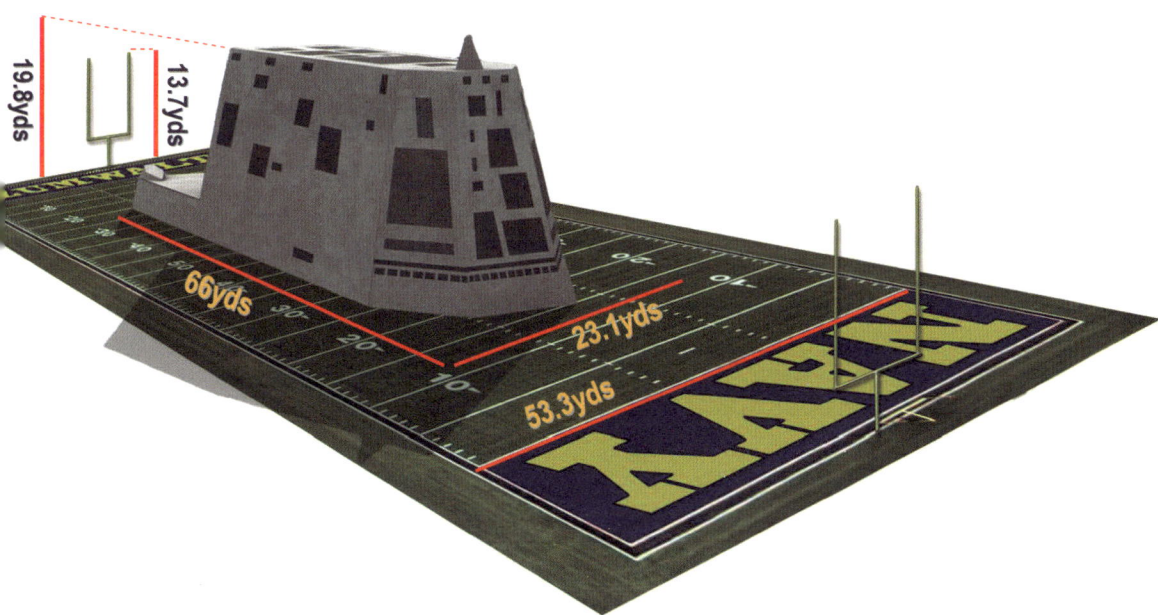

上图：DDG-1000的四分之一缩尺比例模型为无动力设计，主要用于拖曳、漂流试验与抗震爆测试。NGSS

下图：在美国陆军阿伯丁（Aberdeen）测试中心进行抗水下爆炸试验的DDG-1000四分之一缩尺模型。NGSS

验船体可有8节的航速，改用蓄电池驱动时则能达到16节。

经由模型测试，美国海军声称"朱姆沃尔特"级的穿浪船体设计，可以在7级与8级海象下安全操作，但关于穿浪船体在恶劣天候下稳定性不足的批评声浪一直持续到建造与服役阶段。

除了船体航行性能试验外，为验证"整合复合材料上层建筑与孔径"结构的雷达与红外线信号特性，诺斯罗普·格鲁曼－英格尔斯与雷神还在海军的中国湖（China Lake）建造了一座"整合复合材料上层建筑与孔径"模型，以便进行雷达截面积特性试验。除了雷达信号外，红外线信号的抑制是另一个重点，因此诺斯罗普·格鲁曼－英格尔斯船厂也建造了排烟口与其他重点部位的红外线实体模型，确认了利用水冷和空气冷却控制温度的效果。

下图："海喷射"先进电力船展示舰具有与DDG-1000相同的外形，可用于水动力与水声讯特性的试验，目前搭载了两具罗尔斯·罗伊斯AWJ-21先进水喷射系统进行无轴推进测试。US NAVY

低价型"新世代驱逐舰"方案研究

在重组"新世代驱逐舰"计划的同时，美国海军也从2002年开始研究低价型替代方案，试图找到吨位、性能与费用间的平衡点，探索降低"新世代驱逐舰"排水量的可行性。这种新舰艇仍将采用与"新世代驱逐舰"相同设计的概念与技术特性，包括内倾穿浪船体、双波段雷达、整合电力推进与全舰计算机环境等，但降低了续航力、持续航速、"先进火炮系统"与弹药数、机库与附带特战支持小艇等指标。

美国海军在2002年提出了从12200~16900吨间的几种不同设计，其中一个设计案将满载排水量降到12700吨，仍拥有两门内附600发弹药的"先进火炮系统"，但垂直发射系统降到32管，还缩减了直升机甲板面积，航速也稍有降低。另一个则是吨位更小，仅12200吨的设计案，这个设计案的垂直发射系统管数比前一个多出一倍（64管），但"先进火炮系统"舰炮只剩1门，备弹量也降到450发，直升机甲板与持续航速同样也有所降低。

接下来美国海军又在2003年推出11400~17500吨的另外几个设计案，其中一个设计案为13400吨，含64管垂直发射系统与1门"先进火炮系统"；另外还有一个排水量更小，仅有11400吨的设计案，这个设计案也严重缩水，仅有32管垂直发射系统与1门含300发备弹的"先进火炮系统"。

最后美国海军从这些研究中得出的结论是，要采用具有高度隐形性的内倾式穿浪船体与单一整合舰桥，但同时还要保有一定程度的武装与航速、航程性能，"新世代驱逐舰"的吨位很难压低到12000吨以下，而且任何低于14000吨的设计都不能具备令人满意的性能，尤其是独立作战能力将会被大幅削弱。

美国海军虽然对于低价版"新世代驱逐舰"缺乏兴趣，但国会预算办公室（CBO）与战略暨预算评估中心（CSBA）仍未对"新世代驱逐舰"的低价替代方案死心，接下来仍研拟了几种以"圣安东尼奥"级两栖船坞登陆舰搭载"先进火炮系统"的火力支持舰，以及以"伯克"级船体衍生的设计案，这些设计案的费用都比"新世代驱逐舰"便宜许多，如"圣安东尼奥"级两栖船坞登陆舰衍生型的首舰费用估计可低到19亿美元，战略暨预算评估中心把这几种方案也一并呈交给国会，建议可与"新世代驱逐舰"一并建造，以填补"新世代驱逐舰"造价过高导致的数量不足问题。

上图:"整合复合材料上层建筑与孔径"结构已预留了给体积搜索雷达、SPY-3雷达、Ku/Ka、极高频、特高频卫星通信系统,以及协同接战能力与敌我识别(IFF)系统等电子装备天线的孔径位置,图为中国湖试验场测试中的"整合复合材料上层建筑与孔径"结构模型。

全电力驱动的动力系统

"整合电力推进系统"是DDG-1000的另一大特色,由两部功率3500万瓦(47600匹轴马力)等级的主机与两部功率400万瓦(5440匹轴马力)等级的辅机作为电力与动力来源,全系统最大输出功率7800万瓦,可使DDG-1000获得30节的最大持续航速。

主机为罗尔斯·罗伊斯MT30燃气涡轮机构成的"主发电机组"(main turbine generators,MTG),搭配以罗尔斯·罗伊斯RR4500燃气涡轮发电机构成的辅助发电机(auxiliary turbine generators,ATG),由主机与辅助发电机的燃气涡轮机驱动发电机,所得电力再经由配电网络分配给两部用于驱动推进桨叶的电动机,以及作战、生活设施等其他舰载次系统使用。也就是说,包括船体推进与舰载系统的动力来源都统一由"整合电力推进系统"以电力形式来供应,是一种同时涵盖推本页图：DDG-1000"整合电力推进系统"的基本架构。

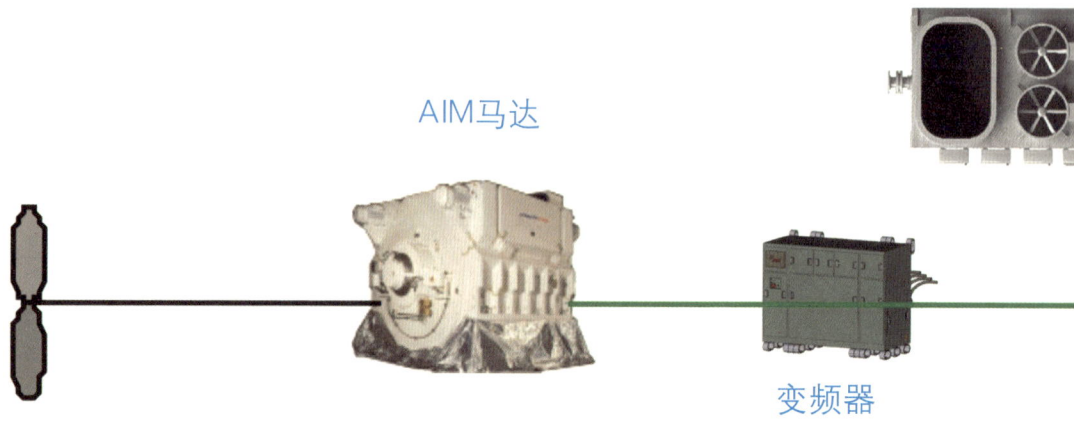

MT30燃气涡轮发电机

AIM马达

变频器

高频滤波器

AIM马达

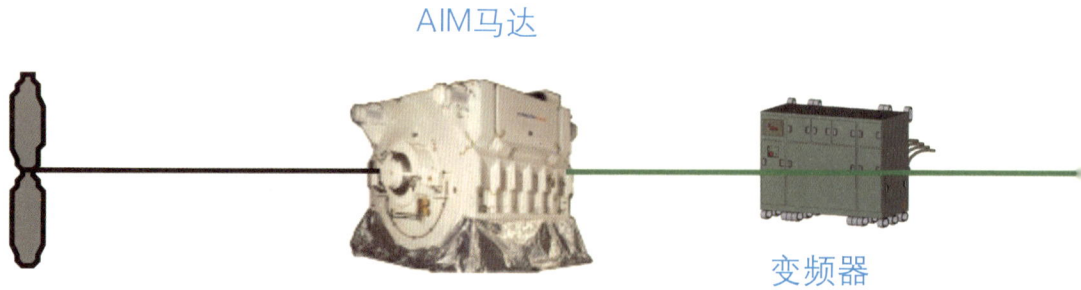

变频器

MT30燃气涡轮发电机

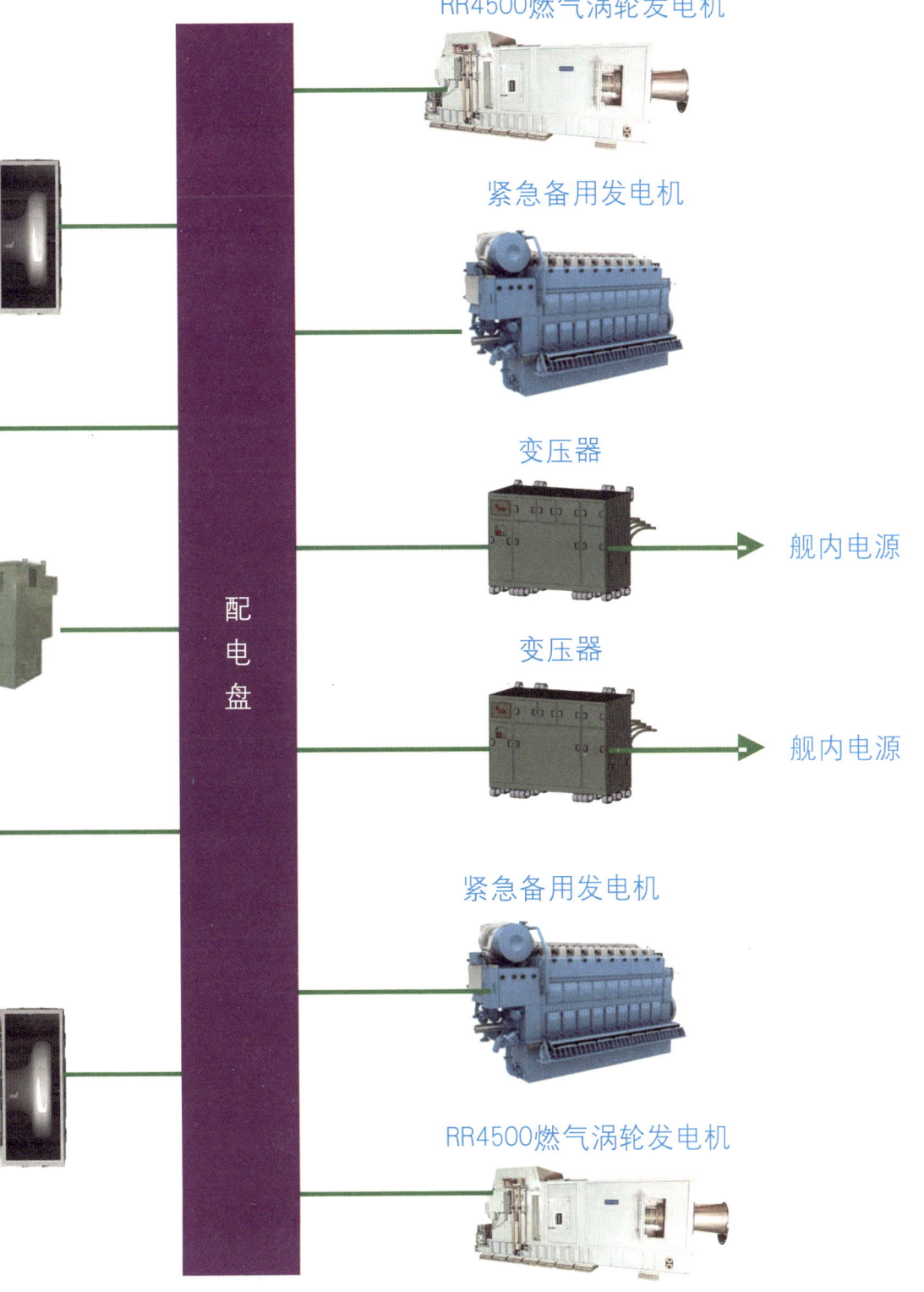

进用动力与舰载服务用电的"整合电力推进系统"。

DDG-1000发电机输出的电力是4160 VAC/60Hz高压交流电,而非美国海军过去惯用的450VAC交流电,发电机输出电力再通过"整合持续作战电力系统"(Integrated Fight Through Power,IFTP)系统,将电力降转为适合不同舰载设备使用的较低电压电力或直流电。"整合电力推进系统"由通用集团的能源转换公司负责系统整合。

原本在"21世纪驱逐舰"时代,是采用通用公司的LM2500+与罗尔斯·罗伊斯的WR21两款2500万瓦等级燃气涡

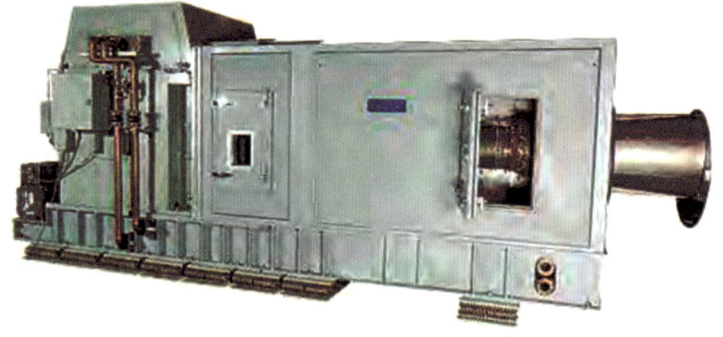

右图:DDG-1000的"整合电力推进系统"由两部主发电机与两部辅助发电机组成,主发电机的原动机是罗尔斯·罗伊斯的MT30燃气涡轮机(上),辅助发电机则是由罗尔斯·罗伊斯的RR4500燃气涡轮机(下)负责驱动。

轮机作为"21世纪驱逐舰"的主机,美国海军虽曾一度选定了WR21,不过随着设计变更以及需求的增加,到了"新世代驱逐舰"时代又将主机功率需求改为3000万瓦以上的机型,于是罗尔斯·罗伊斯与通用公司分别提出了MT30与LM2500+新衍生型参与新一轮的竞争。

虽然LM2500系列的用户群与累积操作时数均十分庞大,通用公司除兼有身为美国本土厂商的"血统"优势外,旗下的LM2500也在1999年被美国海军选为"整合电力推进系统"的实验主机,搭配艾尔斯通动力与控制(Alstom Drive & Controls)公司提供的交流感应马达、布瑞许电机(Brush)的发电机,以及L-3通信SPD系统分部提供的PCM-1、PCM-4电力转换模块,在宾州费城的舰船系统工程中心陆基试验站(LBTS)组成了"整合电力推进系统"的实验设施,累积了相当程度的工程经验。但在"新世代驱逐舰"主机竞标中,最后还是由罗尔斯·罗伊斯的MT30胜出。

MT30舰用燃气涡轮机由航空用的特伦特(Trent)800涡轮扇发动机衍生而来,2000年开始研制,2002年9月开始原型机测试,量产原型也从2003年2月于布里斯班试验场开始试验,稍后又分别在2004年初与同年7月完成了挪威船级社(Det

MT30与其他舰用高功率燃气轮机比较

机型	MT30	WR-21	LM6000	LM2500+G4	LM2500+	LM2500
制造商	罗尔斯·罗伊斯	罗尔斯·罗伊斯	通用公司	通用公司	通用公司	通用公司
最大功率	40/36/30.7MW①	25.2MW	42MW	33.9MW	31.3MW	23.8
最大功率油耗 (g/(kW·hr))	207	184	203	—	219	230
热效率	40%		42%	39.6%	39.5%	37.5%
重量(千克)	6200(涡轮部分) 22000(驱动模块) 77000(含底座与发电机)	45693(主模块) 49783(含回热与控制模块)	8176	—	5200	4676

注:①分别为操作温度15℃、26℃、45℃时的最大功率。

Norske Veritas）的500小时耐久测试，以及美国航运局认证要求的1500小时耐久测试，此时距启动研制计划还不到5年时间，开发速度可说相当迅速。

自从MT30于2003年被英国"未来航空母舰"（Future Aircraft Carrier, CVF）计划选为主机后，在市场上可说是胜绩连连，先是击败通用公司的LM2500+，被美国海军选为设在舰船系统工程中心陆基试验站的"新世代驱逐舰""整合电力推进系统"展示验证主机，稍后洛克希德·马丁公司也在2004年6月选定MT30做为该公司濒海战斗舰方案的主机。接下来罗尔斯·罗伊斯又在2007年3月取得了重要的胜利，美国海军正式与罗尔斯·罗伊斯签约，为头两艘DDG-1000订购了4套MT30。

能克服"血统"上的劣势，在美军重大计划中战胜通用公司，MT30自然有其过人之处。与同级的LM2500+相较，MT30具有较佳的功率与燃油消耗率表现，4000万瓦等级的输出功率号称是当前功率最大的船用燃气涡轮机，通用公司虽有功率更大的LM6000，但目前只用于陆基发电厂。MT30的燃油效率虽然还不能与具有中间冷却回热循环（Intercooled Recuperted Cycle, ICR）机制的WR-21相比，但已经比LM2500基本型好很多。另外MT30也与已在波音757、777等民航机上大量使用，已累积500万飞行小时的特伦特800系列涡轮扇喷射发动机有80%的通用零件，有利于降低维护与零部件采购费用。

下图：DDG-1000的推进器原定采用的永磁马达（左）发展延迟，美国海军决定暂时改用"先进感应马达"（右）替代。

"朱姆沃尔特"级的设计特性——船体、动力与传感器系统

秉承特伦特800在市场上良好的可靠性与维护性口碑，MT30的可靠性与可维护性亦十分出色，具备"全权数字发动机控制"（Full Authority Digital Engine Control，FADEC）系统的控制功能，预期的热锻部件大修时间为12500小时，整机大修时间为24000小时，在舰上可修护的平均无故障间隔为2000小时。由于MT30采用了模块化结构，维修时不需拆卸整机，且各模块的设计均已默认了安装时的平衡校准，拆卸、换装模块后无须重新校正，因此扣除冷机时间外，MT30平均修理时间仅为4小时。

至于在DDG-1000的辅机方面，同样也是罗尔斯·罗伊斯与通用公司之争，最后由罗尔斯·罗伊斯450万瓦等级的RR4500击败通用440万瓦的LM500。

虽然在DDG-1000的主机与辅机竞争中均败于罗尔斯·罗伊斯，不过通用公司承包了整个DDG-1000"整合电力推进系统"的整合工作，在DDG-1000动力系统上仍占有主导角色。

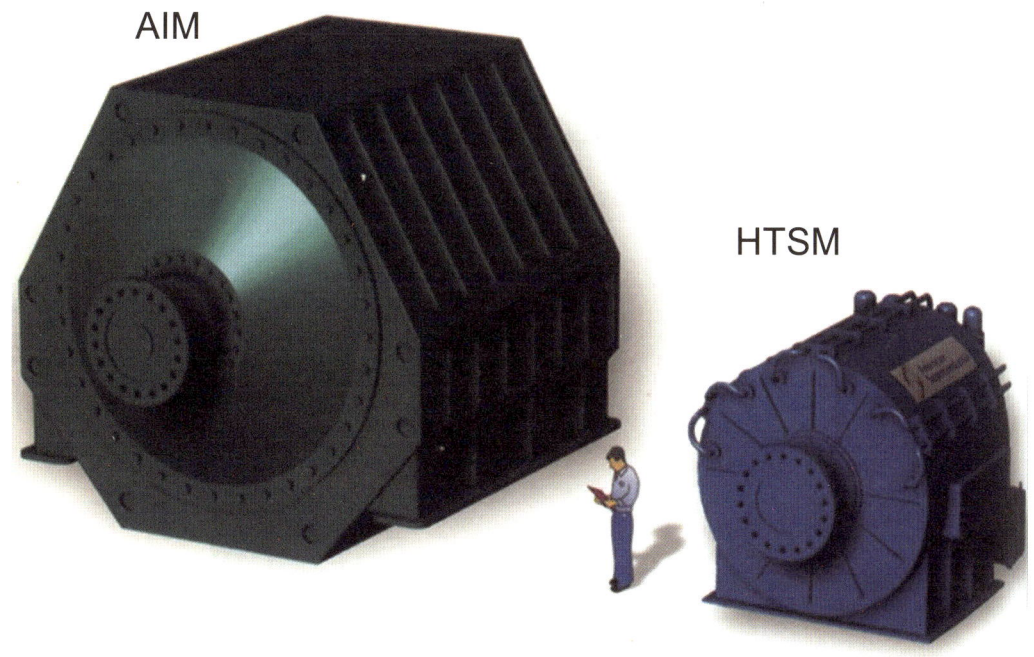

下图：美国海军目前正在发展高温超导马达，体积、重量却不到DDG-1000目前使用的"先进感应马达"一半，但输出功率更高（36.5MW对34.6MW）。

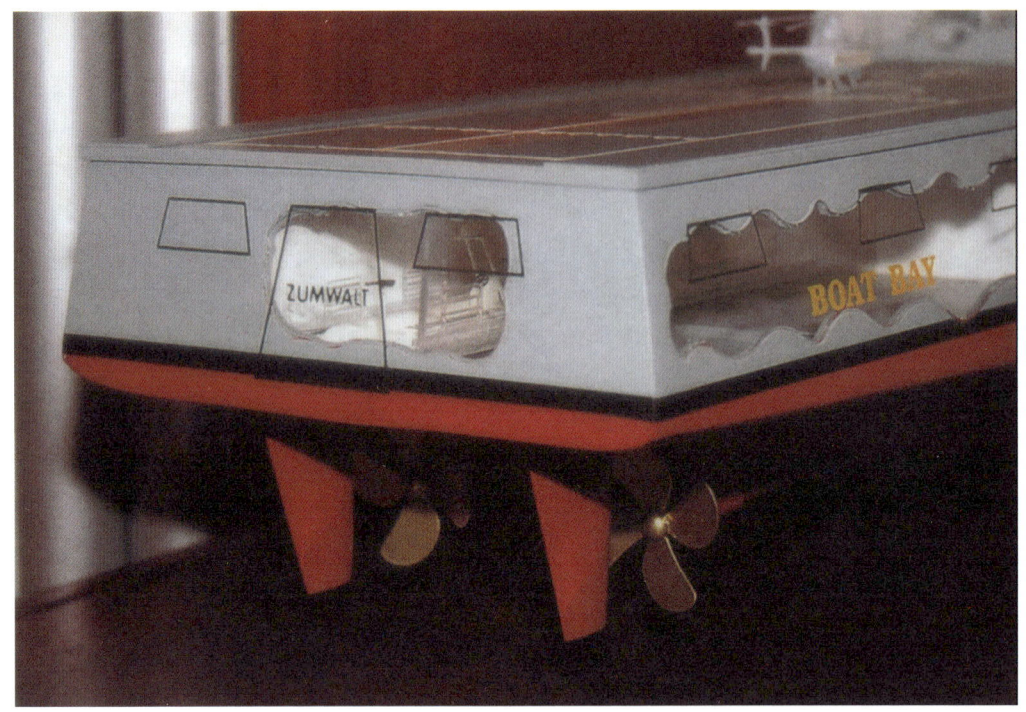

上图：DDG-1000虽然采用了革命性的全电推进系统，但推进器的设计颇为保守，依诺斯罗普·格鲁曼-英格尔斯船厂在2007年美国海军联盟展中展出的模型显示，该舰仍将采用传统的推进轴驱动侟叶，不过侟叶为固定螺距的四叶式，而非常见的五叶式。

DDG-1000主机与辅机的选型与试验还算颇为顺利，不过在驱动推进侟叶的电动机方面却碰到了一些麻烦。美国海军原先打算采用DRS公司研制的"永磁马达"（输出功率为3600万瓦）。

但由于永磁马达的开发遭遇绝缘、运作温度等技术问题而延迟，美国海军在2007年9月决定暂以输出功率3660万瓦的"先进感应马达"（Advanced Induction Motors，AIM）做为替代，由阿尔斯通［Alsthom Power Conversion，现在称作科孚德（Converteam）］公司承制。

不过相较于永磁马达，"先进感应马达"存在尺寸重量庞大（150吨至200吨重）、低速范围效率低、从发电机经变频器到马达间的损耗大、燃料消耗率较差等缺点，美国海军仍对功率密度更高的永磁马达充满期待，因为它比先进感应马达节省25%重量与空间。美国海军仍持续进行永磁马达的测试，打算

DDG-1000的供电系统

DDG-1000从推进动力、战斗系统的运作到日常服务电力的供应，都是由"整合电力推进系统"统一以电力来驱动，因此供电与配电系统的设计成功与否是关系到DDG-1000能否正常运作的关键系统。

DDG-1000的电力系统是以美国海军新一代的4160V高压交流电系统为基础，是继"马金岛"号两栖突击舰（USS Makin Island LHD8）后，美国海军第2种引进4160V高压交流电系统的舰艇，取代过去惯用的450V交流电作为供电网络的基准。

4160VAC的高压交流电虽然有传输效率高、损耗少的优点，但目前仍有许多舰载设备不适合直接使用这种

下图：DDG-1000整合动力系统配电图解图中的上半部，是直接使用4160V高压交流电的高压电力系统，两部主燃气涡轮发电机组、两部辅助燃气涡轮发电机组输出的电力，经由高压配电盘（HV Swbds）输出给两部"先进感应马达"使用。图中的下半部，则是低压电力系统，分为4个独立分区，经由整合持续作战电力系统的功率转换模块，将4160V高压交流电降压转为适合不同舰载系统使用的直流电或较低电压交流电。注意4个分区的功率转换模块与左右舷直流电总线之间是双重交错连接，即使某个单元故障或失效，仍能通过配电网络从其他单元维持供电。

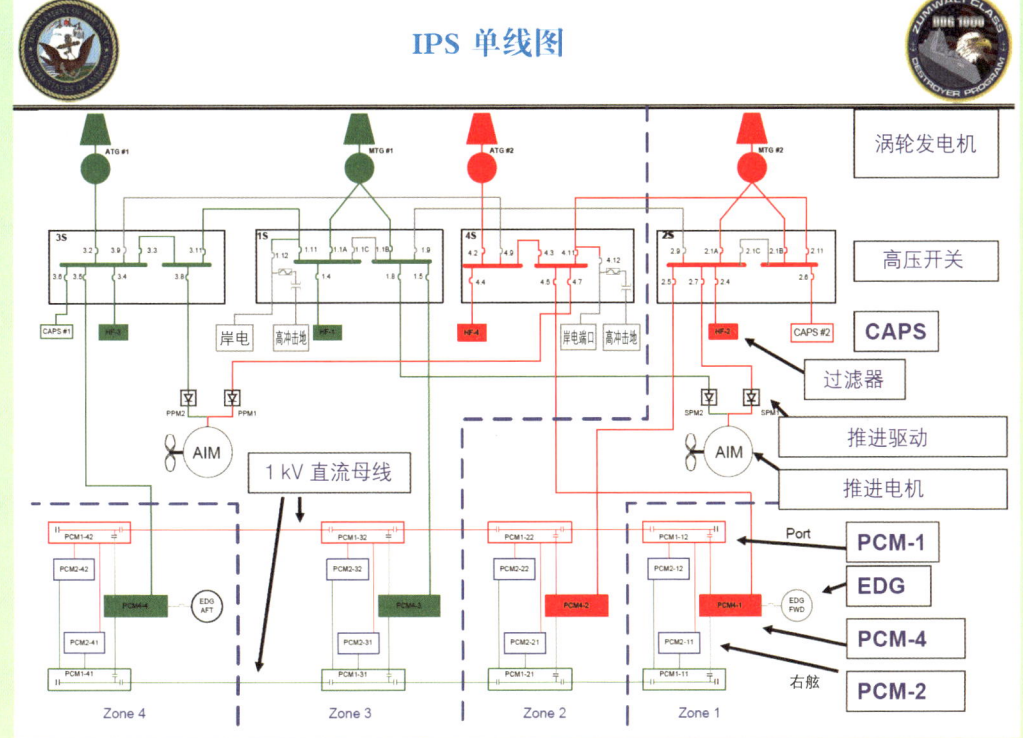

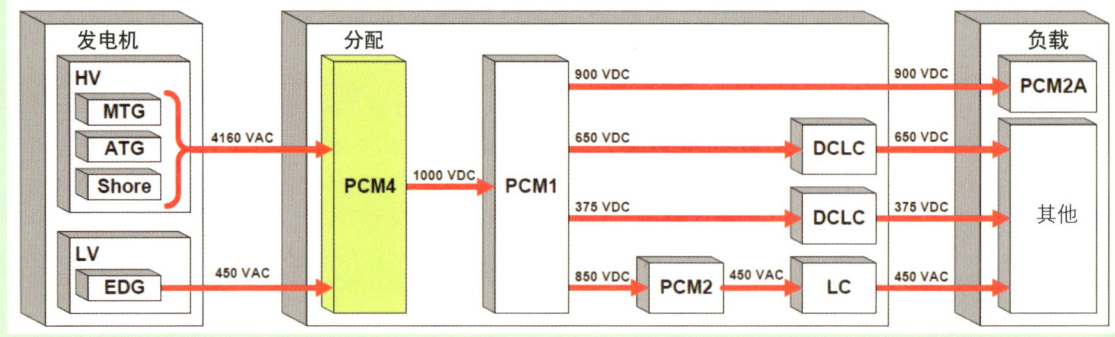

上图：整合持续作战电力系统负责将发电机组输出的4160V高压交流电与紧急柴油发电机组输出的450V交流电，降转为适合舰载系统使用的直流电。先经由PCM-4功率转换模块转为1000V直流电，再经由PCM-1转为900V、650V、375V与850V等4种直流电，前3种直接给不同系统使用，850V直流电则经由PCM-2逆变为450V交流电，再接到日常舰艇配电系统。

规格的电力，因此DDG-1000的供电系统分为高压电力次系统（High Voltage Power Subsystem，HVPS）与低压电力次系统（Low Voltage Power Subsystem，LVPS）两部分，分别对应直接使用4160V高压交流电的设备，以及使用较低电压或直流电的设备。

其中高压电力次系统直接使用发电机组输出的4160V高压交流电，主要包括DDG-1000"整合电力推进系统"的发电机组与推进系统单元，包括2部主燃气涡轮发电机组、2部辅助燃气涡轮发电机组、2部"先进感应马达"与马达驱动器、4部基于商规现成组件的改进型配电盘与相关保护设备，由科孚德机电公司负责整合。

低压电力次系统则包括"整合持续作战电力系统""日常舰艇配电系统"（Ship Service Distribution System，SSDS）与"紧急柴油发电机组"（Emergency Diesel Generators，EDG）等3部分。

整个"整合电力推进系统"供电网络中最关键的设备，是低压电力系统中，由DRS公司研发的"整合持续作战电力系统"，承担了统一配电与电压降转功能。来自主发电机输出的电力，与紧急备用发电机的电力，都是通过整合持续作战电力系统的转接与配电，再输出给日常舰艇配电系统使用，最后再由日常舰艇配电系统的配电盘与不断电系统（UPS）向各式各样的舰载任务设备供电。同时"整合持续作战电力系统"也负责将主发电机输出的4160V交流电转为适合舰上各次系统使用的不同电压电力。

"整合持续作战电力系统"的一大创新在于采用了以直流电为

基础的分区配电系统（Zonal Electrical Distribution System，ZEDS）架构，而非过往舰艇普遍使用的交流电配电系统。"整合持续作战电力系统"将全舰划分为左、右两舷纵向分离的4个电力隔离分区，由4个PCM-4功率转换模块（Power Conversion Modules）、8个PCM-1模块、8个PCM-2模块与16个负载中心（Load Centers）所组成。

在"整合持续作战电力系统"架构下，来自发电模块的4160V交流电先通过PCM-4模块转换为1000V直流电，分别对左、右舷的纵向直流电总线供电，然后送电至每个总线的PCM-1模块，以电子转换模块（Ship Service Conversion Module，SSCM）降压转为不同电压等级的直流电。

PCM-1模块可输出900V、850V、650V与375V等4种直流电，其中900V、650V与375V直流电直接向不同的直流负载配电，850V直流电则被送至PCM-2模块，由PCM-2模块以电力逆变模块（Ship Service Inverter Module，SSIM）进一步降转为450V/60Hz交流电，再借由负载中心对区域内的交流负载配电。每一个供电分区内的PCM-2模块与直流负载中心，都设计成双重电源供电，交错地连接左、右舷总线的PCM-1模块，即使其中一组PCM-1失效，也能通过另一组持续供电。

通过"整合持续作战电力系统"可提供高可靠、耐战损的供电能力，左、右舷、前、后4个电力分区都各有一个PCM-4模块与日常舰艇配电系统配电单元，任一个分区受损都不会影响其他分区的供电，且PCM-4模块与左右舷直流电总线构成双重交错连接，当故障发生时，"整合持续作战电力系统"可通过自动重构（re-configured）能力隔离故障、并在最大范围内维持供电的持续。

而比起过去应用在"伯克"级上的交流电式分区配电系统（AC ZEDS），DDG-1000以IFTS为基础的直流电式分区配电系统（DC ZEDS），更便于直接向大多使用直流电的战斗系统装备供电，供电中断时也便于通过不断电系统持续供电。而且通过固态电力电子技术，也可将直流电转换为舰艇日常服务系统所需的交流电。在现代电力电子变流技术与功率半导体技术支持下，直流配电系统的性能与容量持续提升，发展潜力更胜交流配电系统。

在DDG-1000后续螺旋发展阶段中再行导入永磁马达。

除了持续关注永磁马达外，美国海军近来也积极参与"高温超导马达"（High Temperature Superconductor Motor，HTS）的研究，美国海军委由美国超导体（American Superconductor）公司研制中的高温超导马达功率可达3650万瓦，但体积不到先进感应马达的一半，重量为其三分之一（75吨），被认为是一种极有前景的候补机型。

考虑到技术成熟性、性能与发展潜力后，DDG-1000后几艘采用的电动马达形式可能还会有所变动，1、2号舰确定采用先进感应马达，3号舰则可能改用"高温超导马达"。

在推进器方面，在"新世代驱逐舰"计划时期曾考虑过兼具船舵与推进螺旋桨的荚舱式推进佫叶，不过当时的荚舱式推进佫叶在可靠性、维护便利性与效率方面都仍存在问题，最后DDG-1000采用的是由电动马达直接驱动的固定螺距式四叶螺

下图：由SPY-3与SPY-4组成的双波段雷达，是第一套相位阵列天线形式的双波段雷达，图为美国海军瓦勒普斯岛工程测试中心的双波段雷达测试设施，在梯形壁面右边较高处，较小的灰色方块为SPY-3的天线阵列，下方较大的灰色方块则为SPY-4天线阵列。

旋桨佴叶，借由电动马达的反转即可带动舰艇倒车航行，免除使用复杂、昂贵的可变螺距佴叶需要。

DDG-1000的舰载传感器

随着国际局势的转变，美国海军对作战舰艇的要求已与冷战刚结束之时有了相当程度的差别。"朱姆沃尔特"级的代号由10年前的"21世纪驱逐舰""新世代驱逐舰"时期的"DD"转变为今日的"DDG"；任务重心从早期的对地攻击逐渐演

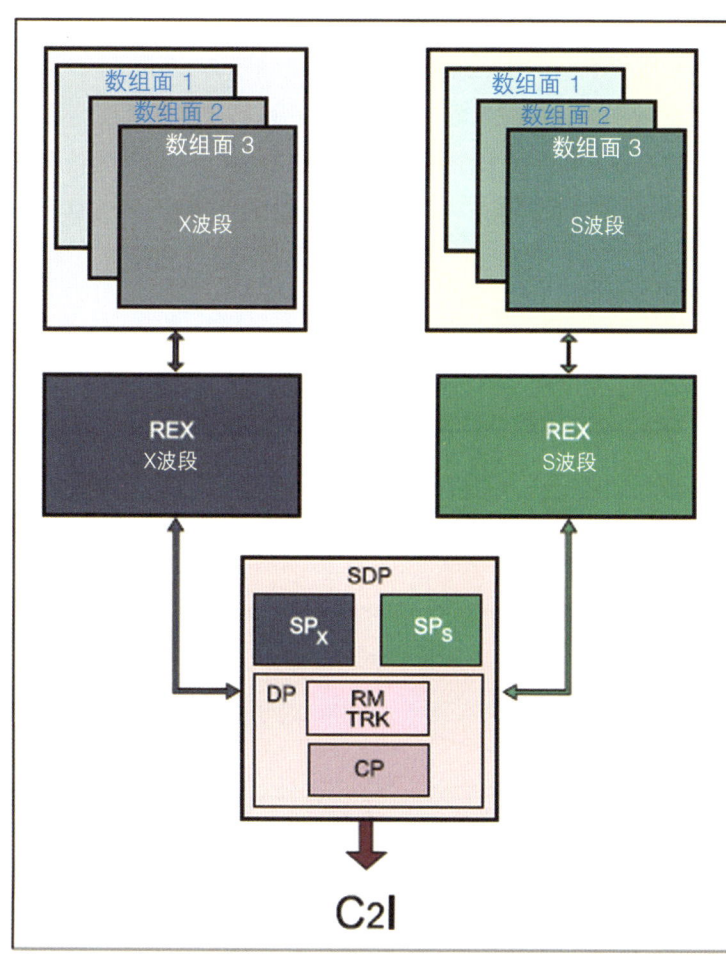

左图：SPY-3与SPY-4组成的双波段雷达方块图，在信号处理以前的前端作业，两套雷达各自独立，不过在信号处理之后的数据处理与资源管理，则由一套中央数据处理器统一负责。（NAVSEA）

REX ＝ 接收器/激励器
SP ＝ 信号处理器
DP ＝ 数据处理器
RM ＝ 资源管理器
TRK ＝ 交互多模型跟踪器
CP ＝ 处理器
SDP ＝ 信号数据处理器

DDG-1000的电力与动力管理

DDG-1000采用的"整合电力推进系统"最大优势就在于动力配置极为灵活，主机不直接向动力系统传送功率，而是先驱动发电机发电，然后由"整合电力推进系统"统筹分配。而全舰的动力来源也统一改为电力驱动，不再像过去一样分为电力、机械、液压等不同动力，包括推进、雷达电子设备与舰上生活设施在内所有舰载系统所需用电都可通过"整合电力推进系统"调配，并可视不同状况，弹性调整各系统的用电。如平时可以采取14节的经济巡航航速（50%航速），此时只需让两具辅助发电机（ATG）向推进器的电动机（马达）供电即可，此时推进系统耗用的功率，占总发电量不到10%，加上其他用电也只占总发电量的30%，故可节余70%的预备电力。

若要维持20节以上的巡航状态，也只需将40%的电力转给推进器，依靠一部主发电机（MTG）与一部辅助发电机就能达到最高26节

下图：DDG-1000的航速与电力分配关系，在主发电机全关，仅依靠两具辅助发电机供电时可有14节的经济航速；一部主发电机加上一部辅助发电机则可达到26节；两部主发电机全开则能达到30节；两部辅助发电机与两部主发电机全开将达到32节最大航速。

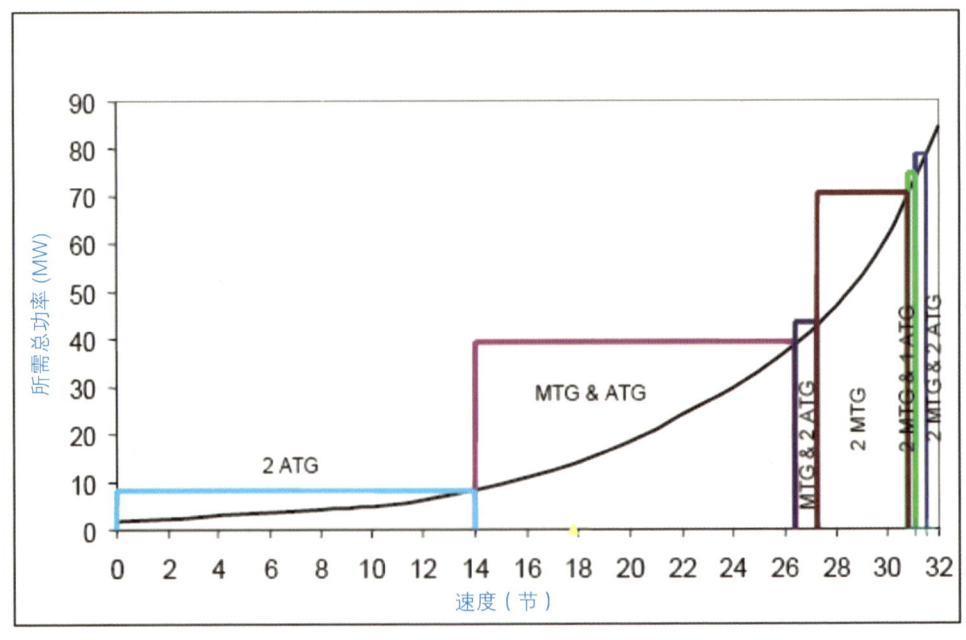

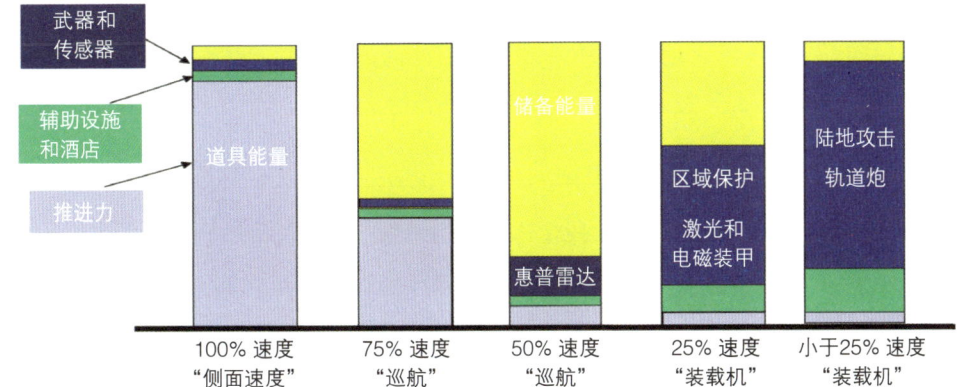

上图：DDG-1000的"整合电力推进系统"可在不同情况下灵活调配电力，依航速、传感器或当前启用武器系统的不同，调整不同部门所获得的电力。

的航速。而当需要伴随航空母舰以30节高速航行时，则可将总发电量的80%都转给推进系统，启动两具主发电机向推进器供电，必要时还可进一步降低其他系统的用电，让两部辅助发电机与两部主发电机全开，以发挥32节的最大航速。

这种灵活调配的特性也为日后导入高能激光或电磁轨道炮做好了准备，这两种新类型武器都非常耗电，不可能装备到传统舰艇上，但对DDG-1000却不成问题。由于所有主机动力都先被转换成电力，因此DDG-1000的供电能力是上一代舰艇的10倍，借由"整合电力推进系统"的调配，只要把推进系统耗用的电力降到5%，让船只维持7~8节的航速，就能把"整合电力推进系统"总发电量（7800万瓦）的70%~80%保留给高能激光或电磁轨道炮使用。

变为兼具宙斯盾巡洋舰/驱逐舰等级的区域防空能力，以及强大陆攻火力的多功能水面战斗舰。为了适应不同任务的要求，DDG-1000也搭载了以双波段雷达与"整合水下作战"系统为核心的空中与水下侦测系统。

双波段雷达

双波段雷达的研制属于"21世纪驱逐舰"计划中的一环，不过由于相关经费都被列在"21世纪驱逐舰"项目下。因此当"21世纪驱逐舰"改为"新世代驱逐舰"时，双波段雷达也遭到连累，开发进度一度发生延迟，直到"新世代驱逐舰"步入正轨后才逐渐恢复。

由于当初在20世纪60年代末期研制SPY-1时，选取了偏向远距离监视考虑的S波段，以致缺乏导弹末端导控能力，且必须搭配专用的X波段照明雷达，此外对低空目标的侦测能力也有不足。因此美国海军决定在新一代舰载雷达上采用双波段体制，由S波段的体积搜索雷达搭配X波段的多功能雷达，两者相辅相成，互补不足。

所谓的双波段雷达，是在前端含有两套不同作业波段与用途的雷达天线与发射/接收单元，后端（Back-End）则由同一套雷达控制单元统一负责两套雷达天线的数据处理、控制协调与管理，并作为前端两套雷达天线与更后端的战斗系统之间的中介。

DDG-1000上由多功能雷达与体积搜索雷达组成的双波段雷达是目前最知名的一套双波段雷达系统。其中正式编号SPY-3多功能雷达由雷神公司负责开发，编号SPY-4的体积搜索雷达则由洛克希德·马丁研发，两套雷达共享的后端单元与系统整合工作由雷神承包。

SPY-3与SPY-4两套雷达均为主动相位阵列形式，拥有各自独立的发射/接收（Transmit/Receive，T/R）模块构成的天线单元，以及接收机/激励器机箱，但后端由一套共同的信

雷达效能倍增器——气象侦测与预测系统：舰载环境评估与武器效率系统与战术环境处理器

大气环境的变化对雷达、无线电系统的运作有直接的影响，因此美国海军极为重视全球大气资料的搜集，以及通过数值方法的气象预测研究。经过多年发展后，美国海军已在大气传播预测上取得相当多的成就，20世纪90年代末期开始发展的舰载环境评估以及武器效率与战术环境处理器就是这方面最新的成果。

大气传播预测可分为大气状况的获取和以大气状况参数为基础进行数值预测两部分。最终目的是要使雷达与无线电系统在任何气候条件下都能充分发挥潜在能力。

舰载环境评估与武器效率（SEAWAPS）是一套气象/海洋测量与雷达效能预测系统，属于摩利亚（MORIAH）计划的原型系统，由风速、风向传感器，多传感器融合的气象参数获取系统（气温、气压、湿度以及红外线海面温度等），以及数据处理/分配/显示系统组成，可向舰艇指挥官或决策者提供舰艇周围的大气状况变化图像，评估大气状态对雷达作业的影响，以便修正大气折射、导管（Duct）等现象对雷达带来的侦测误差。美国海军将以这套系统替代AN/UMQ-5风速/风向系统，将其安装在所有主要舰艇上。

而战术环境处理器则是洛克希德·马丁公司研制的雷达气象测绘与气象预测系统，预定装备在所有宙斯盾舰上，主要的功能如下：

（1）利用既有的舰载雷达（如宙斯盾舰的SPY-1雷达）供作气象测绘使用，战术环境处理器并不会影响雷达原来的操作，只是将雷达获取的回波数据作气象方面的测绘演算处理。在"奥凯恩"号驱逐舰（USS O'Kane DDG-77）上进行的试验结果证实，通过战术环境处理器可让SPY-1雷达提供与美国国家海洋大气总署（NOAA）目前最先进的"新一代"（NEXRAD）气象雷达同等精确度的大气雷达测绘图像。而这些雷达气象测绘图像，还可借由舰艇上的卫星通讯系统通过SIPRNet保密网络传送给其他友军单位参考。

（2）借由战术环境处理器可获得雷达波传播路径上的大气环境数据，配合用美国海军空间和海战信息技术中心（SPAWAR）基于雷达海杂波的大气折射率剖面估计（Refractivity From Clutter）算法，提供近实时的大气导管对雷达影响的预测、评估与修正。

装备战术环境处理器后，美军宙斯盾舰所到之处，美军便能利用舰上装备的SPY-1雷达提供高精度雷达气象图像，精确掌握大气状况变化。而精确的大气状况掌握能力，又能让雷达与无线电系统及时调整操作与处理参数，更充分发挥性能。值得一提的是，利用战术环境处理器近实时（Near-Real Time）、连续的大气导管现象估计能力，除可让舰艇指挥官了解大气导管造成的雷达侦测误差与盲区外，还能进一步利用大气导管，让雷达进行超地平线侦测，大幅提升侦测距离。

大气导管现象的应用

标准状况下，大气温度随高度增加而递减，但在某些气象条件下，如空气对流（干热空气流向湿冷空气、海面的湿冷空气流向干热的陆地）、下沉逆温（高空干冷稀薄空气下沉，受周围空气压缩加热）、辐射冷却、水面蒸发或锋面形成过程中，会形成地表附近大气温度随高度而增加的"逆温"现象，此部分大气称为温度逆转层（Temperature Inversion Layer）。电波在此区域传播时的折射路径曲率半径比地球小，因此电波传播会被约束在此区域内，此区域称为大气导管或波导层，微波在此区域内会以类似在金属导波管中传播的情况，在导管层上下边界内反射而传播到数百千米外。

大气导管依类型又可分成表面导管、悬空导管与蒸发导管。

导管现象发生时，电波传播在导管层中会产生弯曲，因此电波射线传播的真实路径，不再符合传统自由空间雷达距离方程式所表示的直线距离，如果仍旧以传统的直线传播加上标准大气折射修正的距离方程式，显然无法正确判断出回波所含的目标信息，误差相当大。如果无法预测或发现导管现象的发生，则雷达操作者很可能会误判雷达讯息，雷达图像实际上是雷达波在导管内反复反射所照射到的数百千米外目标；即使操作者意识到发生了导管现象，但若无法依当时的导管参数修正雷达数据的处理，那也无法从雷达图像中得出正确的目标参数。

但若具备对大气导管现象的预测，以及对折射状况的实时估计能力，就能依当时大气参数适当修正大气导管造成的误差，正确判断出弯曲雷达波照射到的目标参数，进而还能利用大气导管现象，让雷达侦测远超过直线视平面以外的目标，而不受雷达安装高度或目标高度的限制。

美国海军过去曾发展过"综合反射效应预测系统"（Integrated Refractive Effects Prediction System，IERPS）、"先进反射效应预测系统"（Advanced Refractive Effects Prediction System，AREPS）等大气导管预测系统，并已应用在舰艇作战决策辅助上，战术环境处理器则是与宙斯盾系统结合的系统。在这些强大的气象搜集与预测系统辅助下，美国海军能让舰载雷达发挥远超过传统概念的侦测能力。而这也意味着，不能只以传统的经简单折射修正的雷达直线传播关系，以及雷达与目标高度等概念来判断美军舰载雷达的侦测范围。当对手自以为身处美军舰载雷达的视线地平线外，不可能被美军舰载雷达发现时，很可能美军早就已经利用大气导管现象侦测到对手了。

除美国海军外，苏联在应用大气导管等电波非正常传播现象方面也有丰富的经验，可在缺乏空中支持的情况下，帮助水面舰艇发现并标定雷达直线视线范围外的目标。部分水面舰的射控系统，如"现代"级（Sovremenny Class）驱逐舰用于导控SS-N-22"日炙"(Sunburn) 的Monolit（Band Stand）、"南努契卡"级（Nanuchka）导弹巡逻舰上导控SS-N-9"警报"（Siren）的Titanit（北约代号也是Band Stand），以及"特朗图尔"级（Tarantul）护卫舰上用于导控SS-N-2"冥河"(Styx) 的Garpun（Plank Shave）等标定系统，均整合了利用大气导管及其他等电波非正常传播现象来侦测地平线外目标的功能，配合以对流层散射方式发射雷达波，结合电子支持措施／电子情报收集（ESM／ELINT）等电子侦查系统，借由被动截收雷达信号的方式来识别目标，标定海平面外的水面舰艇。

大气导管现象对雷达、无线电的使用有相当大的影响，包括中国在内的各国学界都投入了大量研究，但在协助军事作战决策或直接用于战术支持的应用方面，目前仍是美、俄两国较为成熟。

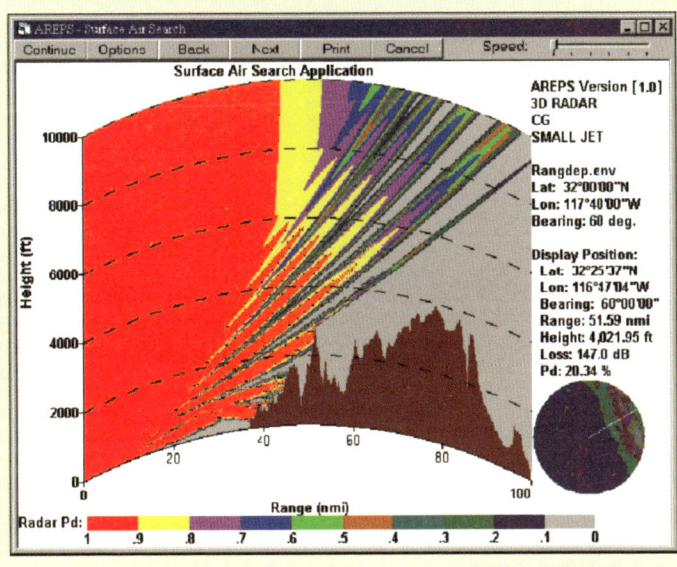

上图：美国海军已陆续开发了多种大气导管现象的预测与评估软件，如图即为"先进反射效应预测系统"的操作画面，"先进反射效应预测系统"为美国海军太空和海战信息技术中心开发，可在窗口（Windows）操作系统下使用，是学界较常使用的一套工具。

SPY-3与SPY-4体积搜索雷达天线阵列参数

型号	SPY-3	VSR
阵列尺寸(高×宽×厚)(米)	2.71×2.08×0.63	4.06×3.86×0.76
天线重量(千克)	2500	10215
含甲板下设备总重量(千克)	20441	28560

SPY-3与体积搜索雷达功能与操作模式区分

型号	SPY-3	VSR
搜索/追踪		
水平搜索/TWS	★	
体积搜索/TWS		★
精确追踪	★	★
提示搜获	★	★
反炮击/海上火力支持	★	★
有限广域/扇形搜索	★	★
水面搜索/导航	★	
烧穿模式搜索与追踪	★	
低速空中目标搜索与追踪	★	
被动搜索与追踪	★	★
电子防护	★	★
武器接战支持(ESSM/SM-2)		
导弹照明	★	
上链/下链	★	
辐射控制		
EMCON/RadHaz Zones/扇形区空白	★	★
环境侦测		
被动量测	★	★
杂波量测	★	
气象绘图		★
威胁评估		
目标识别	★	
目标运动轨迹估测	★	★
毁伤评估	★	★

EMCON：电磁辐射控制
RadHaz Zones：危险辐射区域

号数据处理器（Signal Data Processor, SDP）进行协调与管理。信号数据处理器通过X波段信号处理器与S波段信号处理器，分别处理两套天线馈入的信号，然后再由数据处理单元（Data Processor, DP）负责两套天线的资源管理、目标追踪等后端数据处理作业，并与舰艇战斗系统链接。

借由这样的架构，由SPY-3/SPY-4组成的双波段雷达，成为世界上第一套以单一控制器、控制两套不同作业频率主动阵列雷达的舰载雷达系统。

SPY-3/SPY-4两套雷达各有分工，SPY-3负责水平面搜索与追踪、水面搜索与导航，目标精确追踪与识别，并提供导弹中继导引的通讯（目标更新数据的上/下链），以及导弹末端导引的照明功能。SPY-4则提供连续的广域体积搜索，也能提供精确追踪，不过没有导弹导引相关功能。

除了DDG-1000驱逐舰外，"杰拉德·福特"号航空母舰（USS Gerald F. Ford CVN 78）也配备了双波段雷

5 "朱姆沃尔特"级的设计特性——船体、动力与传感器系统

左图：体积搜索雷达的天线阵列，长×宽分别为13.3英尺×12.6英尺，略大于宙斯盾系统的SPY-1雷达。

达，两栖突击舰［LHA（R）］也曾经是双波段雷达的潜在用户。但受到预算影响，实际上只有"福特"号航空母舰配备了完整的双波段雷达，美国海军在2010年时放弃在DDG-1000上配备SPY-4体积搜索雷达，借以节省经费，以致影响到DDG-1000的长程对空监视能力。

另外身为美军下一代主战舰艇的DDG-1000，也会和后期型的宙斯盾舰一样，都会整合美国海军积多年之功才完成的"舰载环境评估与武器效率/战术环境处理器"（Shipboard Environmental Assessment And Weapon System Performance/Tactical Environmental Processor，SEAAWSP/TEP），可用于预测评估周遭大气环境对雷达传播的影响，进一步提高雷达侦测效能。

相位阵列雷达天线配置：三面天线 vs. 四面天线

大多数固定式相位阵列雷达，都是采用四面天线组态，来实现360°方位覆盖，每一面天线负责90°范围，但实际上电子扫描天线的扫描涵盖角度远大于90°，理论上不需要用到四面天线，就能完整涵盖全周方位。

由于平板电子扫描天线的波束移动到偏离中心轴线较大的方位角时，会产生有效孔径降低、波束变宽，以及增益降低等问题，因此为了维持波束的扫描效能，理论上一面天线阵列所能涵盖的扫描角，通常被限制在中心轴线正负60°的范围，也就是120°方位，因此理论三面天线就能涵盖360°。

但在实务上，为了保证目标通过两面天线涵盖方位交界时的持续追踪性能，通常把单面天线的扫描方位限制在90°，因此需以四面天线来完成360°的涵盖。而SPY-4体积搜索雷达与下面介绍的SPY-3多功能雷达则采用了三面天线式结构，单面天线的涵盖范围差不多已经达到电子扫描天线的上限，似乎意味着美国厂商在信号控制与处理方面有所改进，所以能放心地把扫描角度做到理论上限。而在减少一面天线以后，也就等同于可较传统布置减少25％的天线重量，也少了一面天线的成本。

SPY-4体积搜索雷达

体积搜索雷达是洛克希德·马丁公司研制的S波段主动阵列雷达，每套由三面天线阵列组成，而不是过去固定式舰载相位阵列雷达常见的四面。

如名称所示，体积搜索雷达的用途在于提供长时间、连续的广域体积搜索能力，美国海军计划将其用于替代服役多年的SPS-48、SPS-49等远距离搜索雷达。基于利于远距离监视的考虑，体积搜索雷达在研发之初原定采用L波段，不过L波段虽比S波段更适于长程搜索（传播衰减较小），但也存在分辨率较低的缺点。

雷达的角分辨率大约与其波束宽度相等，而雷达的波束宽度近似于波长除以天线直径的值，因此L波段天线若要获得与S波段相当的波束宽度，就必须具备更大的尺寸（距离分辨率则可利用脉冲压缩技术来弥补）。但这样一来，除非使用多个辐射单元共享一个发射/接收模块的方式（这会降低性能），而不是每个辐射单元配一个发射/接收模块,否则由L波段发射/接收模块所构成的天线阵列尺寸,对一般舰艇来说就会太大,即使是DDG-1000这种15000吨等级的舰艇,配置仍相当不易。

另外美国海军又考虑到,洛克希德·马丁公司在承包体积搜索雷达开发之前,从20世纪90年代末期起,便在"固态SPY雷达"(Solid State SPY Radar,SS-SPY)、"S波段先进雷达"(S-Band Advanced Radar,SBAR)等计划下,在S波段主动阵列雷达发展上累积了不少经验,若把体积搜索雷达改为S波段,将能沿用洛克希德·马丁公司的S波段雷达开发经验,故美国海军于2003年7月决定将体积搜索雷达由L波段改为使用S波段。

但要特别注意的是,虽然体积搜索雷达改用与SPY-1相同的S波段,但两者的任务定位与功能存在本质上的差别。体积

下图:雷神公司与美国海军从2009年1月起,便在弗吉尼亚海岸的瓦勒普斯岛工程测试中心,组成了图中的双波段雷达测试设施,开始SPY-3结合SPY-4的双波段雷达整合测试。

上图：SPY-3的天线阵列，长×宽分别为8.9英尺×6.8英尺。

搜索雷达属于与SPS-48、49同性质的长程监视雷达，而不是SPY-1这种兼有武器射控功能的多用途雷达，故体积搜索雷达没有导引导弹的上/下链功能。但就远距离监视任务来看，体积搜索雷达拥有更大的天线尺寸，有利于侦测距离与方位分辨率的提高。而通过新一代固态电子组件的导入，洛克希德·马丁宣称体积搜索雷达的可靠性足以满足一周连续作业要求。

体积搜索雷达由三面主动式天线阵列、接收/激励器（receiver/exciter，REX）机柜、设于甲板下方SPY-3共享的信号数据处理器机器，以及分别负责波束成形与窄频带变频功能的两组机柜组成。

洛克希德·马丁从2002年12月开始体积搜索雷达的原型测试，并在该年12月18日成功追踪到第一个测试目标。不过体积搜索雷达在测试中被发现发射/接收模块全功率运转时存在可靠性不足问题，美国海军分析后认为，体积搜索雷达的任务需求应可容许较低的功率标准，于是同意洛克希德·马丁降低体积搜索雷达的最大输出功率指标，这项决定除了可以改善发射/接收模块的可靠性外，同时更高的可靠性也降低了雷达寿期成本，更重要的是避免了重新设计所带来的高昂费用。

在新泽西摩尔斯顿（Moorestown）完成了初步验证后，雷神公司与美国海军于2007年10月，在加州怀尼米港（Port Hueneme）文图拉郡（Ventura County）海军基地的水面战工程设施（Surface Warfare Engineering Facility），成功安装了一套洛克希德·马丁提供的体积搜索雷达原型，准备开始与SPY-3之间的进一步整合测试，与此同时，体积搜索雷达也在2007年后期获得官方赋予SPY-4的正式代号。

2009年4月，雷神公司宣布在瓦勒普斯岛工程测试中心完成双波段雷达所含SPY-3与SPY-4的首次全功率启动测试。2010年5月，完成首次使用共通后端单元控制两种雷达的双重追踪测试，验证了由SPY-4将目标转交给SPY-3接手追踪的能力。

不过比起SPY-3，SPY-4的发展一直不顺利，审计署在2009年3月30日发布的审查报告中，将SPY-4雷达列为不成熟的技术项目之一，发展时程比原定计划慢了至少两年。稍后审计署在2010年3月发布的报告中，称SPY-4雷达虽然逐步发展成熟，并从2009年1月起便与SPY-3雷达共同展开整合测试，但测试中并未包含SPY-4的雷达罩，且SPY-4的输出也低于需求，仍存在许多问题。

雪上加霜的是，为了压低DDG-1000的单位成本，美国国防部在2010年6月2日删减了DDG-1000的双波段雷达规格，移除了SPY-4体积搜索雷达，只保留SPY-3多功能雷达。国防部称体积搜索雷达的测试性能虽符合预期，但由此增加的成本迫使海军作出更具成本效益的选择，删除体积搜索雷达后，估计可让每艘DDG-1000节省1～2亿美元费用。

SPY-3多功能雷达

多功能雷达由雷神公司负责研制，官方赋予的代号是SPY-3，准备用以替代现役的SPQ-9、MK 32 TAS等短程搜索与射控雷达。其操作采用X波段，与体积搜索雷达一样都是由三面天线组成，可为改进型"海麻雀"导弹、"标准"Ⅱ型导弹提供导引，并具有改进的侦测低雷达截面积目标能力，同时还大幅减少了人力需求，平时无须配置操作人员，系统即能自动将雷达数据馈送到舰载指挥系统。

SPY-3雷达由三面主动阵列天线、接收/激励器机柜、设于甲板下方SPY-4共享的信号数据处理器机柜组成，每面天线约含5000个发射/接收模块，每8个发射/接收模块构成一个右图：位于瓦勒普斯岛的SPY-3陆地工程测试模型（左）与安装在"保罗·福斯特"号驱逐舰后桅上的SPY-3（右）。

可快速更换的"发射/接收整合多信道模块"（T/RIMM）。雷神公司宣称借由模块化的系统设计，以及新一代高可靠性固态整合发射/接收模块的应用，SPY-3可满足7×24小时的长时间连续作业要求，系统可用性达95%以上，每个任务年（mission-year）所需的校正维护工作低于100小时，而故障修复时间（MTTR）也只有30分钟，这些指标均与体积搜索雷达相同。

与当前其他几种现役X波段舰载多功能相位阵列雷达［如泰利斯（Thales）主动相位阵列雷达（APAR）、阿尔贝拉（ARABEL）相位阵列雷达］相比，SPY-3最显著的特征是天线面积是原来的3～4倍，由此可看出，美国海军与西欧各国海军对多功能射控雷达设定的接战范围差异。尽管SPY-3采用的是短波长的X波段，但仍具备相当程度的长程侦测距离。

另外值得一提的是，SPY-3是美国海军首套完全采用商规计算机技术的舰载雷达，其信号处理器与数据处理器均为国际商业机器公司（IBM）、惠普（HP）与升阳（Sun）提供的商规加固产品，软件也是由C++撰写而成。

美国海军在1999年中授予雷神公司一份为期6个月的工程

制造与发展合约,以便建造试验用的SPY-3(XN-1)原型雷达。而雷神公司则从2002年3月开始在弗吉尼亚瓦勒普斯岛建造一座仿"新世代驱逐舰"上层建筑的陆地试验设施,并在2003年6月26日向海军交付了首部SPY-3原型雷达,随即展开在瓦勒普斯岛上长达两年的测试。接下来原型雷达又在海军中国湖测试场进行了电磁干涉(EMI)试验,另外一套SPY-3工程开发模型也安装到退役后被改为自卫系统试验舰(Self Defense Test Ship,SDTS)的"保罗·福斯特"号驱逐舰(USS Paul F. Foster DD 964)上,于2006年5月成功完成一系列海上操作试验。

雷神公司从2007年起开始SPY-3与SPY-4的整合工作,并于2009年1月在瓦勒普斯岛工程测试中心安装了SPY-3与SPY-4构成的完整双波段雷达,开始两种雷达的整合测试,紧接着又于2009年11月16日完成了双波段雷达的关键设计

下图:美国海军以退役的"保罗·福斯特"号驱逐舰作为试验平台,在直升机库上方增设一座桅塔,安装了SPY-3雷达原型执行海上试验。

高频声呐数组

MF 弓声呐数组

审查（critical design review, CDR）。不过就在半年之后，美国海军宣布取消DDG-1000的SPY-4配备，只剩下"福特"号航空母舰会配备完整的双波段雷达，而DDG-1000则只配备SPY-3。为了应对这项变化，雷神公司接下来修改了SPY-3的软件，增强了针对垂直面扫描的功能，以提供限定的广域搜索功能，一定程度替代原本SPY-4的角色。

整合水下作战系统

DDG-1000的水下侦测设备，包括船艏声呐罩内的SQS-60中频声呐与SQS-61高频声呐，设于船艉的SQR-20多模式拖曳阵列声呐、SLQ-25鱼雷诱饵，以及由直升机携带的沉浸式声呐与声呐浮标等次系统，并由SQQ-90整合水下战斗系统来统整所有水下侦测设备，其特色在于船艏声呐同时具备中频与高频模式，舰艏声呐与拖曳阵列声呐均具备较现役系统更佳的自动化能力，可有效降低乘员的操作负荷。

先前应用在"斯普鲁恩斯"级、"提康德罗加"级与"伯克"级上的SQQ-89水下作战系统，主要针对的作战环境是远洋深海，搭配的声呐是以低频的SQS-53为核心。而DDG-1000的SQQ-90整合水下作战系统则是针对浅海区域优化，搭配的声呐是中高频的SQS-60与SQS-61。此外SQQ-90还拥有改进的自动化能力，声呐相关操作人力可降到"伯克"级的三分之一。

DDG-1000船艏声呐罩两部分为上下两层，上层安装SQS-61，下层为SQS-60，两种声呐构成双频声呐系统。其中中频的SQS-60适于在沿岸浅海区域侦测潜艇等水下目标，高频的SQS-61则用于水雷侦测、回避与鱼雷侦测警告。SQS-60/61两种声呐与后端的SQQ-90系统都是由雷神公司承包研制，相关电子组件都被整合在一个预先完成整合与测试的电子模块机柜（Electronic Modular Enclosure，EME）中，可简化装配与调试作业，缩减占用体积与冷却需求。

至于SQR-20则是由洛克希德·马丁研发的新型拖曳声呐阵列，2013年后合约项目的编号改为TB-37U，最初是专门搭配SQQ-89A（V）15水下作战系统而开发，也是美国海军发展的

对页图：DDG-1000船艏声呐罩分为上下两层，上层安装SQS-61高频声呐，下层是SQS-60中频声呐，构成一套双频声呐系统（上）（下）。

左图：图中的SQS-60声呐是DDG-1000水下侦测系统核心之一，采用中频操作，侦测距离不如"提康德罗加"级与"伯克"级的SQS-53低频声呐，但更适合浅海使用。

第一款全新拖曳声呐阵列系统,预定用于替换上一代的SQR-19 TACTAS战术拖曳声呐阵列。

结合了主/被动声呐传感器与3英寸直径阵列,SQR-20/TB-37U可提供较SQR-19更好的覆盖能力、侦测能力与可靠性。SQR-20已从2008年开始量产,并陆续配备到安装了SQQ-89A(V)15水下战斗系统的"提康德罗加"级与"伯克"级上,DDG-1000与濒海战斗舰也能搭载这款新型拖曳声呐阵列。

SQR-20多模式拖曳阵列声呐作业时,还可与同样由洛克希德·马丁研发的轻型宽带段可变深度声呐搭配,构成兼具主动/被动能力的拖曳式声呐系统,提供比单纯的被动式听音阵列更弹性的侦测能力。

轻型宽带段可变深度声呐专为侦测低速静音潜艇而设计,是美国海军新一代水下侦测系统的重点研发系统之一。承包商为洛克希德·马丁海洋系统分部,可在中频与高频作业(17千赫兹),具有宽带(16千赫兹)信号产生与处理能力,并采用了高能量密度的换能器(Transducer)材质,对抗浅水区不同温度层的多普勒效应目标时，主动侦测与识别效率可改善20~30dB，另外也具备高可靠性与低人力要求特性（仅需一人操作）。

SQR-20多功能拖曳阵列与轻型宽带段可变深度声呐搭配时，由轻型宽带段可变深度声呐扮演主动发送声讯角色，施放于远程的多功能拖曳阵列则扮演接收器角色，据称"轻型宽带段可变深度声呐"与"多功能拖曳阵列"的组合，效能可超越美军现役的SQR-19拖曳阵列声呐10倍。

洛克希德·马丁于1996年收到轻型宽带段可变深度声呐的系统验证展示合约，2001年完成了系统原型，随即在2002财年开始海上测试，接下来在2003财年与2005财年又进行了后续试验。由于多功能拖曳阵列的研发进度较慢，因此在初期的测试中是以修改的TB-29A阵列充作接收器。依美国海军于2005年2月的规划，首套量产型的预算将编列在2007财年，预定应用在濒海战斗舰上，DDG-1000也是潜在使用者。

对页图：上为DDG-1000使用的SQS-60中频声呐，下为"伯克"级的SQS-53C低频声呐罩，由两种声呐与人员的对比，可看出SQS-60的尺寸远小于SQS-53。

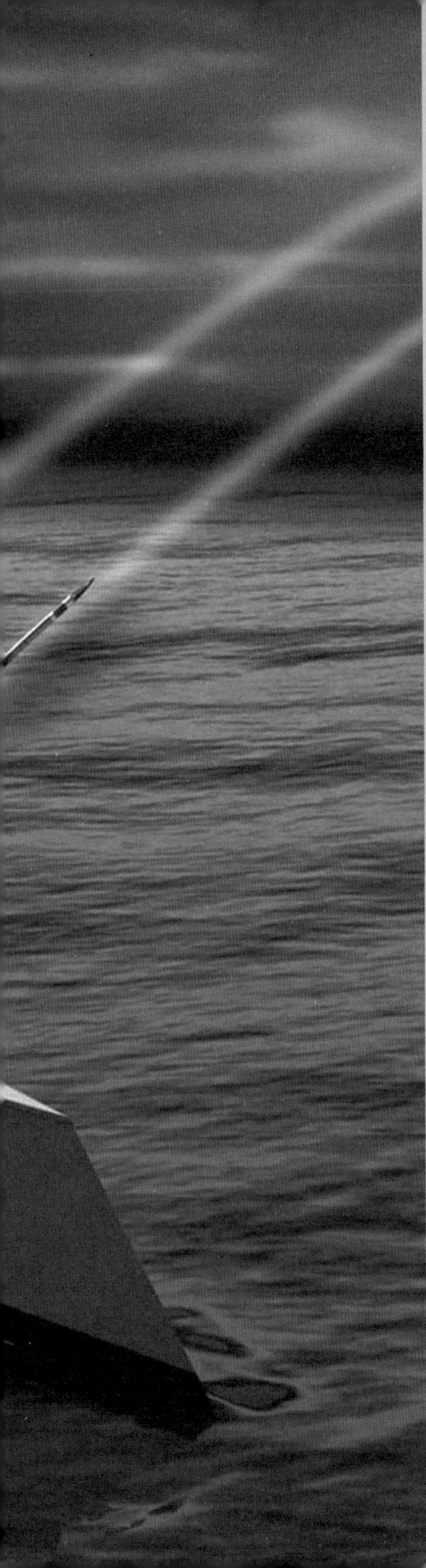

6

聚焦先进技术的新世代驱逐舰"朱姆沃尔特"级的设计特性——武器系统与作战指挥系统

DDG-1000的武器系统

较之过去30年来的美军水面舰艇，DDG-1000的武器系统无论是配置方式还是系统类型都有很大的变化，主要特色包括特别重视舰载火炮，以及放弃沿舰体中心轴线布置导弹发射装置、改而布置在两舷舷侧的新型垂直发射系统。

创新的"舷侧配置垂直发射系统"

导弹具有发射后依指示变更弹道、归向目标的特性，理论上无须太过在意射界的问题，只要能保证储放时的安全性，以及发射初期的弹道不受舰艇

上图：现役垂直发射系统如图中的Mk 41，多半是以8管为一个模块单元，每个模块的发射管共享一套供电、消防、排焰等设备，故船舰设计者也被迫以容纳一个垂直发射系统模块为最小单位，来考虑垂直发射系统在舰艇上的布置，安装弹性相当有限。

结构的干扰就行。尽管如此，舰船设计者仍普遍沿用在舰体中线布置武器系统的传统做法，即使采用垂直发射系统这种不赋予导弹初始射向的发射装置，现役装备垂直发射系统的军舰仍以船体中轴布置的方式居多。除了习惯以外，这也和垂直发射系统本身的特性有关。

目前多数垂直发射系统多是以8管为一个模块，如美制的Mk 41、欧洲的席瓦尔（Sylver）、俄制的3S41/B-203、3S95等都是这种构型，每模块的8个发射管共享一套供电、消防、排焰等设备，故船舰设计者也以容纳一个垂直发射系统模块为最小单位来考虑垂直发射系统在舰艇上的布置。但1个垂直发射系统模块体积、重量均不小，而且1艘舰艇不会只配备1个垂直发射系统模块，一般至少是配置2~4个模块（或更多），因此能选择的安装位置也有限，一般是安装到可用容积最大的船体中线部位。

只有一些专供轻型导弹使用的垂直发射系统能摆脱这个限制，如Mk 48 Mod.0与Mod.1就能以两管为一单位安装到舰艇上，加上本身重量先天就较轻，因此配置弹性非常大，可以"塞"在直升机库侧壁、烟囱与上层结构间的空间等位置，而把船体中轴位置留给其他装备。不过这些轻型垂直发射系统的

聚焦先进技术的新世代驱逐舰"朱姆沃尔特"级的设计特性——武器系统与作战指挥系统　173

通用性低是较大的缺憾，只能用于容纳点防御导弹。

当诺斯罗普·格鲁曼领军的金队在竞标"21世纪驱逐舰"计划时，考虑到"21世纪驱逐舰"的设计指标要求安装两门"先进火炮系统"，但"先进火炮系统"是一种总重300吨的庞然大物（弹药满载的重量），将会占去船体中轴一大段长度。但单一整合上层结构必须装设海军指定的各种电子设备，如果还要在船体中轴上布置垂直发射系统，再加上不可或缺的直升机甲板，将需要延长船体长度，以致排水量也随之增加，进而带来成本的攀升。

如果要严格控制船体长度，以求压低排水量，则唯一能牺牲的就只有直升机甲板，但直升机甲板的面积缩减，又会带来起降难度增加、直升机运用性降低等副作用。

为解决前述两难问题，诺斯罗普·格鲁曼提出了创新的

下图：诺斯罗普·格鲁曼"21世纪驱逐舰/新世代驱逐舰"设计案采用创新的"舷侧配置垂直发射系统"概念，沿船体舷侧布置垂直发射系统，如此可将船体中线保留给庞大的"先进火炮系统"使用，缩短垂直发射系统占用的船体长度，并提高生存性。

"舷侧配置垂直发射系统"概念，也就是沿着船体舷侧来布置垂直发射系统。这种做法的优点如下。

（1）可以把船体中轴保留给"先进火炮系统"等需要大容积的设备使用。

（2）能在不增加船体长度的情况下，获得非常宽广的直升机甲板面积。

（3）船体的深度可以容纳弹体更长的导弹，故装设在主甲板下方的"舷侧配置垂直发射系统"的通用性比布置在甲板上的Mk 48、Mk 56要大得多（不过轻型的Mk 48/Mk 56垂直发射系统安装时无须穿透甲板，所需的工程量较少）。

（4）"舷侧配置垂直发射系统"可以结合诺斯罗普·格鲁曼"21世纪驱逐舰"设计案的双层船壳设计，"舷侧配置垂直发射系统"被安置在内、外船壳之间，远离船体重要区域，其中内壳是由强度较高的钢板构成，并设有装甲防护，外壳则是由薄钢板构成，即使"舷侧配置垂直发射系统"遭到命中导致弹药殉爆，爆炸也会被导向舷外，不易蔓延到舰艇致命区域，极大地改善了生存性。

因此从另一方面来说，诺斯罗普·格鲁曼的"21世纪驱逐舰/新世代驱逐舰"设计案，之所以能借由较佳的生存能力以及更大的直升机甲板面积等原因从竞标中胜出，"舷侧配置垂直发射系统"可谓贡献良多。

MK 57先进垂直发射系统

诺斯罗普·格鲁曼提出的"舷侧配置垂直发射系统"概念是一种配置垂直发射系统的船体结构概念。在DDG-1000上实际应用的"舷侧配置垂直发射系统"装置，是雷神公司与联合防务（United Defense）公司共同研发的Mk 57先进垂直发射系统（Advanced Vertical Launching System，AVLS）。

Mk 57是由联合防务公司私人投资开发的科肯（Cocoon）系统发展而来，科肯原本是作为一种甲板上部署的轻型垂直发射系统,不过演变成Mk 57时,便转变为采甲板下部署的重型通用式垂直发射系统,系统重量足足增加了60%,但适用的导弹类型也大幅增加。

Mk 57以单列的4管模块为一个单元,因此比采用2×4结构的Mk 41 8管模块更容易布置。Mk 57的深度较Mk 41打击型模块略深,能容纳的导弹容器截面积比Mk 41大25%,承重能力更提高40%以上,排焰(气)处理能力也比Mk 41提高45%,除了可以搭载"标准"Ⅱ型、改进型"海麻雀"导弹外,也能容纳"标准"Ⅱ型Block Ⅳ、"标准"Ⅲ型与"战斧"之类弹体较长、重量更重的导弹,也足以应对日后搭载更大型的新型导弹需求。

MK 57的主要控制单元包括导弹容器电子单元(Canister Electronic Unit, CEU)、模块控制单元(Module Controller Unit, MCU)、电力分配单元(Power Distribution Unit, PDU)与舱盖控制组件(Hatch Control Assembly, HCA)。

其中导弹容器电子单元是作为实现"任意导弹、任意发射管"架构概念的关键部件,可作为容器中的导弹与舰艇作战系

下图:DDG-1000设计上的最大挑战之一,是必须配备两座庞大的"先进火炮系统",必须将空间最充裕的船体部位,用于容纳两座"先进火炮系统"与其弹药库,这也挤压了垂直发射系统可用的空间,从而造成如何妥善配置垂直发射系统的困难。因而诺斯罗普·格鲁曼提出的"舷侧配置垂直发射系统"概念,成了解决这个问题的巧妙方法。沿着两舷舷侧的空间来配置垂直发射系统。可在不延长船体长度、也无须牺牲直升机甲板面积的情况下,兼顾"先进火炮系统"与垂直发射系统的配置。

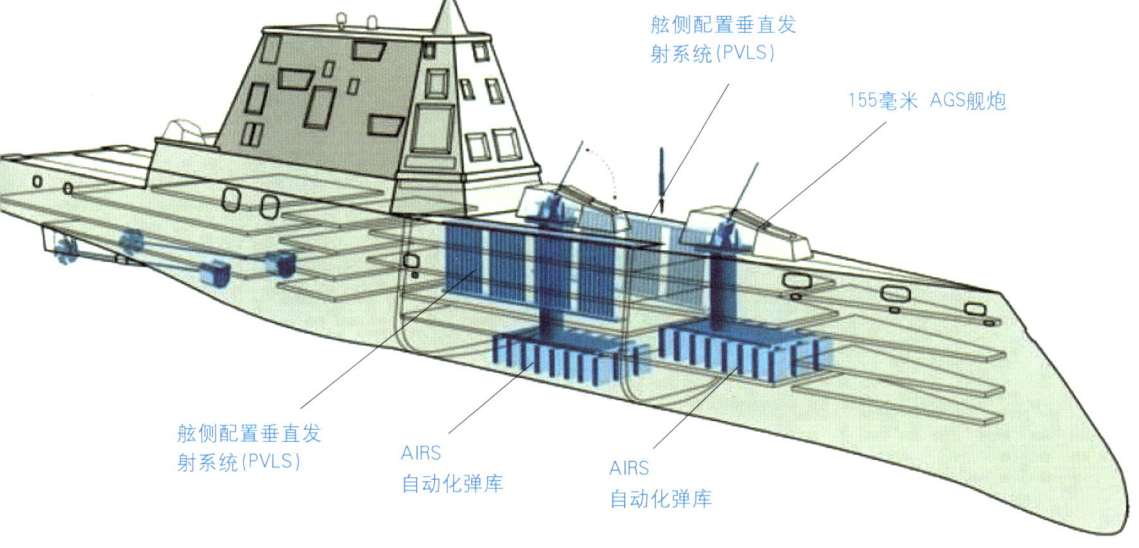

舷侧配置垂直发射系统(PVLS)

155毫米 AGS舰炮

舷侧配置垂直发射系统(PVLS)

AIRS 自动化弹库

AIRS 自动化弹库

对页图：Mk 57能允许的导弹容器截面积、长度与承载能力都超过现有的Mk 41，除可适用于"标准"Ⅱ型、改进型"海麻雀"导弹、"战斧"等多种美国海军现役导弹外，也能充分应对日后出现的尺寸更大、重量更重的导弹需要。注意Mk 57每模块左右两端的口盖是排焰用，不是导弹发射用口盖。

统间的接口。未来若有配置新型导弹的需求，只要修改导弹容器电子单元与该导弹相关的软件即可，无须更动其余硬件，因而能大幅缩短导入新武器所需时间，并降低了成本。模块控制单元则是Mk 57与DDG-1000的"全舰计算机环境"的接口，用于管理与监控每个4管垂直发射系统模块的状态。而电力分配单元是用于在舰艇电力系统与MK 57间的电力传输与供电状态监控。舱盖控制组件由舱盖控制单元与舱盖驱动单元（Hatch Drive Unit，HDU）组成，用于提供导弹舱盖与排焰（气）舱盖的作动控制与伺服驱动。

DDG-1000在舰艏两侧船舷各开设了一组"舷侧配置垂直发射系统"结构，其中分别装设了6个MK 57模块，舰艉直升机甲板两侧亦分别装设4个模块，因此全舰一共有20个MK 57模块，可容纳80管导弹容器。

当然世界上没有十全十美的事物，要在任何方面取得进展，往往都需在另一方面付出代价。在"21世纪驱逐舰"时期的规划中，预定垂直发射系统安装管数是至少128管，但是到了"新世代驱逐舰"时期，为了抑制不断攀升的排水量与造价，以致DDG-1000实际配备的垂直发射系统管数仅剩80管，携载能力只及原始计划的62.5%。

Mk 57与Mk 41垂直发射系统规格比较

型号	Mk 57	Mk 41	Mk 41	Mk 41
类型	4单元模块	8单元打击模块	8单元战术模块	自卫模块
深度(米)	7.92	7.7	6.76	5.31
长(米)	4.32	3.4	3.4	3.4
宽(米)	2.20	2.54	2.54	2.54
重量(千克)	15,254	14,528	13,529	12,167
导弹容器截面积(厘米^2)	71.1×71.1	63.5×63.5	63.5×63.5	63.5×63.5
导弹容器最大长度(米)	7.18	6.73	5.84	—
导弹容器最大承重(千克)	4,095	2,869	2,864	—

造成DDG-1000垂直发射系统携载能力大幅削减的原因，除费用方面的考虑外，Mk 57与DDG-1000自身的设计特性是造成这种结果的重要因素。

首先，MK 57的设计虽然增加了布置弹性，但却也牺牲了紧致性，耗费在公用设施上的重量与容积较MK 41大得多。MK 41是每8管一模块，也就是说8管共享1套排焰、注水与电气等公用设施，1个64管的大型模块总共有8套公用设施；而MK 57是4管一模块，因此要组成同样的64管大型模块，MK 57至少需要16套公用设施，数量比MK 41多出1倍。

其次，考虑到像DDG-1000这类完全依照隐形要求设计的内倾式船体，有效容积已低于同吨位的传统船体，加上诺斯罗普·格鲁曼的DD（X）/DDG-1000设计案，又是以尽可能腾出船体空间给"先进火炮系统"与飞行甲板使用为优先，而Mk 57尺寸又大于现役的Mk 41，以致DDG-1000配备的垂直发射系统管数还低于现役的"提康德罗加"级与"伯克"级（比前者少了42管，比后者少了10~16管）。

相对于DDG-1000远比"提康德罗加"级与"伯克"级庞大的排水量，仅仅80管的垂直发射系统容量似乎相当不相称。但考虑到DDG-1000装备有两门威力强大的"先进火炮系统"，执行对地攻击任务时对陆攻导弹的依赖较现役军舰低许多，一定程度上能弥补较少的垂直发射系统搭载量。

雷神公司与BAE系统[1]（BAE Systems）公司于2007年2月在白沙导弹试验场进行了MK 57的首次实际试射验证，利用MK 57陆地工程原型发射了1枚"标准"Ⅱ型Block Ⅳ的MK 72助推器。值得一提的是，MK 57与"舷侧配置垂直发射系统"的组合，还被美国国防工业协会（NDIA）评选为2006年国防部最佳5项计划（2006 Top 5 DoD program）中的优秀系统工程奖。

对页图：为搭配DDG-1000独特的"舷侧配置垂直发射系统"结构，雷神公司开发了新的Mk 57垂直发射系统，Mk 57采单列的4管（cell）模块设计，可安插在"舷侧配置垂直发射系统"结构中（如图中的模型所示），配置弹性比8单元模块的MK 41大，也能适用尺寸更大、更重的导弹。

---

[1] BAE系统公司是MK 57的次承包商。

除了MK 57外，美国海军海上系统司令部还曾提议为"新世代驱逐舰"发展一种单管模块的垂直发射系统（Single Cell Launcher, SCL），其内可装填1个MK 25导弹容器（即改进型"海麻雀"导弹的四合一容器），并有独立的排焰管道，可大幅提高舰载部署的弹性，不过并没有实际结果。

缩水的导弹配备规格

依照最初的设定，DDG-1000能运用美国海军几乎所有主要形式舰载战术导弹，包括自卫防空用的改进型"海麻雀"导弹、区域防空用的"标准"Ⅱ型Block Ⅲ/Ⅳ、弹道导弹防御用的"标准"Ⅲ型Block Ⅰ、反潜用的垂直发射型反潜火箭，与对陆打击用的"战斧"Block Ⅳ等现役导弹，日后还可搭载"标准"Ⅲ型Block Ⅱ与"标准"Ⅵ型两种开发中的新型导弹。

但受到2010年缩减雷达规格的影响，实际服役的DDG-1000缺少SPY-4体积搜索雷达提供的广域侦测能力，服役初期的DDG-1000将不具备区域防空或弹道导弹防御能力，没有整合运用"标准"系列导弹（"标准"Ⅱ型、"标准"Ⅲ型与"标准"Ⅵ型导弹）的能力，唯一的防空

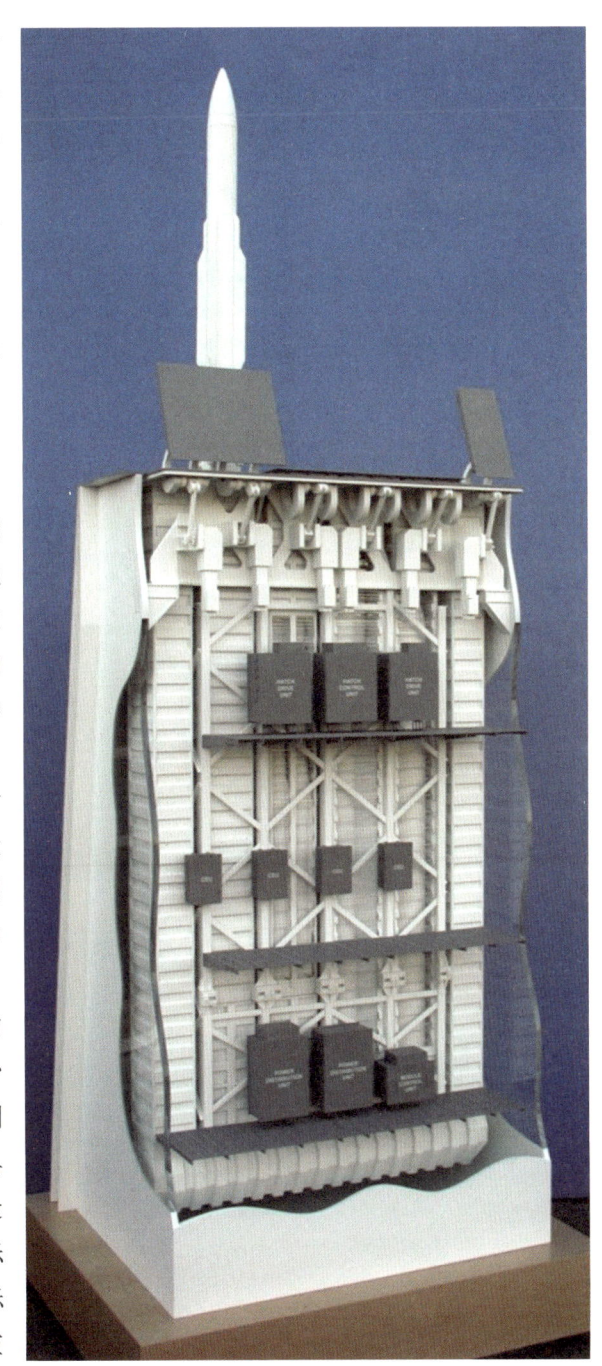

右图：DDG-1000最初设定能够携带美国海军所有主要的舰载战术导弹，图为雷神公司展出的Mk 57垂直发射系统概念模型，由左到右一共放置了"标准"Ⅱ型Block Ⅲ"战斧"、改进型"海麻雀"导弹、战术"战斧"与"标准"Ⅲ型等4种导弹，显示Mk 57垂直发射系统宽广的导弹搭载能力。但实际上DDG-1000在服役初期只会配备改进型"海麻雀"导弹与"战斧"导弹，缺乏运用"标准"Ⅱ型导弹的区域防空能力，与"标准"Ⅲ型导弹提供的弹道导弹防御能力。

武器是自卫用的改进型"海麻雀"导弹。

因此DDG-1000的导弹携载形式是以自卫防空与攻陆打击为主，典型的导弹携载配置是以8～16组发射管通过四合一导弹容器携带32至64枚改进型"海麻雀"导弹，另64～72组发射管则携带"战斧"导弹，相对于"提康德罗加"级或"伯克"级，DDG-1000的任务面向显得比较单一。

强力的舰载火炮配备

特别重视舰载火炮配备，可说是DDG-1000的最大特色，一共装备了两门155毫米的"先进火炮系统"舰炮与两门Mk 46 30毫米机炮,让DDG-1000成为美国战后建造的水面舰中,舰炮火力最强大的一级。

其中最受瞩目的,是自第二次世界大战结束以来世界各国海军服役舰炮中口径最大的"先进火炮系统",甚至可以毫不夸张地说,整艘DDG-1000就是围绕着搭载这两门"先进火炮系统"的需求而设计出来的。

"先进火炮系统"155毫米自动舰炮

"先进火炮系统"是DDG-1000的主要舰炮系统,也是未来美国海军海上火力支持体系的骨干。自1991年海湾战争结束以来,美国海军与陆战队就一直为了"爱荷华"级(Iowa Class)战舰退役后大幅衰退的海上火炮支援能力而苦恼。失去"爱荷华"级上的MK 7 16英寸巨炮后,美国海军的最大口径的舰载火炮就只有5英寸54倍径的MK 45,MK 45除了炮弹威力不足外,最大射程(24千米不到)也无法满足现代战场环境的需求,舰艇必须冒险接近敌方沿岸区域,才能为登陆的地面友军提供火炮支持。

新环境下的超长射程火炮需求

依美国海军与陆战队的评估,为适应后冷战时代的作战环境,未来海军执行水面火力支持任务的军舰,必须留在距海岸25海里(46.25千米)以上的敌方岸防火力视线地平线外,才能确保自身安全;而为了掩护抵达海岸线的友军,还需将舰炮射程延伸进海岸线内16海里(29.6千米),因此需要的舰炮射

下图:两门"先进火炮系统"舰炮是DDG-1000的核心武器系统,也是未来美国海军海上火力支持体系的骨干。

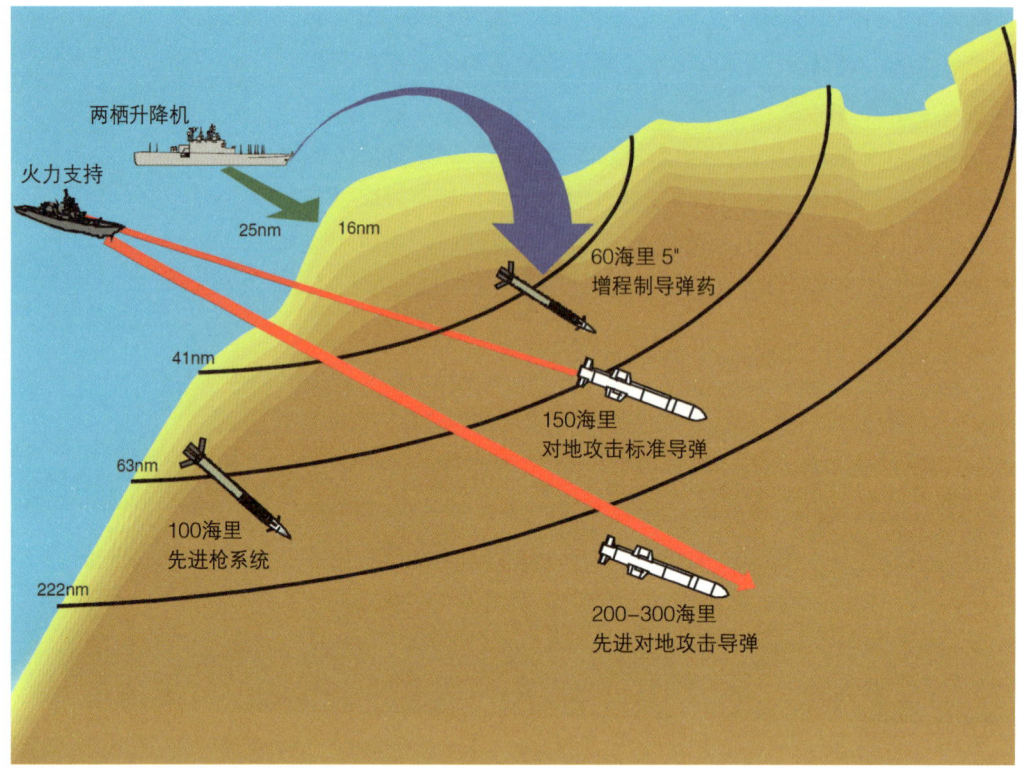

上图：美国海军陆战队的水面火力支持射程需求。

面对后冷战时代日趋扩散的岸防导弹威胁，执行火力支持的舰艇必须留在距离海岸线25海里以外，位于敌方岸防火力的视线地平线外，以确保舰艇自身的安全，并将火力向内陆延伸16海里，所以基本射程需求是41海里。若要压制位于内陆的敌方长射程火炮，还需将舰载火炮射程延长22海里，所以射程便达到63海里。进一步若要阻绝敌方内陆关键目标，需要的射程将超过200海里。

美国海军预定分别以不同武器满足不同射程的火力支持需求：60海里等级射程的5英寸增程导引炮弹，可应对近程射程需求；100海里等级射程的"先进火炮系统"可满足长程需求；更长的射程需求则交由新型陆攻导弹负责。

程至少须达到41海里。如果考虑到敌方岸防火力对友军的威胁，则还要加上22海里的射程，以便压制部署于内陆的敌方长射程火炮，故需要的舰炮射程也就进一步延伸到63海里。

除了超长的射程需求外，考虑到为使舰炮火力支持打击发挥最佳的效率，新型舰炮的口径以与陆军相同的155毫米为宜。这个口径的弹药装药量可达现役5英寸炮的3倍以上，且可参考陆军榴弹炮的发展经验与试验参数，有效降低开发风险与成本。

显然地，20世纪90年代初期的美国海军海上火力支持能力，离前述标准还有很遥远的距离，因此资源需求评估委员会在1994年提出的费用与作战需求效率分析中，提出3阶段做法。

（1）短程目标：先设法延长MK 45的射程，成果就是将炮管延长到62倍径、可发射增程导引炮弹（Extended Range Guided Munitions，ERGM）的MK 45 Mod.4，射程可达117千米，预定自2001年开始部署。

（2）中程目标：发展一种低成本、可快速投入服役的短程舰载攻陆导弹。为加快获得时程，纳入考虑的选择有陆军战术弹道导弹的舰载版，以及由SM-2MR Block Ⅱ改装的陆攻型"标准"导弹，射程280～295千米，预定自2006年投入服役。

（3）长程目标：发展一种大口径的先进垂直发射舰炮，计划在2012年前后投入使用。

下图：为了应对未来水面火力支持任务需求，美国海军提出了短、中、长期的3阶段策略，来获得射程更长的舰载火力支持系统。图中的MK 45 Mod.4舰炮，便是针对短期需求而开发的产品，发射增程导引炮弹时可有117千米的射程。由于雷神公司发展不顺利，最后只有舰炮本身投入服役，配套的增程导引炮弹则于2008年遭到放弃。

划时代的先进垂直发射舰炮

先进垂直发射舰炮是一种革命性的火炮系统，每套系统含有两支62或65倍径的炮管，暂定的口径为155毫米。先进垂直发射舰炮的整体结构与垂直发射系统颇为相似，炮管是以贯穿多层甲板的方式安装在舰体内，后坐力可传递到船体龙骨上，因此可以承受的膛压远高于采用旋转炮塔安装的传统舰炮，可容许更长的炮管；火炮的威力、射程均不受炮塔环尺寸与后座承受能力的限制，另外还能省略旋转炮塔所需的许多机械结构，可靠性比传统旋转炮塔高出许多。美国海军估计，使用普通的155毫米炮弹，"先进垂直发射舰炮"可达到96千米的射程。

有鉴于"先进垂直发射舰炮"的强大威力，自1996年启动的"21世纪水面作战舰艇"计划以来，"先进垂直发射舰炮"都是美国海军新一代主战舰艇的重要配备之一，稍后的"21世纪驱逐舰"也不例外。但是到了1999年以后，美国海军却放弃了"先进垂直发射舰炮"，回到传统旋转炮塔设计的"先进火炮系统"。更动主炮设计的原因主要有以下几点。

（1）传统构型的"先进火炮系统"开发风险要比"先进垂直发射舰炮"低许多。

（2）"先进火炮系统"旋转炮塔的设计虽会受到炮塔环、制退/举升机构承受能力的限制，可容许的膛压上限与炮管长度都比不上"先进垂直发射舰炮"，但发射时可预先将炮口指向目标方向，对提高射程的帮助，较"先进垂直发射舰炮"的独特设计更为显著。

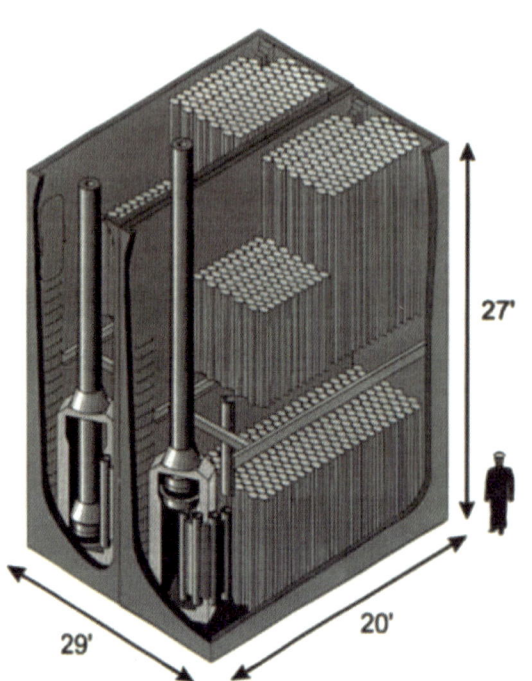

下图：先进垂直发射舰炮图解，这是一种创新概念的舰载火炮，以垂直方式固定安装在船体内，可省略炮塔回转机构，同时也简化了炮弹装填机构，大幅缩小了整体尺寸。每套系统被包装成一个20英尺×29英尺×27英尺的SSES B模块的单元，体积非常紧致，其中含有两管62或65倍径的155毫米炮管与700发炮弹，可提供每分钟15发的射速。

（3）"先进垂直发射舰炮"无法赋予炮弹初始射向，基本上只能使用导引炮弹，除费用昂贵外，适用范围也有限，几乎无法用于接战短距离目标[1]。

也就是说，借由特殊的构造，"先进垂直发射舰炮"可拥有较传统旋转式舰炮更大的后座承受能力、更高的火炮膛压，还能通过省略旋转炮塔的机械结构，带来更高的可靠性。但"先进垂直发射舰炮"也正因为缺少了传统舰炮的旋转炮塔与炮管举升机构，在运用上存在很大限制。

"先进垂直发射舰炮"只能将炮弹垂直向上发射，缺乏赋予炮弹初始射向的能力，必须使用昂贵的导引炮弹，大幅限制了运用弹性，最终被传统旋转炮塔设计的"先进火炮系统"所取代。

"先进火炮系统"登场

"先进火炮系统"的研制由联合防务公司负责，概念设计于1998年秋季提出，实际工程设计工作始于1999年，在2000年7月向两组"21世纪驱逐舰"竞标团队递交了"先进火炮系统"设计数据套件，供两组竞标团队参考（联合防务公司自身属于蓝队）。

"先进火炮系统"采用62倍径炮管与29.5升的药室容积，炮身设有水冷机构，最初设定的射速为每分钟12发（2005年时降到每分钟10发），电动的滑动环式（Slip Ring）炮架可360°旋转，仰角可达70°～-5°。

---

[1] "先进垂直发射舰炮"发射的炮弹会先垂直上升，到达4500米高度后，再以2g的加速度转向，故发射药的许多能量都浪费在炮弹的垂直上升阶段，也不像传统火炮可选择效率最佳的仰角发射炮弹，因此"先进垂直发射舰炮"可容纳更高膛压与后坐力的优点，都被这个缺陷给抵销。由于"先进垂直发射舰炮"纯粹是靠更高的膛压来提高射程，美国海军估计若炮弹、发射药等条件都完全相同，"先进垂直发射舰炮"的射程反而会比传统火炮低5%至10%。而且对接战近距离目标来说，先让炮弹垂直上升到高空再下降的"先进垂直发射舰炮"，也过于浪费接战时间。

聚焦先进技术的新世代驱逐舰"朱姆沃尔特"级的设计特性——武器系统与作战指挥系统

隐形炮塔与全自动弹舱设计

"先进火炮系统"的炮塔设计相当特别,一开始联合防务公司选择的是拥有隐形外罩的传统炮塔设计,不过对这种炮管暴露在外的设计来说,炮管的隐形处理是一大麻烦。原本联合防务公司打算在炮管外加上一层多边形隐形外罩,但这将会增加不少重量,给举升装置带来额外负担。

因此"先进火炮系统"舰炮后来改用与安装在瑞典"维斯比"级(Visby Class)巡逻舰的博福斯57毫米Mk 3快炮相似的隐形炮塔设计,整个炮塔分为前后两段,前段为固定式,后段为回转式,平时炮管折收在炮塔前段的保护罩内,以维持整体隐形外形,使用时再打开罩让炮管升起,并跟着后段炮塔一起回转。

对页图:"先进火炮系统"采用62倍径的155毫米炮管,炮身上设有水冷管线,炮管长度与药室容积都大于当前主流的52倍径155毫米陆军榴弹炮。

下图:"先进火炮系统"结构剖图。本体是带有炮管水冷机构的155毫米62倍径火炮,搭配隐形炮塔而成,通过62倍径的长炮管与29.5升的火药室容积,发射普通155毫米炮弹都可达到44千米射程,若搭配专门发展的"长程陆攻炮弹"更能达到150千米以上射程。

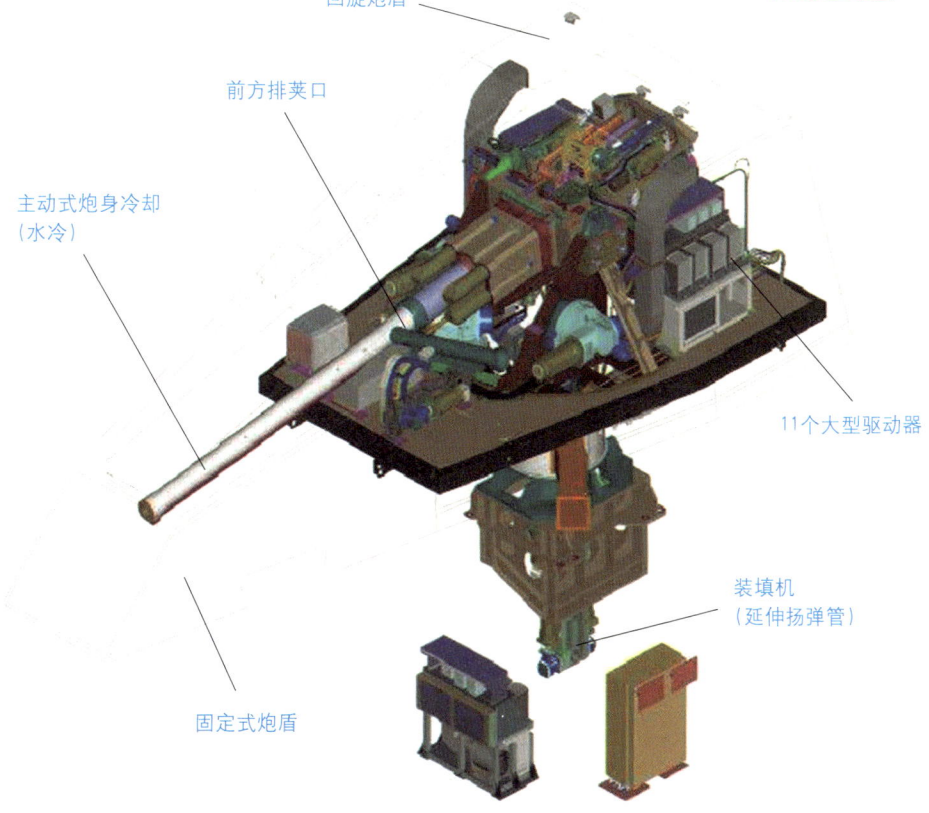

右图：2002年时的"先进火炮系统"炮塔模型，仍采炮管曝露在炮塔外的传统设计，不过炮管也加上了一层隐形外罩。

整座"先进火炮系统"炮塔空重达104吨，比MK 45的22吨高出近5倍，原订的弹药库容量为600～755发，满载弹药时的整座"先进火炮系统"总重达300吨。

"先进火炮系统"舰炮的自动化模块弹药库亦颇具特色，每座"先进火炮系统"舰炮各搭配一座设于船底的自动化模块弹舱，正式名称是"先进火炮系统"舰内再装填系统（AGS Intra-Ship Rearmament，AIRS），弹药在该弹舱中是以箱型弹匣模块方式存放，每个模块重6000磅，含8发炮弹与8组弹匣模块，所有模块分成3层存放在弹舱中。"先进火炮系统"舰内再装填系统弹舱设有水平搬运的穿梭台车，与垂直搬运的电梯，火炮回转中心正下方则设有扬弹机，可将1组炮弹与弹匣模块送上炮塔甲板，再由摆弹机依炮管俯仰角送进炮尾，所有机构均由电力驱动，而非以往舰炮采用的液压机构，整个装填过程也完全自动化，在三级海象下也能维持全速装填运作。

"先进火炮系统"可通过这套全自动化弹药装填机构直接将弹舱中储放的数百发炮弹逐一上膛射出，也就是说，"先进火炮系统"舰内再装填系统弹舱中所有炮弹都是"即用炮弹"，号称"无限弹药库"（infinite magazine）。

相比之下，传统的自动舰炮虽然也能在弹舱中储放数百发炮弹，但只有预置在弹鼓上的数10发炮弹是立即可用的"即用

对页图：目前的"先进火炮系统"炮塔设计模型，分为固定式的前段与可回转的后段，平时炮管折收在炮塔前段的保护罩内，以维持隐形外形（如上），使用时再打开护罩升起炮管，跟着炮塔后段一起回转（下）。

聚焦先进技术的新世代驱逐舰"朱姆沃尔特"级的设计特性——武器系统与作战指挥系统 | 189

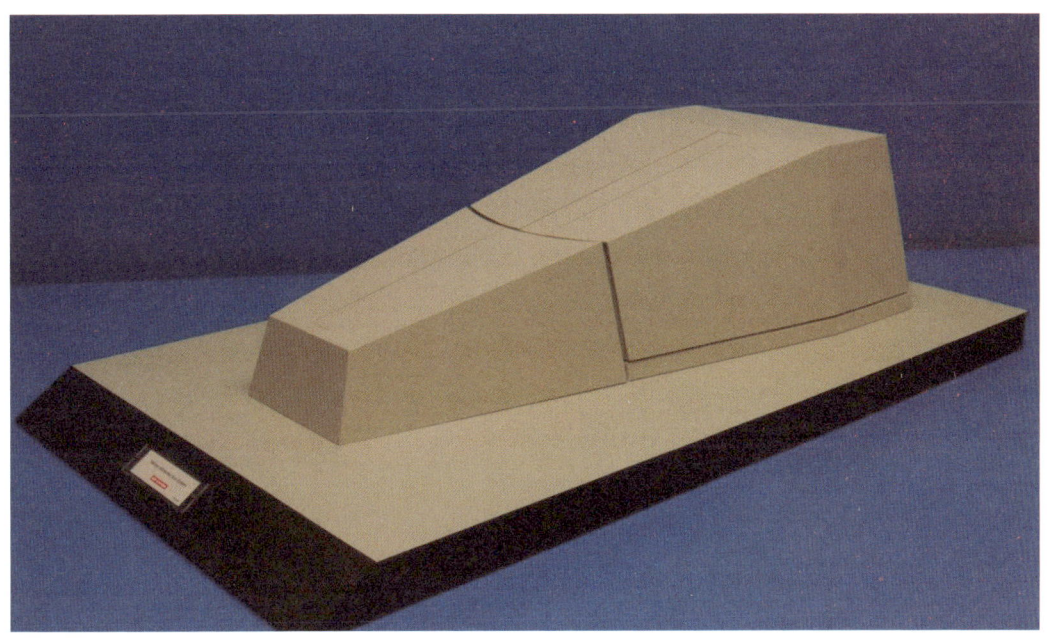

炮弹"（法国100毫米紧致炮备有90发即用炮弹，美国的MK 45 5英寸炮备有20发即用炮弹，英国MK 8 4.5英寸炮备有16发即用炮弹），当即用炮弹射完后，就必须由甲板下的装填手向弹鼓或扬弹机上弹。虽然这对一般水面舰艇来说不会造成太大问题，需要持续发射数10发炮弹的机会并不多，但是对于以海上火力支持为核心任务的DDG-1000，就难以容忍耗时的炮弹装填作业造成支持火力的中断，因此通过自动化模块的机构，使弹舱中所有弹药全都成为立即可用的即用炮弹，便成了"先进火炮系统"能否发挥任务效能的关键技术。

不过从另一方面来看，要驱动"先进火炮系统"这套电动式全自动弹舱，需要耗用多达800千瓦的电力，也只有DDG-1000这种特别强调供电能力的新型舰艇才能运用"先进火炮系统"。

美国海军于2003年7月修改了"先进火炮系统"的规格，将每座炮塔弹舱容量削减到300～375发（这可省下30多吨的重量）。依2005年4月公布的数据，每艘"新世代驱逐舰"将携带670发炮弹，也就是每门炮335发，其中35发"长程陆攻炮弹"（Long Range Land Attack Projectile，LRLAP）。而2007年9月公布的"先进火炮系统"弹舱容量则进一步降低到600发，每门炮仅300发。

下图："先进火炮系统"是通过称作"先进火炮系统"舰内再装填系统的全自动化弹库来供应弹药。图为装填系统图解：①"先进火炮系统"舰炮；②"先进火炮系统"舰炮；③"先进火炮系统"舰内再装填系统弹库的弹匣模块。

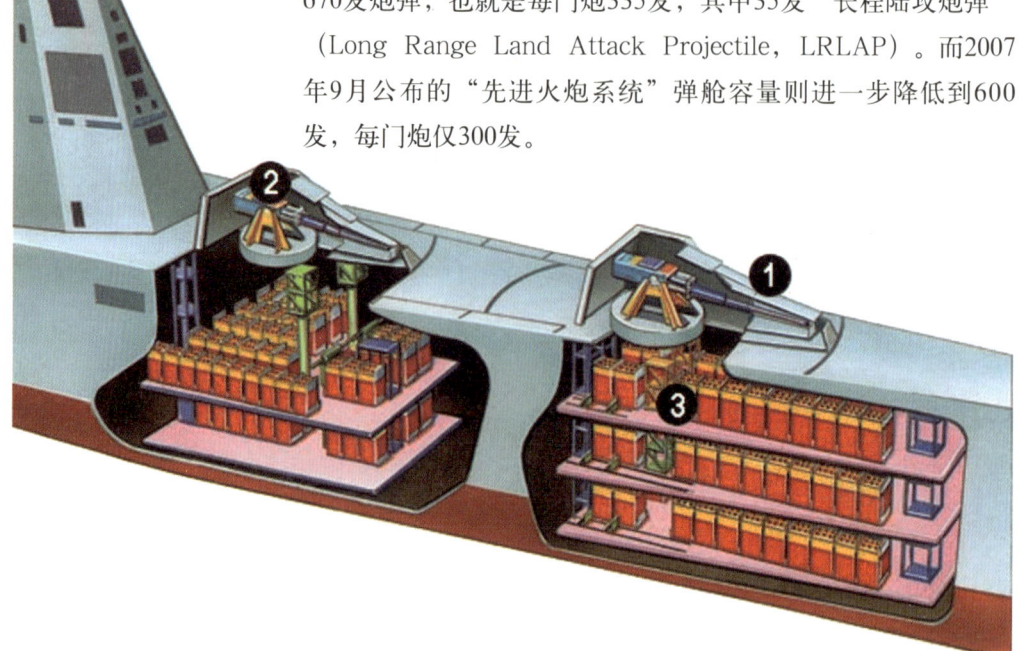

虽然弹舱容量降低了，但DDG-1000舰上的辅助弹舱还储有额外320发炮弹，这些炮弹均位于"先进火炮系统"的自动装填机构之外，必须先以人力方式搬运，装进"先进火炮系统"的模块化自动弹舱后才能使用。不过在自动化输送机械帮助下，从辅助弹舱向主弹舱补给炮弹的速度最快可达每小时240发，可进行"边射击、边补给"的作业。

当主弹舱与辅助弹舱内的炮弹耗尽后，此时便需要通过人工补给从外部为弹舱补给弹药，由于没有方便的辅助机械可用，补满全部弹舱所需时间长达13个小时。

目前公布的"先进火炮系统"弹药携载量规格则是每座自动模块弹舱携带38个弹匣模块，每个模块8发炮弹，所以每座"先进火炮系统"舰炮各含有304发炮弹，加上辅助弹舱的320发炮弹，1艘DDG-1000总共携带了928发155毫米炮弹。

"先进火炮系统"的发展

依美国海军陆战队的评估，"先进火炮系统"的各项性能均优于现役的MK 45 Mod.4舰炮，装药量是后者的3倍、持续发射能力为后者的2.5倍，火力压制面积为后者的2.5倍、齐射压制能力为后者的4.5倍。借由控制弹道高度的方式调整炮弹飞行时间，可以实现同一火炮先后发射的多发炮弹同时弹着（MRSI），让火力打击的突然性与火力密度达到最大。

理论上，1门"先进火炮系统"舰炮可在75海里左右的距离外让4~6发炮弹同时弹着，因此1艘DDG-1000即可实现8~12发155毫米炮弹的同时弹着。依此计算，两艘DDG-1000的4座"先进火炮系统"舰炮提供的瞬间压制火力，可相当于陆战队1个由6门M777 155毫米炮组成的榴炮营。当然"先进火炮系统"舰炮具备的长射程与持续火力，都不是陆战队榴炮营所能比拟的。

联合防务公司先建造了试验用的39倍径与62倍径"先进火炮系统"原型炮管，分别安装在M110自走炮底盘与固定台座上，接下来在2001年10月进行了首次验证试射，以50%正常

4级托盘提升机
中心线提升机
码垛站
大车
大车
托盘
卸除工作台组件
上层模块存储站点
模块上层
面板
模块下基础
较低的模块存储站点

装卸台滚轮轨道
传送机构滚轮轨道
带初始化连接的搬运和收起吊耳
储物吊耳
叉车搬运口袋
湿度指示器和干燥剂入口

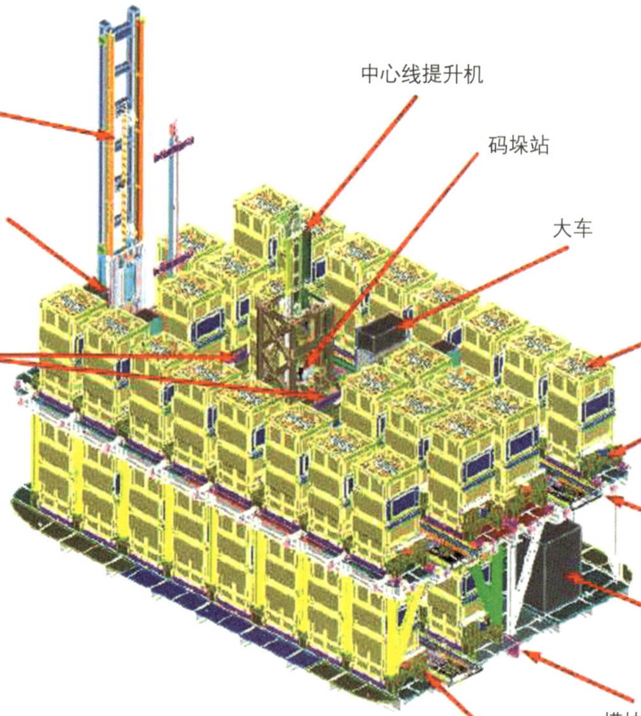

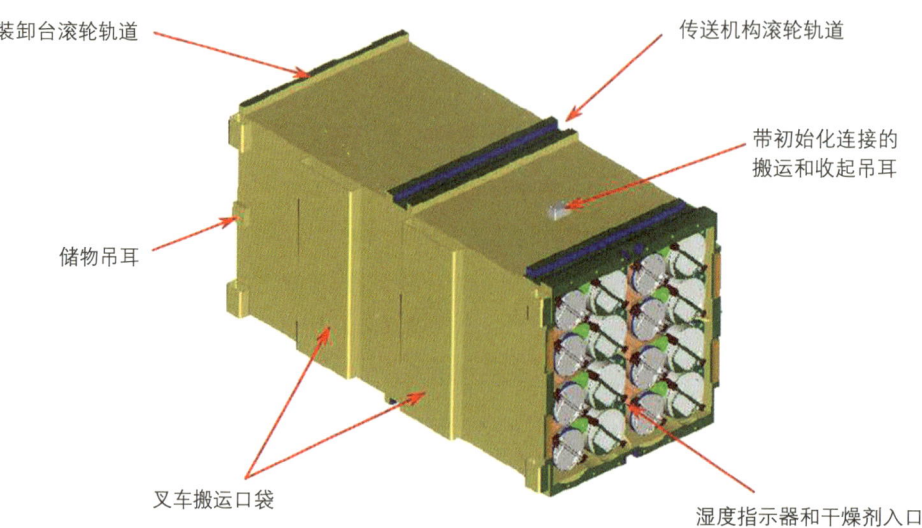

聚焦先进技术的新世代驱逐舰"朱姆沃尔特"级的设计特性——武器系统与作战指挥系统

射程与操作膛压的条件下发射了11发炮弹。而美国海军也在2005年6月授予联合防务公司一份3.38亿美元的后续发展与测试合约,洛克希德·马丁也获得一份1.2亿美元的"长程陆攻炮弹"发展合约,然而联合防务公司在2001年7月被BAE系统公司所购并,所以"先进火炮系统"此后便转为BAE系统公司旗下的计划。

公司间的整并并未影响到"先进火炮系统"的研发,在并入BAE系统公司之时,联合防务公司已建造了一座不含旋转机构与外罩的"先进火炮系统"地面测试原型炮,同时"长程陆攻炮弹"的初步导引飞行测试也已经完成。

当"先进火炮系统"转为BAE系统公司旗下计划后,BAE

对页图:每座"先进火炮系统"舰炮都配备了一套舰内再装填系统自动化弹舱(上图),在弹舱中,"先进火炮系统"的弹药是以箱型弹匣模块方式存放,每个模块重6000磅,含8发炮弹与8组药荚(下图),通过弹舱内的电动搬移与装填机构,可全自动化炮弹装填。

AGS舰炮与现役MK 45 Mod 4比较

型号	AGS	MK45 Mod.4
口径	155毫米	127毫米
炮管倍径	62	62
初速	825米/秒	810米/秒
最大射程	185km	23.5km
射速	10发/分	16~20发/分
俯仰角	−5°~+70°	−15°~+65°
方位角	360°	340°
炮塔重量	104吨[1]	22.2吨
备弹量	304发	680发[2]
炮弹重量	102千克(LRLAP) 90千克(BLRP)	50千克(ERGM) 30.7千克(Mk80 HE-PD) 31.6千克(Mk116 HE-VT)
炮弹装药量	11千克	3.3~3.52千克[3]

注:①不计弹舱弹药的炮塔总重。
②此为弹舱总容量,炮塔弹鼓上的即用备弹为20发。
③视弹药形式而定。

系统公司在2007年4月收到一份为DDG-1000整合"先进火炮系统"的1.09亿美元设计合约,在2007年6月又获得为前两艘DDG-1000建造首批"先进火炮系统"的2.76亿美元合约,而BAE系统公司也在2007年7月宣布将在亚拉巴马州建立一座新厂房,预定用于"先进火炮系统"的生产。

BAE系统公司于2009年3月获得继续发展"先进火炮系统"的合约,同时与次承包商签订"先进火炮系统"次系统的转包采购合约,然后在2010年5月向美国海军交付了首批量产型"先进火炮系统"与弹舱单元,为DDG-1000头两舰采购"先进火炮系统"舰内再装填系统的合约也在2011年7月签订。

继2007年为DDG-1000头两舰采购了"先进火炮系统"后,BAE系统公司又于2011年10月、2012年1月与2012年12月与美国海军签订了三份总值2.39亿美元合约,获准为DDG-1000的3号舰DDG-1002建造额外的"先进火炮系统"。

2013年4月发布的2014财年总预算案中,显示"先进火炮系统"的时程有了延迟,延长了"工程制造开发"(Engineering and Manufacturing Development,EMD)的时间,原本应该在2012年举行的关键设计审查推迟到2013年第3季,发射药与配套的"长程陆攻炮弹"交付舰艇时程从2015年

右图:在明尼苏达州艾克河(Elk River)测试场进行试验的"先进火炮系统"62倍径原型炮管。

聚焦先进技术的新世代驱逐舰"朱姆沃尔特"级的设计特性——武器系统与作战指挥系统

左图：在犹他州杜格威（Dugway）靶场试验的"先进火炮系统"原型炮管。这根试验用炮管只有39倍径，被安装在一部M110自走炮的底盘上。

第3季延后到2016年第3季，从舰艇上进行的"先进火炮系统"试射延后到2016财年第4季，原定于2013年第3季结束的"先进火炮系统"量产作业也被延后到2017财年第1季。

由于DDG-1000的建造数量遭到大幅缩减，而"先进火炮系统"本身又极为庞大笨重，除了DDG-1000这种16000吨舰艇外，适合的平台非常少，可以预期未来的产量将不会太多。为了扩展"先进火炮系统"的应用范围，BAE系统公司曾在2011年提出一种"先进火炮系统"轻量化版本构想，称作"先进火炮系统简化型"（AGS-Lite），后来在2012年形成更具体的"先进火炮系统精简型"（AGS-Light Gun Mount），重量从"先进火炮系统"舰炮的104吨降到50吨，配套的自动化弹舱容量也缩减到180发，射速则降到每分钟6发，整个炮塔的尺寸仅稍大于MK 45 5英寸炮，可安装到体型较小的"伯克"级驱逐舰上，但迄今未获实际采用。

新型长射程导引炮弹

除了由联合防务公司发展"先进火炮系统"外，美国海军还委托科学应用/洛克希德·马丁公司发展了专门搭配"先进火炮系统"使用的"长程陆攻炮弹"[1]，"长程陆攻炮弹"是

---

[1] "长程陆攻炮弹"的研制原由雷神公司与科学应用/洛克希德·马丁两家公司竞标，最后联合防务公司在2003年4月选定科学应用/洛克希德·马丁公司的设计案。当联合防务公司在2005年为BAE系统并购后，"长程陆攻炮弹"便成为BAE系统与洛克希德·马丁公司共同执行的计划。

上图：安装在犹他州杜格威靶场"先进火炮系统"的陆地测试用原型炮，这座测试设施不包括旋转基座与完整的隐形外罩。

一种155毫米导引炮弹，全长2.235米，重102千克，弹头装药10.8千克，破片杀伤半径60米，采用全球定位系统（Global Positioning System，GPS）加上惯性导航系统（Inertial Navigation System，INS）导引，弹尾安装有固体火箭助推马达，弹体前方设有控制舵，弹尾则为稳定翼，通过高抛滑翔弹道与火箭助推来提供长射程，并借由全球定位系统与惯性测量单元（Inertial Measurement Unit，IMU）导引单元与气动力控制面修正弹道，以获得高精确性，美国海军设定的目标是100海里（185千米）射程与20米误差（圆径）。

洛克希德·马丁从2005年开始"长程陆攻炮弹"的初步试射，依早先规划，洛克希德·马丁将在2010年以前交付100枚测试用的低速率生产型"长程陆攻炮弹"，全速率生产则定于2011年开始，预定在2014年达到初始作战能力，但实际上的发展却不如预期顺利。

2009年7月在白沙导弹测试场进行的"先进火炮系统"与"长程陆攻炮弹"试射达到了63英里（101千米）的射程，当时的计划经理希林（James Syring）上校表示，通过调整火箭马达药柱配方可望将射程延伸到70海里（129千米）以上。《甘尼特海军时报》（Gannett's Navy Times）稍后在2009年8月的报道中，也将"先进火炮系统"与"长程陆攻炮弹"描述为大致发展完成。

然而不到半年之后，整个开发计划便在2009年12月重组。新的计划分为4个阶段，最初从2002年8月到2005年9月是阶段1，成功完成63海里射程的验证；"系统发展与验证"（System Development and Demonstration）为阶段2，在2010年以前完成5次导引飞行试射。阶段3中，BAE系统公司在

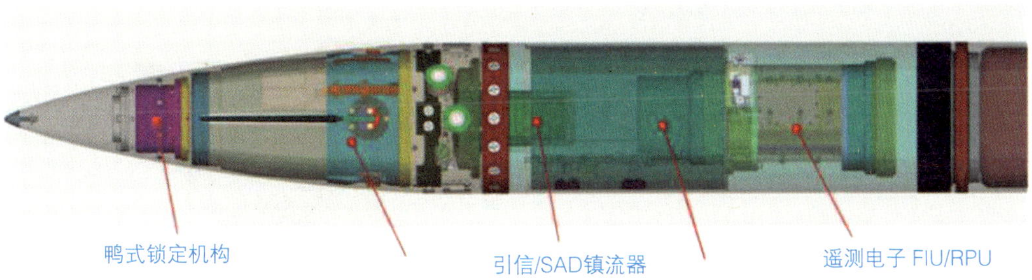

聚焦先进技术的新世代驱逐舰"朱姆沃尔特"级的设计特性——武器系统与作战指挥系统　197

鸭式锁定机构　　　引信/SAD镇流器　　　遥测电子 FIU/RPU

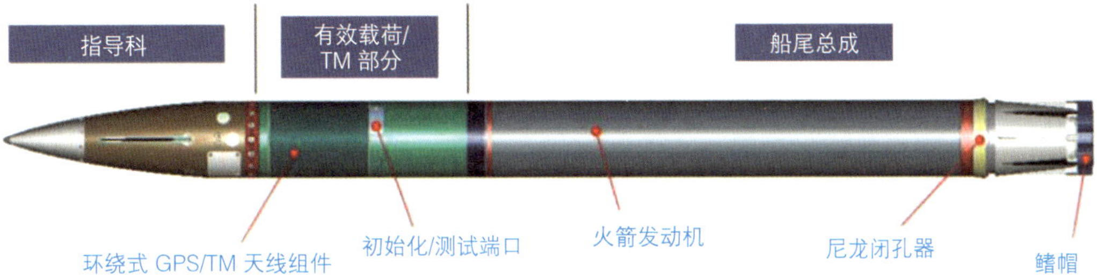

指导科　　有效载荷/TM 部分　　船尾总成

环绕式 GPS/TM 天线组件　初始化/测试端口　火箭发动机　尼龙闭孔器　鳍帽

2009年12月收到一份1853万美元的计划重组合约，以49个月时间、在2012年12月以前完成"长程陆攻炮弹"完整测试认证。若之前过程顺利，则进入阶段4的量产阶段。

审计署后来在2012年3月的报告中，透露了"长程陆攻炮弹"发展延迟的部分原因，报告指称导引飞行试射结果显示，"长程陆攻炮弹"虽能达到精确度与射程的要求，但火箭马达的技术问题导致整个计划的进度延迟。洛克希德·马丁直到2013年10月才成功完成新的火箭马达设计验证，并在2013年9月获得1800万美元的"长程陆攻炮弹"量产整备作业合约，预定2016年投入实际服役。目前设定的最大射程比较保守，只有63海里（117千米），与最初的100海里射程目标仍有相当的差距。

"长程陆攻炮弹"十分昂贵，美国海军最初设定的目标单价是3.5亿美元，初期的生产单价预估为10万美元，但后来的实际采购价格却攀升到每发40万美元至70万美元，且这种炮

上图："长程陆攻炮弹"图解，上为导引段与弹头段图解，下为整体图解，可见到整枚炮弹有60%的长度都被火箭马达所占用。

上图:洛克希德·马丁公司研制的"长程陆攻炮弹"拥有火箭助推器,弹首与弹尾分别设有控制翼面与稳定翼,在GPS/INS导引下,63海里射程时的误差圆径达20至50米。

弹是专门为了攻击地面目标而设计,因此"先进火炮系统"另外还预定搭配造价较便宜、用途也更广泛的另外两种炮弹,包括供反舰使用的毫米波导引火箭助推炮弹,预计可有56千米射程,以及另一种称作弹道式长程炮弹(Ballistic Long Range Projectile,BLRP)的无导引炮弹,是一种改用流线型弹帽的海军版北约标准155毫米炮弹,射程为44千米。

不过毫米波导引火箭助推炮弹没有实际投入发展,所以"先进火炮系统"的弹药就只剩下"长程陆攻炮弹"与弹道式长程炮弹两种,接下来弹道式长程炮弹也在2006年遭遇问

6 聚焦先进技术的新世代驱逐舰"朱姆沃尔特"级的设计特性——武器系统与作战指挥系统　　199

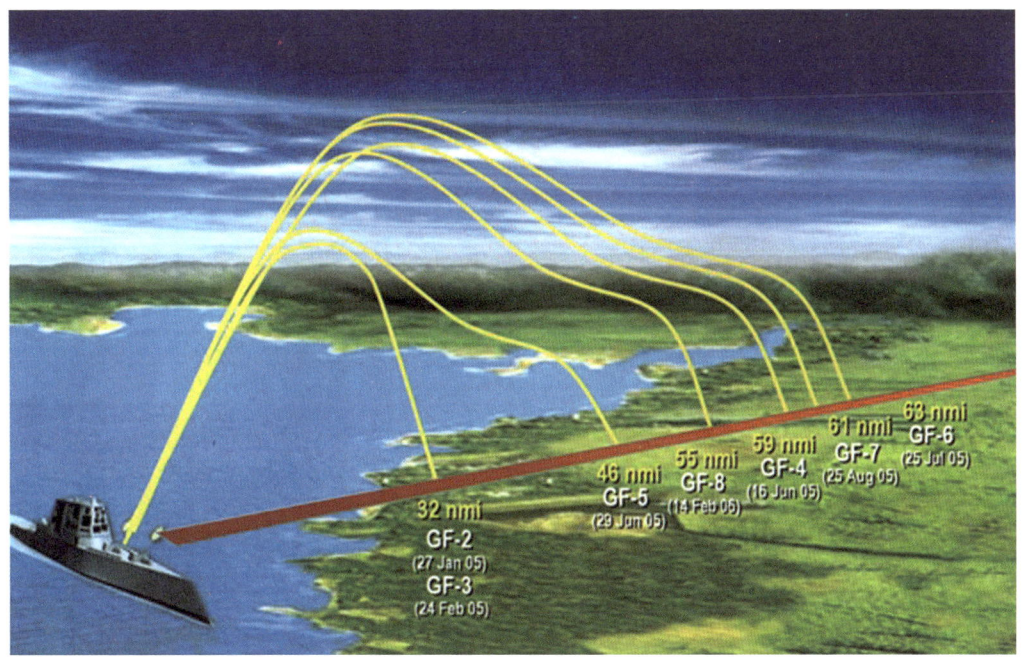

题[1]，目前"长程陆攻炮弹"是"先进火炮系统"唯一可用的弹药。

上图："长程陆攻炮弹"的试射射程纪录，从一开始的32海里逐步达到63海里。"长程陆攻炮弹"预定的射程是100海里（185千米），不过目前设定的实用最大射程只达63海里（117千米）。

DDG-1000的近迫火炮系统

自从2000年"科尔"号驱逐舰遇袭，以及2001年的"9·11"事件后，美国海军开始重视水面舰艇的近接防御问题，各级舰艇陆续增设了各式小口径机枪与机炮。而对DDG-1000来说，由于沿岸作战是主要任务之一，遭遇小型船只攻击的可能性更是大为增加。但笨重的"先进火炮系统"显然不太适合用于对抗小型水面舰这类任务，近迫防御系统经改进后虽能射击海面目标，但其20毫米口径炮弹威力有限，面对恐怖攻击时，也没有十拿九稳的把握，可在安全范围外彻底摧毁目标。因此诺斯罗

---

[1] 2006年时曾传出弹道式长程炮弹发展延期与中止的消息，目前情况仍不明朗。

普·格鲁曼领军的"新世代驱逐舰"金队便建议美国海军采用中口径机炮，同时兼任反导弹与反快艇任务。

由于重新开发自动火炮相当费时，因此美国海军打算直接从现有产品中挑选，最初打算采用博福斯的40毫米70倍径快炮，不过金队中负责系统整合的雷神与联合防务，一同研究过市场上现有产品后，建议采用瑞典博福斯新推出的Mk 3 57毫米70倍径舰炮。这款火炮最早是用于瑞典的"维斯比"级巡逻舰，后来被美国海岸防卫队的深水计划与美国海军濒海战斗舰计划选用，口碑算是相当良好，其配备的3P可程序化近发破片引信，无论对空中、水面或陆地目标都具有良好的精度与毁伤能力。

从57毫米炮到30毫米机炮

美国海军于2004年10月正式批准采用由联合防务按授权生产的美国版Mk 3 57毫米炮作为"新世代驱逐舰"的近迫防御系统，正式名称为"近迫火炮系统"（Close-In Gun System，CIGS），赋予的编号为Mk 110。每艘"新世代驱逐舰"机库上方左右两舷各配备1门Mk 110，炮塔内备有即用炮弹120发，最大射程17千米，射速每分钟220发。而为配合DDG-1000的隐形外形，供其使用的Mk 110为隐形炮塔版，具有类似瑞典"维斯比"级的隐形炮塔外罩。另外值得一提的是，随着Mk 110的导入，美国海军也将近迫防御系统的定义从原来单纯的反导弹扩展为"对抗任何来自空中与水面的威胁"。

不过到了2014年8月时，美国海军却又宣布放弃在DDG-1000上配备Mk 110，决定改用两座口径更小的Mk 46 30毫米机炮武器系统。

Mk 46是由ATK公司的Mk 44 Bushmaster II 30毫米机炮，加上Mk 46 Mod.1炮塔而成的舰炮系统，由通用动力公司研制，已被"圣安东尼奥"级两栖船坞登陆舰，与"自由"级（Freedom Class）濒海战斗舰选用。

海上系统司令部在接受《美国海军新闻》（*USNI News*

对页图：博福斯57毫米Mk 3快炮的美国版由联合防务公司负责生产，编号为Mk 110，不过联合防务公司已为BAE系统公司收购，因此Mk 110成为BAE系统公司的产品。DDG-1000原定采用的是隐形炮塔版的Mk 110，炮管平时可折收在炮塔内（如上图）。相较下海岸防卫队采用的则是标准版的传统炮塔（如下图）。

的访谈中指称,他们从2005年关键设计审查之后,便持续评估可替代Mk 110、成本更低的备案,以求节省采购与寿期循环成本,不过直到2010年时,都没有得出有必要更动原有配备的结论。然而在2012年的审查中,情况有了变化,海军认为Mk 46是更有效的选择。海上系统司令部指出,将Mk 110更换为Mk 46,除了增强能力外,还能节省重量、并显著缩减成本,但仍能满足作战需求,可以提供突射火力、强化对抗接近舰艇水面目标时的致命性。

尽管美国海军声称换用Mk 46仍可满足DDG-1000需求,但海军的声明中,除了可节省重量与成本这一点不假外,指称Mk 46"更有效"、"可提高能力"就令人费解了。从规格上来看,Mk 46无论射程、射速还是弹药威力,都远远逊于Mk 110。Mk 110的射程是Mk 46的

美国海军失落的巨炮梦——Mk 71 8英寸自动舰炮

早在DDG-1000搭载的155毫米（6.1英寸）口径的"先进火炮系统"舰炮之前，美国海军便曾在20世纪60年代末期，研制过一种口径更大的Mk 71 8英寸自动舰炮。

第二次世界大战后，大口径舰炮曾一度被各国海军视为无用之物，但美军在战斗中发现，战舰配备的16英寸炮与巡洋舰的8英寸炮在岸轰火力支持上，仍有无可替代的价值。但由于大量第二次世界大战时期建造的火炮巡洋舰自20世纪60年代起陆续退役，为填补因此产生的舰载火力支持空缺，美国海军便开始研拟一种可由驱逐舰级船体搭载的8英寸舰炮，称为"大口径轻量自动炮"（Major Caliber Light Weight Gun, MCLWG）。

原本美国海军想将陆军的175毫米M107加农炮改成舰载型，但最后还是决定由FMC负责开发新炮。首门Mk 71原型炮于1969年完成，被送到海军水面武器中心（NSWC）进行测试。接下来在1971年3月完成了初步验证，1971年4月开始有限的作战操作验证。岸上试验告一段落后，便在"谢尔曼"级（Forrest Sherman Class）驱逐舰"赫尔"号（USS Hull DD 945）上进行海上测试。"赫尔"号舰艏原来的一座Mk 42 5英寸炮替换为一座Mk 71原型炮，搭配Mk 68射控系统与Mk 155弹道计算器。"赫尔"号于1974年4月至1975年12月在太平洋海域进行了各项射击试验。

上图：1975至1979年间安装在"赫尔"号驱逐舰上测试的Mk 71舰炮（上）（下）。因预算超支以及射击精度等问题，这款威力强大的8英寸自动炮最后还是遭到取消。

Mk 71的炮塔广泛采用铝合金材料，炮身也采用了新的制造技术，与"德蒙斯"级（De Moines Class）重巡洋舰装备的老式Mk 16 Mod 0 8英寸炮相较，Mk 71光是炮管就足足减轻了一半重量，整座炮塔的重量也只有78.5吨，只比5英寸的Mk 42重12%（Mk 42的初期型号总重达70吨），4000吨级舰艇就能安装。

　　8英寸炮的炮弹重量与装药量是5英寸炮的3倍，所以即使Mk 71射速较慢，每分钟的持续火力投掷重量仍超过5英寸的Mk 42 60%以上，射程也是Mk 42的两倍（由于高射速时故障频繁，Mk 42的自动模式射速在1968年以后由每分钟40发降为每分钟28发）。Mk 71除可使用穿甲弹、通用高爆弹、照明弹等多种传统弹药外，海军还委托弗吉尼亚的达尔格伦（Dahlgren）实验室开发了一种Mk 71专用的8英寸铺路（Paveway）激光导引炮弹，可极大幅度提高岸轰支持的射击精度，甚至能打击点目标。

　　Mk 71的装填装置采多弹舱供弹，不同类型的弹药分别置于不同弹舱。供弹时，由甲板下方的自动扬弹机直接从弹舱将弹药举升，经弹鼓由自动装填机自动装填入膛。装填系统可自动排出未发弹，并自动选择最多6种弹种，最大射速可达每分钟12发，弹鼓储量为75发。炮塔内的即用备弹用完后，须由甲板下的4名装填手以人力方式将备用弹从弹药库装填进MK 71的弹鼓。

　　在"赫尔"号的海上测试完成后，美国海军认为Mk 71的可靠性良好，可作为海军下一代水面作战舰艇的主力舰炮，准备在1977财年编列首批40门炮的采购预算，计划从1979年开始量产。20世纪70年代美国海军一系列舰只从核打击巡洋舰（CSGN）、到

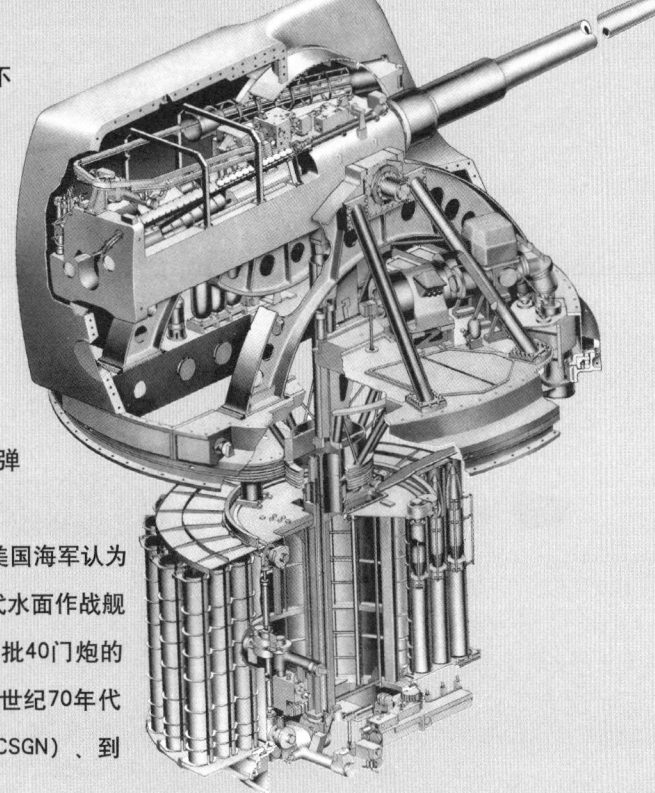

下图：Mk 71 8英寸舰炮解剖图。借由大量采用铝合金与新的制造技术，Mk 71成功将重量减轻到只略重于Mk 42 5英寸炮。

"斯普鲁恩斯"、"提康德罗加"级与"长滩"号等,都曾打算搭载Mk 71。

不过审计署(GAO)却认为,Mk 71虽成功减轻了重量,但射击精度比起老式的8英寸炮却有一定程度的下降,因此建议美国海军推迟Mk 71的量产,以便进一步完善设计。而在射击精度问题外,费用过高也是Mk 71的一大隐忧,除了开发阶段花掉了7600万美元外,头40门炮的采购费用竟高达7.18亿美元,平均每门炮的造价接近1800万美元,这在当时是一笔惊人的数字。虽然技术上的问题并非无法解决,但考虑到后续的设计改进与试验还需花费大笔资金,以节约军事预算为政策主轴的卡特政府最终还是在1979年取消了Mk 71计划,就此结束了这款第二次世界大战后各国海军研制过最大口径的舰炮,因此第二次世界大战后服役最大口径舰炮之名号,就留给了30年后开发的"先进火炮系统"。

MK 71 8英寸自动舰炮参数

口径	203毫米
倍径	55
炮口初速	803m/s(普通高爆弹) 899m/s(新设计炮弹)
射速	12发/分
最大射程	55km(火箭助推增程弹) 29.2km(普通高爆弹)
俯仰角	−5°~62°
回转角	320°
回转/俯仰速率	20°~30°/s
炮塔备弹量	75发(即用炮弹)
炮塔总重	78.5吨

下图:供Mk 71使用的激光导引炮弹。虽然MK 71射击传统高爆弹的精度较差,但美国海军曾开发了专用的8英寸铺路激光导引炮弹,可极大幅度提高岸轰支持的射击精度。

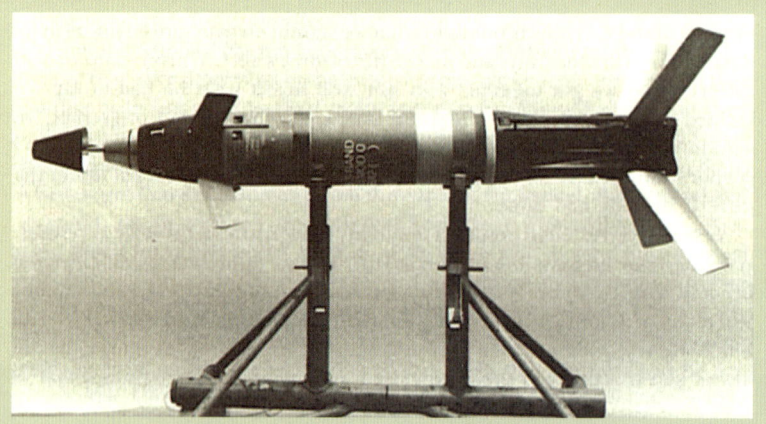

5倍以上,其57毫米炮弹威力更大,还拥有近发引信,可有效地对抗水面目标和空中来袭的目标。相较下,Mk 46不仅射速较慢,射程较小,弹药也没有近发引信。

就火炮与弹药本身来说,博福斯的57毫米70倍径炮与57×438毫米弹药,是拥有40年以上服役运用历史,久经考验、广受许多用户欢迎的小口径舰载火炮系统。相较下,Mk 46使用的ATK Bushmaster II机炮,在当时是服役不到10年的新装备,累积的信赖性完全不能与57毫米炮相比。

因此以Mk 46替换Mk 110的做法,唯一合理的解释,就是这是美国海军为了应付DDG-1000计划成本不断上涨而采取的对策,试图借由缩减火炮武器规格,来抑制整体计划成本的增加。

DDG-1000的舰载航空机

DDG-1000舰尾的机库空间,足可容纳两架10吨等级的

下图:美国海军在2014年8月决定以30毫米的Mk 46机炮,替换DDG-1000原定采用的Mk 110 57毫米炮,Mk 46无论威力还是射程都远不及于Mk 110,但更轻巧也更便宜,有助于节省成本与吨位。Mk 46目前也用在圣安东尼奥两栖船坞登陆舰,与濒海战斗舰"自由"级(Freedom Class)上。

Mk 110与Mk 57舰炮参数对比

舰炮形式	Mk 110	Mk 46
口径/倍径	57毫米/70	30毫米/113
弹药规格	57×438毫米	30×173毫米
炮口初速	950~1035m/s[1]	983~1385m/s[1]
弹药重量	6.1~6.5千克	0.660~0.735千克
弹头重量	2.4~2.8千克	0.235~0.425千克
射速	220发/分	200发/分
最大射程	13800~17000m	2000m
炮塔俯仰角	−10°~+77°	−10°~+45°
炮塔回转/俯仰速率	40°~55°/s	60°/s(回转)
炮塔备弹量	120发	400发
炮塔总重	7500千克[2] 14000千克[3]	—

注：①视使用的弹药类型而定。
②不含炮弹。
③含一千发炮弹。

下图：DDG-1000在舰艉设置了面积广达150英尺×57英尺的飞行甲板，可用空间超过"伯克"级飞行甲板两倍以上，有利于改善航空器作业效率。

聚焦先进技术的新世代驱逐舰"朱姆沃尔特"级的设计特性——武器系统与作战指挥系统

上图：MH-60R系用于取代SH-60B与SH-60F的新一代反潜直升机，DDG-1000将会搭载一架此型直升机。图为正在进行ASQ-22沉浸声呐吊放试验的MH-60R。

舰载直升机，或是搭载1架MH-60R多功能舰载直升机，另外搭配3架MQ-8B火力侦察兵（Fire Scout）垂直起降无人机（Vertical Takeoff UAV, VTUAV）。DDG-1000设于舰艉的飞行甲板面积为150英尺×51英尺，可用空间超过"伯克"级飞行甲板两倍以上，亦有助于改善舰载航空器的操作效率（"伯克"级的飞行甲板面积为75英尺×44英尺）。

MH-60R是取代SH-60B、SH-60F的新一代反潜直升机，是美国海军简化直升机机队后的两种主力舰载直升机之一。MH-60S则为通用型，用于取代服役多年的CH-46D海骑士（Sea Knight）系列通用直升机与HH-60H搜救直升机。

MH-60R搭载了APS-147多模式机载雷达、ALQ-210电子侦察系统、AAS-52多频谱光电标定系统（MTS）与ASQ-22机载低频沉浸声呐以及与沉浸声呐及声呐浮标搭配的UYS-2A增强型信号处理器。机身上的3个挂载点能携带3枚Mk 46、MK 50、MK 54等轻型反潜鱼雷，以及"地狱火"（Hellfire）导弹（最多8枚）、GAU-16/20火箭等空对面武器，可以执行反潜、反舰、海面侦搜、电子情报侦察、通信中继、搜索救难、垂直补给与人员输送等多种任务。

美国海军计划在2016财年以前购买278架MH-60R，其中低速率生产阶段（LRIP）的第1批7架是以SH-60B的旧机体升级改造而成，从第2批的4架起则为全新建造的机体，从2006年的第4批起开始进入全速率生产阶段。美国海军的HSM-41训练中队已在2005年12月接收了首架MH-60R，首支MH-60R作战单位HSM-71于2008年达到初始作战能力，并预定在2009年展开首次航空母舰舰载部署任务。

诺斯罗普·格鲁曼承造的MQ-8B是一种无人直升机，

下图：MQ-8B的承载能力较RQ-8A大幅提高，必要时亦能搭载武器出击。不过MQ-8B只生产30架便停产，由更大型的MQ-8C取代。

是基于早先RQ-8A的动力性能强化版,两者都是源自施瓦泽(Schweizer) 330/333超轻型直升机的无人化衍生型。

MQ-8B最初与RQ-8A一样都是沿用美军无人侦察机的RQ编号、称作RQ-8B,后来随着美军于2006年废止RQ编号,改用突显多任务能力的MQ编号,RQ-8B也改称MQ-8B。

与作为原型的RQ-8A相比,MQ-8B的最大改进便是借由强化动力性能提高负载能力,以便获得执行侦查任务以外的多任务能力。MQ-8B以新设计的四叶主旋翼取代RQ-8A的三叶旋翼,不仅提高了升力性能,也能减小震动,搭配新齿轮箱(连续输出320匹轴马力,5分钟紧急输出则可达340匹轴马力,传动功率提高36%),让MQ-8B的最大起飞重量从

下图:由于嫌MQ-8B体型过小、任务能力有限,美国海军从2010年开始发展基于贝尔407直升机的MQ-8C,预定从2016年开始量产。图为2013年10月首飞的MQ-8C原型机。

MQ-8 UAV
MQ-8B/MQ-8C 比较

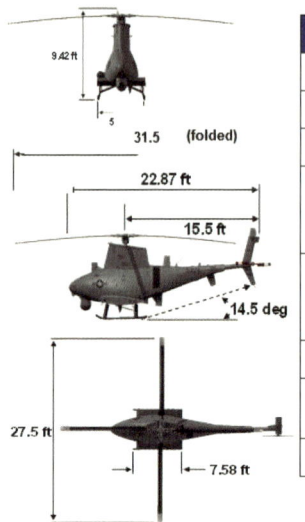

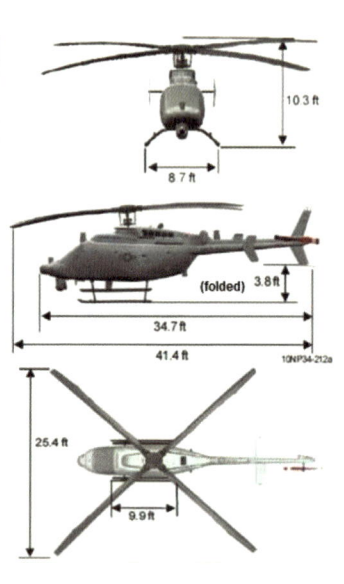

MQ-8B	范围	MQ-8C
85 kts	最大速度	135 kts
80 kts	巡航速度	115 kts
12500 ft	服务上限	16000 ft
5.5 h	标准日最大续航时间（300磅有效载荷）	12 h
4.5 h	热天最大耐力（300磅有效载荷）	10 h
2000 lbs	空重	3200 lbs
3150 lbs	标准日燃料和有效载荷	6000 lbs
31.5 ft	长度（折叠）	34.7 ft

上图：MQ-8C与MQ-8B的尺寸与性能对比。MQ-8C的最大起飞重量较MQ-8B提高一倍，相同酬载量时的耐航力也高出一倍，巡航速度与升限分别高出43%与28%，但折叠后的尺寸只稍大于MQ-8B。MQ-8C比MQ-8B长3英尺（折叠）、高1英尺、宽2.5英尺和重1200#。

RQ-8A的1200千克提高到1430千克，增加了将近500磅（227千克），从而让承载能力从RQ-8A的57千克（125磅）大幅提高到270千克（600磅）。

在燃料满载以及55千克任务负荷下，MQ-8B的最大续航时间从RQ-8A的5小时提高到8小时；而在相同的5小时续航时间下，则能将战斗负荷提高两倍以上（125千克）。MQ-8B的最大航速可达115节，在典型操作模式下，能在母船周围110海里范围内活动，并通过Ku波段的"战术通用数据链"（Tactical Common Datalink, TCDL）在母舰或空中友军间传输影像情报与指挥信号。

借由大幅强化的动力性能，MQ-8B具备了运用更多样化传感器的能力，也可在机身两侧增设挂架携带武器。MQ-8B

机颚Brite Star II转塔搭载的电视/红外线与激光测距/标定装置，可为母舰提供目标指示与攻击后毁伤评估所需信息，必要时也能携带"先进精确猎杀武器系统"（Advanced Precision Kill Weapon System，APKWS）激光导引火箭或"地狱火"导弹，承担对水面或陆地目标的攻击任务。

美国海军还在2013年引进了供MQ-8B使用的Telephonics RDR-1700B轻型合成孔径雷达（军用编号ZPY-4），可替换MQ-8B机颚转塔原本的光电传感器，大幅扩展海上监视能力。2016年以后又开始使用ZPY-4的改进型ZPY-4（V）1，拥有改进的追踪能力与侦测距离。

诺斯罗普·格鲁曼在2006年12月15日完成MQ-8B的首次试飞，并从2010年开始大量生产，美国海军在2004—2007财年陆续订购了9架试验评估用的初期型，从2009年10月开始正式作战部署。美国海军最终希望购买168架MQ-8B，低速率生产阶段的平均成本为1000~1500万，全速率生产后成本可望降到940万美元。

不过在开始初步部署运用后，美国海军又认为MQ-8B体型过小、任务能力不足，先是在2009年时将MQ-8B采购量从168架删减为121架，进而在2012年终止MQ-8B的生产，最终产量只有30架（另有23架的记载）。

与此同时，诺斯罗普·格鲁曼则与贝尔（Bell）直升机公司合作，于2010年5月宣布将自费投资发展基于贝尔407直升机的无人化版本，称作Fire-X。美国海军则于2012年4月正式授与诺斯罗普·格鲁曼这种无人型贝尔407的开发合约，并给予MQ-8C的编号。

MQ-8B的原型是起飞重量达1156千克（2550磅）的施韦泽（Schweize）333超轻型直升机，而MQ-8C的原型贝尔407则是起飞重量达2722千克（6000磅）的轻型直升机。借由采用体型更大的贝尔407作为原型，MQ-8C的性能比MQ-8B跃升了一个层次，发动机功率比MQ-8B提高三分之二，起飞重量提

升了一倍，相同负载下拥有两倍的滞空时间，换成同等滞空时间时则可有3倍负载能力，典型任务负载下可连续值勤10~12小时，巡航速度与升限也都明显超越MQ-8B，不过成本也较高，扣除研发成本后的平均单价预估为1800万美元。

凭借更强的搭载能力，MQ-8C拥有比MQ-8B更高档的设备，除了与MQ-8B相似的光电系统外，也能配备诺斯罗普·格鲁曼提供、具备合成孔径成像（SAR）与移动地面目标指示（GMTI）功能的ZPY-1星光（STARlite）战术雷达，以及先进精确猎杀武器系统的激光导引火箭或"地狱火"导弹，日后还能配备更多样化的任务设备。美国海军在2016年5月向李奥纳多-芬梅卡尼卡（Leonardo-Finmeccanica）公司采购了供MQ-8C使用的"鱼鹰"（Osprey）轻型主动电子扫描阵列（AESA）雷达，不仅侦测能力超过MQ-8B的ZPY-4雷达，还可让MQ-8C拥有担任预警机角色的潜力。

美国海军从2013年10月开始MQ-8C的试飞，2014年底完成首次海上起降测试，2005年5月与11月完成开发飞行测试与陆基作战评估，预定从2017年开始舰载作业测试，达到初始作战能力的时间暂定为2017年春季。

在2013年初提出的2014财年预算中，美国海军曾规划采购多达179架MQ-8C，不过后来在2014年提出的2015财年预算，则将采购目标调整为96架，加上之前的23架MQ-8B，一共有119架MQ-8系列无人直升机。美国海军目前已在2012—2014财年间采购了至少19架MQ-8C，接下来采购计划陷入停顿，直到2016年9月才又传出美国海军增购10架的消息，预计2019财年以后全面展开采购计划。

DDG-1000的大脑——"全舰计算机环境"

传统的舰载系统均由作战、动力/操舰、损管等几个独立次系统网络构成，而DDG-1000则将导入可全面整合各舰载次

对页图：MQ-8C将成为未来美国海军的舰载无人机主力。目前设定的采购量是96架。上为诺斯罗普·格鲁曼生产在线组装中的MQ-8C，下为停放在DDG-1000飞行甲板上的MQ-8C。

DDG-1000"朱姆沃尔特"级驱逐舰

TSCE核心系统结构图

TSCE核心 包含模块：
- 武器控制
- 指挥、控制与情报 (C²)
- 传感器和车辆控制
- 通信控制
- 集成（外部）
- 训练
- 任务准备
- Imagery
- SA
- IS3

外部接口/系统：
- AGS
- VLS
- CIGS
- 诱饵系统
- 签名
- CDL-N
- 卫星通信
- 无线电通讯
- CEP
- DBR
- IFF
- 数组
- 对策
- EOIR
- ES Suite

SHIP / C2 模块：
- 支持
- 通讯
- 人事
- 航空
- 感觉（感知）
- 传感器数据

全体人员 核心中的HCI

船舶控制：
- 船舶域控制 (SDC)
- 损害决策和评估 (DDA)

综合桥：
- 导航
- E-O监控
- IBS
- 导航雷达
- 导航雷达
- E-O监控

工程控制系统 (ECS)：
- 辅助系统组件
- 辅助控制系统 (ACS)
- 自动损环控制 (ADC)
- 综合电力系统控制 (IPS)
- 综合电力系统组件

（各接口标注 DAP / AAP）

系统网络的"全舰计算机环境"。

相较于过去的舰载系统，"全舰计算机环境"有两大特色。

（1）"全舰计算机环境"以一个单一的信息技术架构，统合了作战、轮机机电与损管等不同次系统，可为不同次系统提供一元化的管理。

（2）"全舰计算机环境"全面采用了商规技术与开放系统架构，各次系统组件均尽可能采用标准的商规产品，如IBM的服务器、思科（Cisco）的交换器与路由器等，美国海军与承包商可通过便利的商规管道，来为这套系统提供采购、支持与升级服务。

"全舰计算机环境"的基础架构

"全舰计算机环境"分为基础设施与应用程序两大部分。基础设施部分包括硬件、操作系统、资源管理；应用程序则包括公共服务与针对特定功能的应用软件。

"全舰计算机环境架构"提供了一个开放、虚拟化的计算机环境，所有运算资源都由"全舰计算机环境架构"统一提供与管理。"全舰计算机环境架构"由网络设备、计算机运算设备、储存设备、显示与操作设备等硬件以及核心通用基础软件组成。

"全舰计算机环境"的硬件设备

"全舰计算机环境"的硬件设备包含了以"电子模块舱"（Electronic Module Enclosure，EME）形式部署的运算、处理与储存单元，与用于连接与控制各次系统的"分布式自适应处理器"（Distributed Adaptation Processor，DAP）等两种基础组件。由电子模块舱内含的计算机服务器作为"全舰计算机环境"的硬件核心，各次系统则通过分布式自适应处理器来与"全舰计算机环境"连接，整个"全舰计算机环境"的各个单元之间借由以太网络（Ethernet）互连，以10Gb以太网络构

对页图：DDG-1000的"全舰计算机环境"架构图，红框内是操舰系统、损管系统与动力系统，框内的黄框则是负责"整合电力推进系统"、辅机与损管的机电控制系统，框之外则是作战系统。大多数舰艇的作战、动力/操舰、损管都是由各自独立的不同系统负责，而"全舰计算机环境"则将这几个不同领域的管理功能整合为一。不同次系统都是通过分布式自适应处理器的介接，来链接"全舰计算机环境"核心。

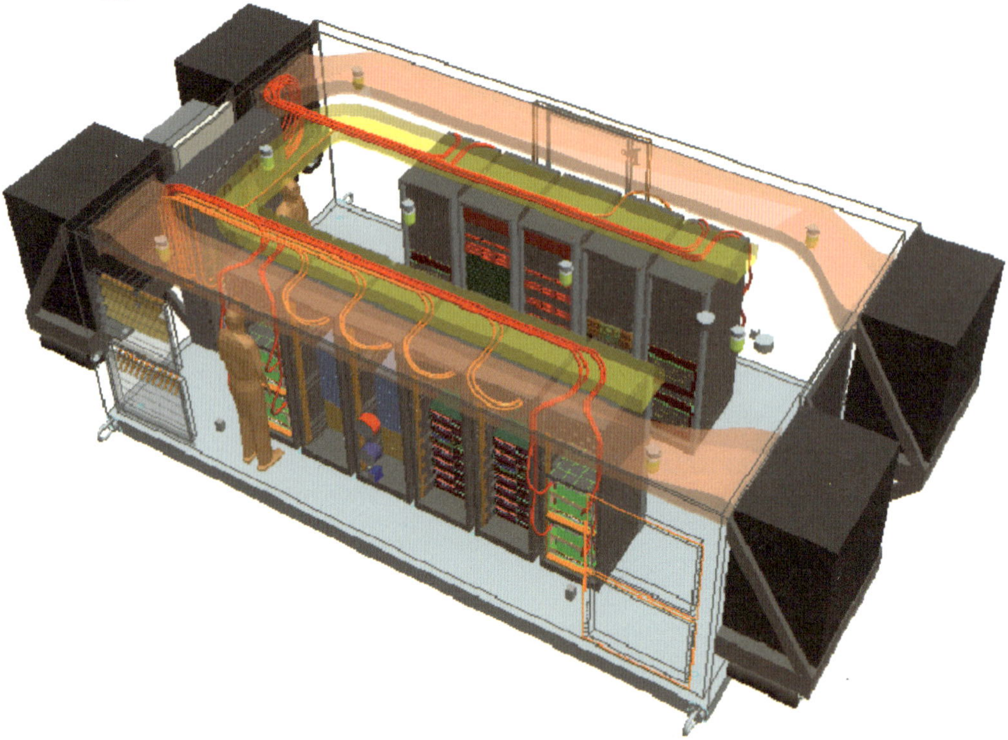

上图:DDG-1000的"全舰计算机环境"在计算机设备采用特别的货柜式概念,计算机设备被安装到235个机柜上,然后把这些机柜装入16个电子模块舱中,在工厂完成整个电子模块舱中所有计算机设备的安装与调试后,再安装到船体上,因而大幅节省了工时。电子模块舱中设有供电/冷却管路,与连接外部系统的电缆线。

成骨干,通过交换器与各次系统的1Gb以太网络桥接。

电子模块舱是"全舰计算机环境"引进的一种货柜式模块化计算机部署概念。过去军舰都是将计算机主机与相关设备直接安装在船体内特定舱室中,而"全舰计算机环境"则采用了货柜的概念,先把所需的所有计算机服务器设备安装到235个机柜(Cabinet)上,然后再把这235个机柜安装到16个电子模块舱的货柜单元中,平均每个电子模块舱内含有14~15个机柜。

电子模块舱货柜模块有4种不同尺寸,最大型的模块舱长35英尺、宽12英尺、高8英尺。每组电子模块舱均设有防震阻尼、供电与冷却管路、内部照明设备,以及连接舰上其余系统的总线缆线。在安装到舰艇上之前,可在工厂内完成所有计算机设备的安装与测试调整,搬运到船上后只要将电子模块舱接上电源与信号缆线即可,这就是所谓的"从工厂到船只"的概念。通过电子模块舱货柜模块,可免除在狭窄、又缺乏必要支持设备的舰艇舱室中进行麻烦的计算机设备安装调试工作,大幅减少工时,还有利于日后对计算机设备的维护与更新升级。

16组电子模块舱分散安置在船体底部的3个数据室中,电子模块舱货柜模块中使用的计算机服务器单元,目前使用的是运行红帽(red hat)Linux操作系统的IBM刀锋服务器(blade sever)。

至于分布式自适应处理器,则是作为各次系统的任务计算机与"全舰计算机环境"核心之间的连接中介单元。雷达、"先进火炮系统"、垂直发射系统、声呐、雷达与电战诱饵等次系统本身的嵌入式计算机单元,都是通过分布式自适应处理器的桥接,然后经由局域网络连接"全舰计算机环境"核心。

"全舰计算机环境"主承包商雷神公司2007年7月宣布选择GE Fanuc嵌入系统公司的PPC7A、PPC-7D单板计算机(single-board computers),以及PMDC 3多功能PCI夹层

下图:"全舰计算机环境"的电子模块舱的外观,是一种加固的货柜模块。

总线（PCI Mezzanine Bus）扩充卡，来满足"全舰计算机环境"的DAP硬件与作业平台需求。PPC7A、PPC-7D均采用Freescale MPC74xx系列PowerPC处理器，以及LynxOS 4.0/4.2版实时操作系统（RTOS），而PMDC扩充卡则可为分布式自适应处理器提供额外的GbE网络端口。

"全舰计算机环境"的网络采用核心—边际两层式架构，由3台10GbE核心交换器构成骨干网络，搭配20多台GbE边际交换器组成。每台边际交换器都分别与3台核心交换器交错相连，可提供具备失效自动切换的连接能力。

整体来说，除了利用电子模块舱货柜模块以加固方式部署在舰艇上以外，"全舰计算机环境"的硬件架构与一般的企业数据中心没什么不同，不过由于开发时间启动得相当早，对于日新月异的计算机技术来说，"全舰计算机环境"的硬件已经

下图："全舰计算机环境"的基础架构。从最底层的硬件，到操作系统与中间件（Middleware）软件，都是采用商规现成组件，直到上层应用程序才是专门针对DDG-1000任务系统功能而开发。整个"全舰计算机环境"系统软件包含800万行新开发程序代码，并沿用了其他系统既有的2000万行程序代码。

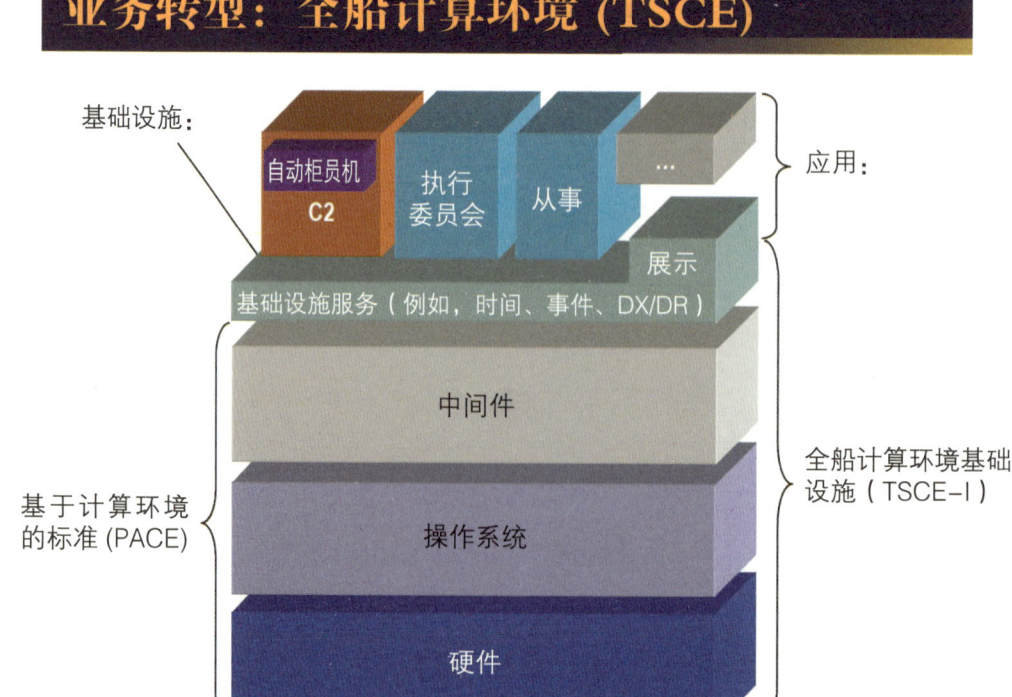

算是相当老旧的规格，待DDG-1000服役时或许会有所升级。

"全舰计算机环境"的系统软件

"全舰计算机环境"的架构规划与核心系统软件开发，都是由DDG-1000主要系统整合商雷神公司负责，并由次承包商洛克希德·马丁公司协助。"全舰计算机环境"系统软件本身包含了超过800万行程序代码，另外还沿用了2000万行源自其他系统的程序代码模块［如宙斯盾系统、SPQ-89与导航传感器系统接口（Navigation Sensor System Interface，NAVSSI）等］，并含有商用操作系统软件、数据库与Middleware软件[1]。

"全舰计算机环境"系统软件的开发已累积了6个版本（Release），每个新版本逐渐增加了新功能、并改进了任务执行能力与可用性，例如Release 3版整合了舰艇自卫系统Mk 2（SSDS Mk 2）功能，Release 4版整合了新的基础设施，包括运行红帽Linux操作系统的IBM刀锋服务器，并将RTI的数据分布式服务（Data Distribution Service，DDS）引进"全舰计算机环境"软件架构。到了2010年9月时，当时的Release 5版"全舰计算机环境"软件通过TRL等级6的技术成熟度认证，已经拥有大多数战斗系统功能，包括水面战、水下作战、信息战与通用海军作战功能，以及改进型"海麻雀"导弹相关支持功能，可用于搭配模拟实际系统的原型，进行更完整的整合测试。

雷神公司在2011年完成了"全舰计算机环境" Release 5版软件开发，并交付给美国海军整合武器系统办公室（PEO IWS）用于陆地测试。接下来的Release 6版软件是最终版本，重点在于整合机电控制功能，应于2013年1月以前交付，不过直到整个战

---

[1] 与商用操作系统软件相比，"全舰计算机环境"软件的规模其实不大，与Windows 3.1相当，相较下，Windows XP就拥有4000万行程序代码的规模，MacOS 10.4则有8600万行程序代码。

斗系统于2015年完整备妥之前，DDG-1000仍不具备作战能力。

舰艇任务中心

配合"全舰计算机环境"的概念，DDG-1000也以舰艇任务中心（Ship Mission Center，SMC）取代先前舰艇的战情中心，以便为作战、动力/电机、损管等任务提供一元化的管理，而原来的战情中心的重点在于作战任务。

DDG-1000的舰艇任务中心设于上层结构内部底层，拥有依据人体工学的照明设计，另外还考虑到高阶指挥官的需求采用了双层甲板设计，除了一般操作区间外，还设置了一层加高的指挥区间，便于全面掌握整个舰艇任务中心的情况。

在舰艇任务中心内，操作人员是通过新型的通用显示系统（Common Display System，CDS）控制台，来存取"全舰计算机环境"的功能。通用显示系统由通用动力任务系统部门

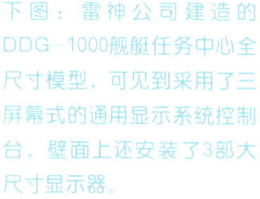

下图：雷神公司建造的DDG-1000舰艇任务中心全尺寸模型，可见到采用了三屏幕式的通用显示系统控制台，壁面上还安装了3部大尺寸显示器。

上图：DDG-1000舰艇任务中心的基本部署形式，可见到舱室中设置了三屏幕式的通用显示系统控制台，并采用两层式设计，除了一般操作区间外，舰艇任务中心后部还有一层加高的指挥区间，供高阶指挥官使用。

与DRS等厂商承制，是一种拥有3个大尺寸液晶（LCD）显示器的工作站，加固的工作站机箱内含有一组英特尔（Intel）四处理器主机版，负责驱动整个工作站的运作，并通过6组GbE网络端口连接"全舰计算机环境"的局域网络。通用显示系统工作站可使用内含的触控面板操作，还提供了USB端口，允许操作人员外接自身惯用的输入接口装置，例如键盘与轨迹球等，整座通用显示系统符合美国海军MIL-S-901D等级A抗震测试规范。

通用显示系统运行着Lynx公司提供的LynxSecure虚拟化作业平台（Hypersivor），以虚拟化的形式来存取"全舰计算机环境"的资源。LynxSecure是一种符合当前最高EAL-7安全等级的操作系统软件，能以不同的保密等级同时部署与运行多台Linux虚拟机（Virtual Machine，VM），进而通过这些虚拟机去存取与执行"全舰计算机环境"不同的功能。

如名称所示，DDG-1000使用的通用显示系统控制台，通过软件功能的切换，便能执行"全舰计算机环境"各式各样的

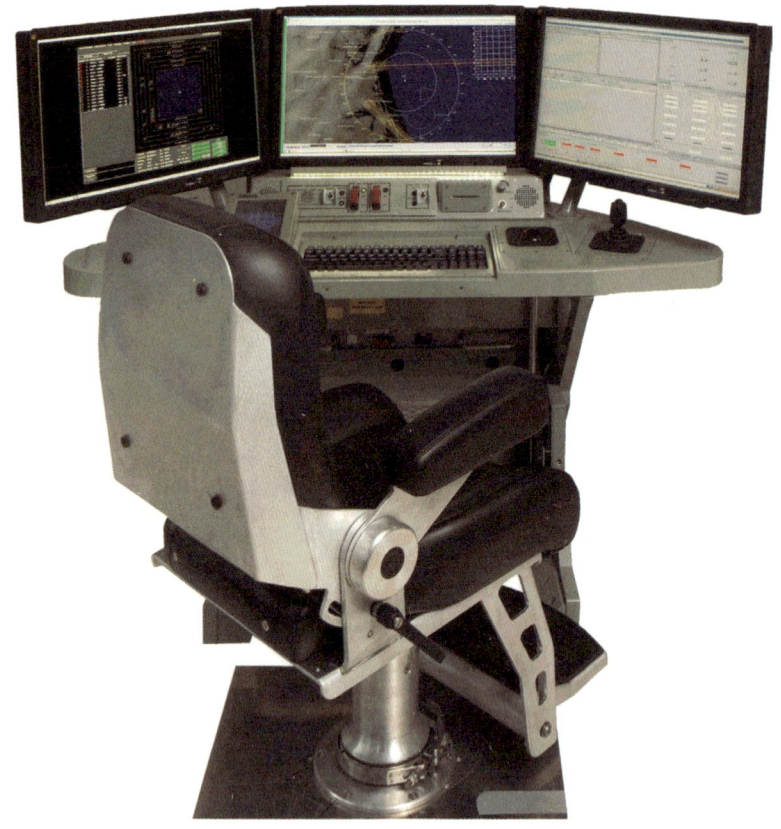

右图：DDG-1000舰艇任务中心采用新式的通用显示控制台，每座显示控制台都拥有3具大尺寸屏幕。

功能。理论上，只要有足够权限，操作人员能从舰艇任务中心内的任何一座通用显示系统控制台，切换执行"全舰计算机环境"的任何功能，如指挥管制、侦测、导航、武器、机电系统的运转与损管等；而所有通用显示系统控制台也不再是传统的单一用途显控台，可视需要切换执行的任务，大幅提高了系统弹性与抗损的冗余能力，也能显著降低人力需求与换装新设备的成本。不像过去的舰艇，侦测、指挥管制、武器射控、机电与损管等都由各有专用显示控制台负责，彼此之间仅具备有限或完全没有互交换功能的弹性与备援能力。

这种弹性作业能力也简化了DDG-1000的指挥管制舱室配置与人力需求，无须设置专门的无线电室或火炮控制站，可统

DDG-1000的机电控制系统与自动火灾抑制系统

在DDG-1000的"全舰计算机环境"系统下,负责机电动力控制与损管的机电控制系统(Engineering Control System, ECS)是最大的一个次系统,由整合动力控制系统、自动损管系统与辅机控制系统等3部分组成,可提供自动化的动力/电力与辅机监控与控制与自动化的损管监控与辅助决策功能。

机电控制系统采用分布式实时控制系统架构,通过网络分布式控制单元(Distributed Control Units, DCU)和远程终端单元(Remote Terminal Units, RTU),来连接全舰机电设备,用于监视和控制各个传感器、驱动机构、接触器、动力与电力设备的运作。每艘DDG-1000设

下图:DDG-1000的机电控制系统架构。机电控制系统是"全舰计算机环境"下的一个次系统,包含整合动力控制系统、自动损管系统与辅机控制系统等3部分,可提供自动化的动力/电力与辅机监控与控制,与自动化的损管监控与辅助决策功能。

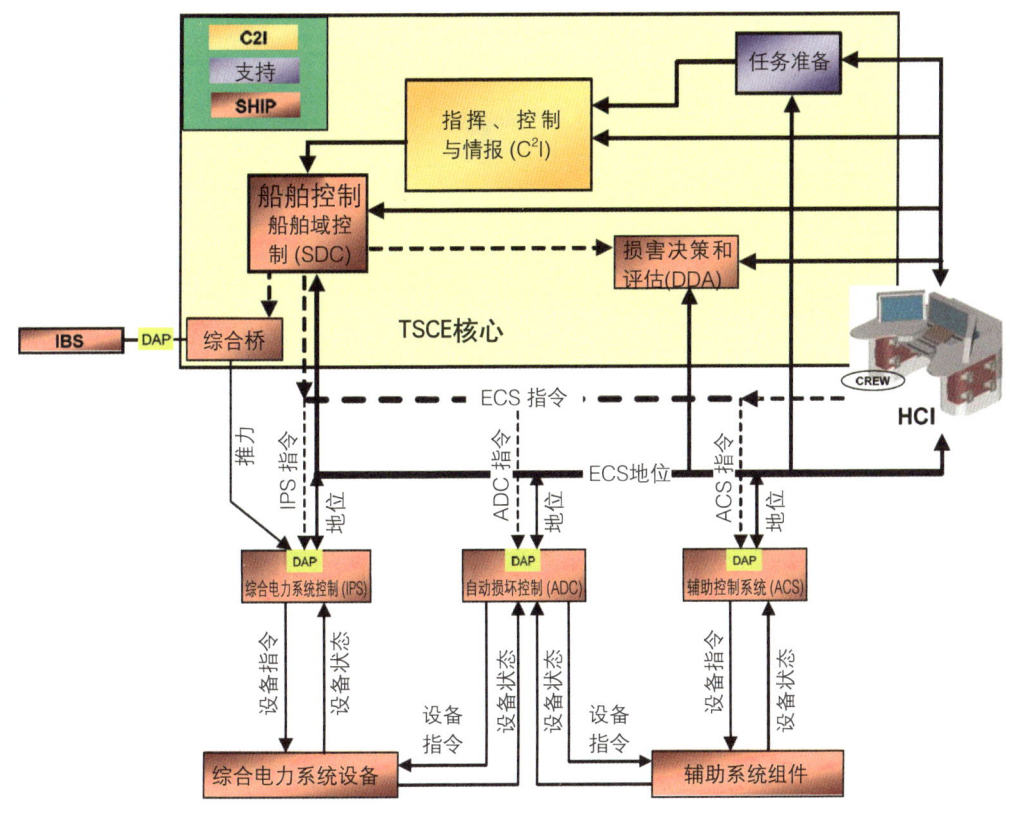

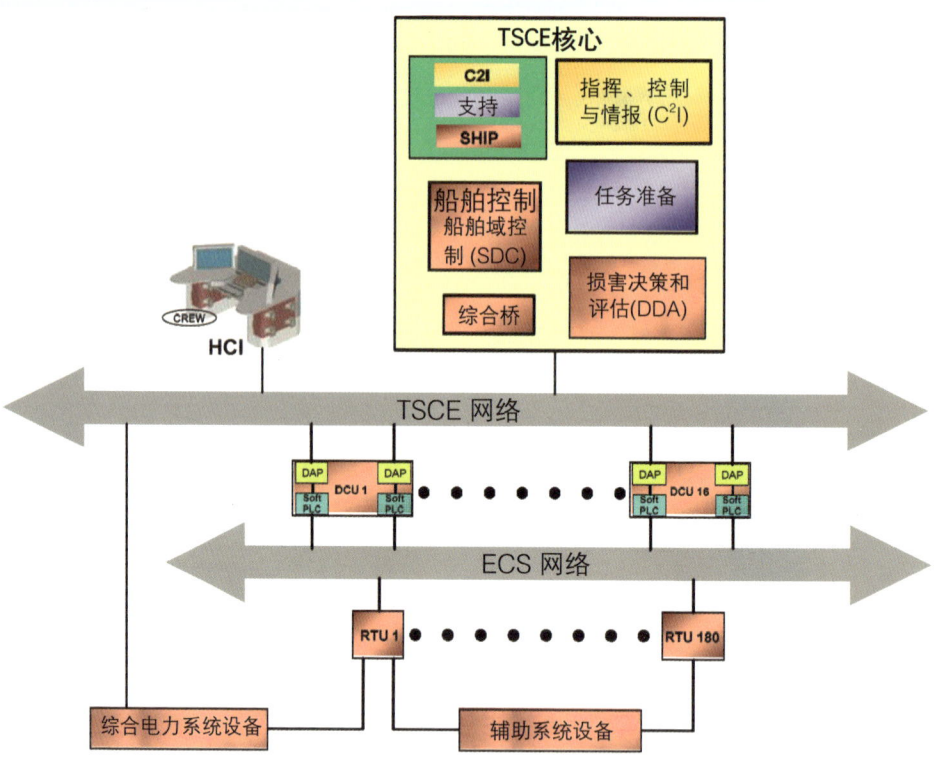

上图:机电控制系统可通过分散在全舰的180组远程终端单元,收集与传输所有机电系统的信息,然后通过16组分布式控制单元连接"全舰计算机环境"网络,整合到"全舰计算机环境"核心中。

有16组分布式控制单元与180组远程终端单元,远程终端单元分散安装于全舰各处,连接各处的机电设备,远程终端单元构成独立的机电控制系统网络,可用于搜集与传递所有机电设备的状态消息,然后通过分布式控制单元内含的分布式自适应处理器连接"全舰计算机环境"网络,并与"全舰计算机环境"核心系统连接,让DDG-1000操作人员通过"全舰计算机环境"与机电控制系统的中介直接管理机电系统。

以机电控制系统的全舰自动化机电监控管理功能为基础,DDG-1000还引进了自动火灾抑制系统(Automatic Fire Suppression System,AFSS)。

消防损管是军舰上耗费大量人力的工作,但DDG-1000却受到严苛的人力限制,为了兼顾节省人力与提高损管作业的需求,DDG-1000

引进了结合智能阀、灵活软管、喷嘴、摄像机、传感器和机器人自动化技术构成的自动火灾抑制系统,在机电控制系统的自动监控管理能力基础上,通过自动火灾抑制系统的自动化机械设备来执行消防作业,借此降低损管作业的人力需求,并提高损管作业速度。DDG—1000乘员编制人数比"伯克"级少一半,也能有效应对消防损管任务需求。

上图:DDG—1000的自动火灾抑制系统,可通过自动化损管监控与消防机械人装置,提供有效率的消防损管作业,降低损管人力需求。

一由通用显示系统控制台来执行这些功能。

除了舰艇任务中心配备有通用显示系统控制台之外，DDG-1000舰桥上的指挥官（commanding officer）与执行官（executive officer）座位也配备有通用显示系统控制台。当舰艇任务中心受损时，可由舰桥的通用显示系统控制台接替功能。

通信与电子战系统

若说"全舰计算机环境"是DDG-1000的大脑，那么通信与电战系统便是DDG-1000作战时的神经网络。

DDG-1000的通信系统与美国海军现役第一线军舰大致相同，依试验用的"整合复合材料上层建筑与孔径"结构模型显示，DDG-1000将会有Ku/Ka、特高频（UHF）、极高频（EHF）波段的卫星通信天线阵列，以及"协同接战能力"天线。

Ku/Ka波段天线是用于全球广播服务（Global Broadcast Service，GBS）。特高频天线功能则与现役的OE-82/WSC-3相同，只是从碟型换为平板阵列。极高频天线也是现役USC-38的平板天线版本。"协同接战能力"天线为C波段天线阵

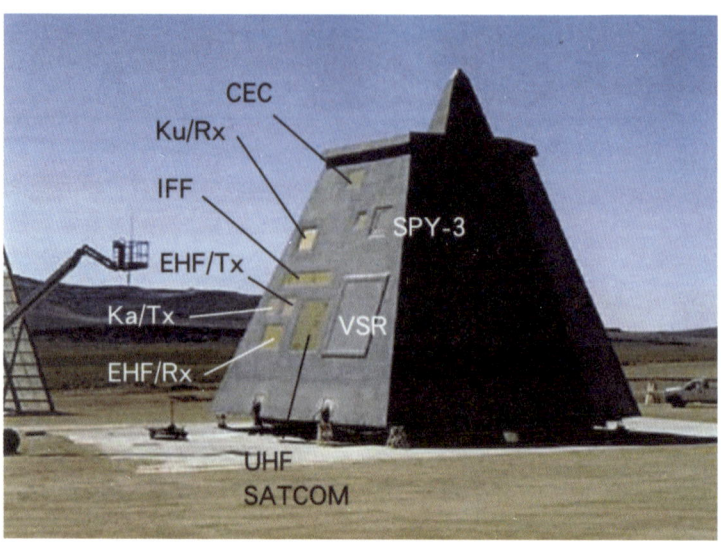

右图：DDG-1000"整合复合材料上层建筑与孔径"结构模型显示的雷达与通信系统天线位置。

列。至于其他标准舰载通信系统（如Link 11、Link 16、控制无人机用的战术通用数据链，以及搭配MH-60R直升机传输声呐数据的数据链，以及标准的高频（HF）与特高频通信系统等）也都一应俱全。

至于在电子战系统方面，DDG-1000在舰桥下方与舰艉直升机甲板两侧均布置有施放雷达干扰丝/热焰弹用的舷外干扰系统发射器，也会装备美军一线舰艇都有的MK 53 Nulka主动式消耗性反制诱饵（Active Expendable Decoy，AED）。

而在电子支持措施与电子反制措施的系统方面，原本在"21世纪驱逐舰/新世代驱逐舰"时期，美国海军均打算为这一级舰艇装备20世纪90年代中期开始研发的"先进整合电战系统"（Advanced Integrated Electronic Warfare System，AIEWS），即SLY-2，预计发展成集电子支持、电子反制、红外线搜索与追踪与红外线干扰于一体的全功能电子战系统。但因技术与经费上的困难，美国海军在2002年5月取消了SLY-2/AIEWS，改为在"水面舰电战系统改进计划"（Surface Electronic Warfare Improvement Program，SEWIP）下继续改进SLQ-32系列。

至于应用在DDG-1000上的电子战系统，美国海军迄今仍未公布详细规格，从目前的信息看来，可能是诺斯罗普·格鲁曼的"多功能电战系统"（Multi-Function Electronic Warfare，MFEW）的延伸发展形式。

"多功能电战系统"起源于2004年美国海军研究办公室（ONR）的DDG-1000计划与水面舰电战系统改进计划之间的技术转移协议（Technology Transition Agreement），目的是通过先进发展模型（Advanced Development Model，ADM）方式，开发与验证一种具备高信号截获能力、精确测向能力、信号源识别能力与其他射频（RF）功能，可在高密度电磁环境下应对威胁迅速反应，采用开放模块化与可调尺寸架构的新式电战系统，可应用既有系统（如SLQ-32）和新平台

折中的DDG-1000通信天线新配置

依照原先的规划，DDG-1000绝大多数电子系统天线（包括雷达、通信、敌我识别与电战系统在内），都会以平板形式嵌在整合复合材料上层建筑与孔径上层结构壁面，并覆盖由频率选择表面制成的天线罩，以维持整个上层结构的低雷达信号特性，另一部分天线（导航雷达与通信系统）则置于上层结构前端、具备低雷达截面积设计的六角锥型多功能船桅系统中，从而将天线对雷达截面积带来的负面影响降到最低。

不过为了控制技术风险与成本，在最终的DDG-1000设计中，许多通信系统天线并未采用平板阵列形式，而改回使用传统天线。依照《美国海军新闻》在2016年3月的报道，美国海军表示，基于降低成本与重量的考虑，DDG-1000多数通信系统天线都将采用外置式，而非整合在"整合复合材料上层建筑与孔径"内的平板阵列形式。

举例来说，DDG-1000将在上层结构顶部前端增设一组小型桅杆，

下图：较早期的DDG-1000想象图，可见到绝大多数电子系统天线都以平板方式嵌在"整合复合材料上层建筑与孔径"结构壁面上，维持了整个上层结构光滑的低雷达截面积构型。上层结构前端顶部有一个低雷达截面积六角锥体，用于容纳导航雷达与甚高频/特高频通信系统天线。

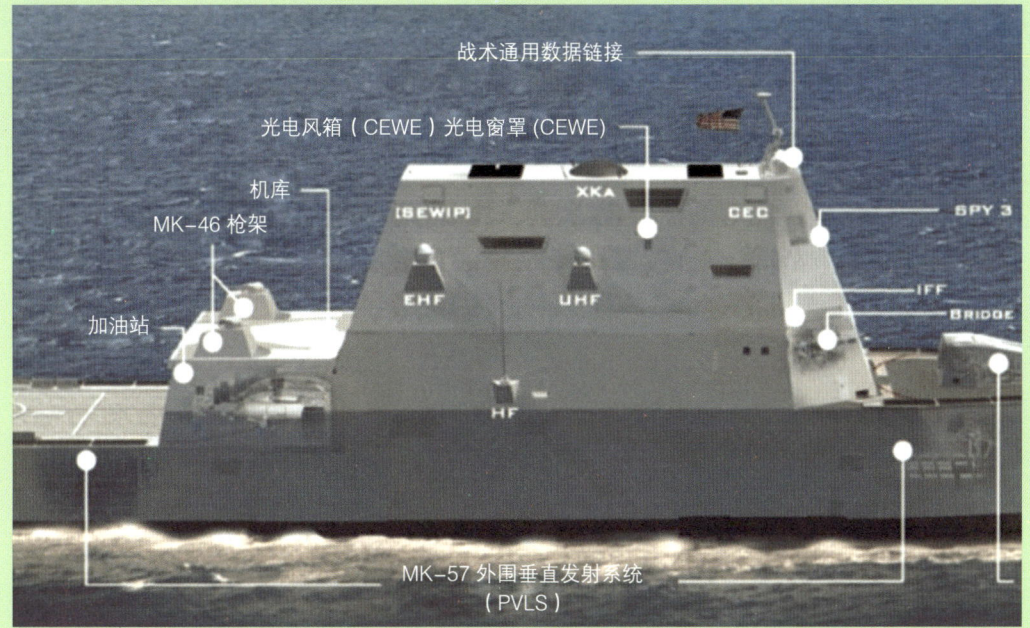

取代先前设计中的多功能船桅系统低雷达截面积桅塔,并将特高频、甚高频(VHF)、战术通用数据链与测风传感器都安置在这组新桅杆上,导航雷达天线也是直接安置在上层结构顶部前端,另外特高频、极高频等卫星通信天线均是采用外覆球型天线罩的传统抛物面天线。高频天线亦为传统鞭形天线,安置在DDG-1000上层结构两侧突出的平台上。

美国海军曾委托哈里斯(Harris)公司为DDG-1000发展一种相位阵列形式的通用数据链(Common Data Link)X/Ka波段卫星通信天线,这种多频段电子扫描天线可同时应对8套后端终端机的连接存取需求,不过在后来的发展中,X/Ka波段天线还是改回使用抛物面形式。实际以平板阵列方式嵌在"整合复合材料上层建筑与孔径"结构壁面的天线,只有SPY-3雷达、协同接战能力/敌我识别系统与多功能电子战系统。

采用外部配置天线的做法,无可避免地将会显著增加DDG-1000雷达信号,但美国海军表示,改用新天线配置后,DDG-1000还是能达到雷达截面积方面的关键性能参数(Key Performance Parameters,KPP)指标门槛。

上图:新公布的DDG-1000雷达电子天线配置。对照早期的效果图可发现,极高频与特高频卫星通信天线都改用外覆球形天线罩的传统形式,高频天线也改用传统的鞭形天线。X/Xa天线也是传统抛物面形式,置于上层结构顶部中央的半球形整流罩内。上层结构前端顶部增设一座用于安装甚高频/特高频天线与导航雷达的小型桅杆,只剩下SPY-3雷达与敌我识别系统天线仍采用嵌在上层结构壁面的平板天线。新的天线配置会造成雷达截面积的增加,但还在美国海军容许范围内。

本页图：DDG-1000的"整合复合材料上层建筑与孔径"结构的工程测试模型，壁面上开有各式雷达、通信电子的天线孔径位置，依照早先规划，这些系统的天线会以平板形式嵌在"整合复合材料上层建筑与孔径"壁面上，并覆盖频率选择表面制成的天线罩，防止特定波段以外的电磁波穿透。上层结构前方顶部的六角锥体是贝尔航天提供的多功能船桅系统，用于容纳甚高频、特高频与L波段视线（LOS）通信系统与导航雷达的天线，这些天线被包覆在一个低可观测性的外罩中。

X/Ka天线罩　　　　EHT天线

上图：为了控制成本与风险，DDG-1000大多数通信天线最后还是采用了传统形式，上图由左到右分别为X/Ka天线、极高频天线，以及安置在半球形与球形整流罩内的X/Ka（镜头前）与极高频天线（镜头后）。

上图与右图：DDG-1000目前只有SPY-3雷达、协同接战能力、敌我识别系统与多功能电战系统天线，仍以平板方式嵌在"整合复合材料上层建筑与孔径"结构壁面上。上图左为敌我识别系统天线，右为SPY-3天线。

（如DDG-1000）。

"多功能电战系统"的先进开发模型由诺斯罗普·格鲁曼承包开发，在2008年完成了初步验证，发展了一种平板式的多单元宽带干涉仪天线，以及完全基于商规组件的信号处理与测试设备。

后来"多功能电战系统"又被纳入为2009年开始的"整合上层结构侧壁"（Integrated Topside，InTop）计划一部分。"整合上层结构侧壁"计划同样是由美国海军研究办公室发起，聚焦在整合上层结构侧壁天线孔径技术，利用嵌在上层结构壁面上的平板式多功能射频天线，整合原本各自独立的雷达/通信/电战系统天线功能，从而达到简化天线配置、改善舰艇反雷达剖面（即降低雷达截面积）、增加通信带宽与解决不同装置间电磁干扰问题等目的。美国海军研究办公室于2010年9月选择诺斯罗普·格鲁曼为"整合上层结构侧壁"研究计划承包商，并于2011年11月与诺斯罗普·格鲁曼签订"整合上层结构侧壁"的后续与附加研究合约，以便帮助拟定"水面舰电战系统改进计划"Block 3的基本规格需求。

所以DDG-1000的电战系统，是同时结合了"多功能电战系统""整合上层结构侧壁"与"水面舰电战系统改进计划"的发展成果而成。

对页图：诺斯罗普·格鲁曼发展的多功能电战系统先进开发模型，采用单一的平板式宽带多单元干涉仪天线。上为多功能电战系统的天线外形，下为嵌在天线后方的内部组件。

第3部
壮志未酬的新世代舰艇计划

★★★★★

7

争议中前进的 DDG-1000计划
"朱姆沃尔特"级的发展与建造

自1996年重启"21世纪驱逐舰"计划以来，历经2001年"新世代驱逐舰"计划的变故，DDG-1000驱逐舰终于在2008年得以进入建造阶段。

艰难中启航

在"21世纪驱逐舰"计划时代至"新世代驱逐舰"计划初期，美国海军设定的新驱逐舰建造数量都是32艘，但面对不断攀升的费用，为求压低整个计划的总成本，先削减到24艘、后又削减到12艘，待2005年通过系统设计（System Design）的关键设计审查、开始细部设计（Detail Design）阶段时已减为8艘。

稍后美国海军在2005年底时曾一度将建造数量增加到10艘，并在2006年4月7日为"新世代驱逐舰"首舰赋予了DDG-1000的正式编号，仍沿用原先在

上图：美国海军海上系统司令部在2008年2月14日与通用集团巴斯钢铁厂及诺斯罗普·格鲁曼-英格尔斯工业集团签订了头两艘DDG-1000的舰造合约，左为海上系统司令部主管塔马科（Susan Tomaiko）女士，右为通用集团巴斯钢铁厂的DDG-1000计划管理副主席雷斯科（Dirk Lesko）。

"21世纪驱逐舰"时代的命名，以前任海军作战部长朱姆沃尔特命名。

为了应付日趋困难的预算，但整体造舰成本却又不断上涨的困境，美国海军很快又再次更动采购计划，在2006年底与国防部达成妥协，暂定先造7艘，并将前两艘改为试验舰，后续5艘建造与否则视前两艘的建造与运用情形而定。

美国海军海上系统司令部在2008年2月14日分别与通用集团巴斯钢铁厂及诺斯罗普·格鲁曼-英格尔斯船厂签订了价值13.95亿美元与14.02亿美元的"朱姆沃尔特"级DDG-1000与DDG-1001建造合约，定于2013年6月与2014年7月交舰。

在此之前，美国海军已在2005—2007财年获得建造前两艘DDG-1000所需的35.67亿美元资金，在2008财年还将获得剩余的28亿美元。

在2007年9月24日，美国海军向雷神公司与BAE系统公司

/ 争议中前进的DDG-1000计划"朱姆沃尔特"级的发展与建造

上图：在DDG-1000合约签订现场展出的DDG-1000模型。

订购了价值9.94亿美元的任务系统设备（包括双波段雷达、"先进火炮系统"、光电系统、通信装备与水下作战系统等），准备用来搭配前两艘DDG-1000。

但除了已实际得到的建造经费，并完成建造合约签订的头两艘外，DDG-1000后续舰的经费状况相当不乐观。

"朱姆沃尔特"级的设计与建造

DDG-1000的船体设计被分为4大区域，由诺斯罗普·格鲁曼舰船系统与通用集团巴斯钢铁厂分别负责细部设计作业，诺斯罗普·格鲁曼－英格尔斯船厂分到上层结构与船体中段的区域2、4细部设计，通用集团巴斯钢铁厂则分到船艏与船艉的区域1、3细部设计工作。

建造工作也是采用分段的方式，由诺斯罗普·格鲁曼－英格尔斯船厂与巴斯钢铁厂船厂共同承包，整个船体结构分为31

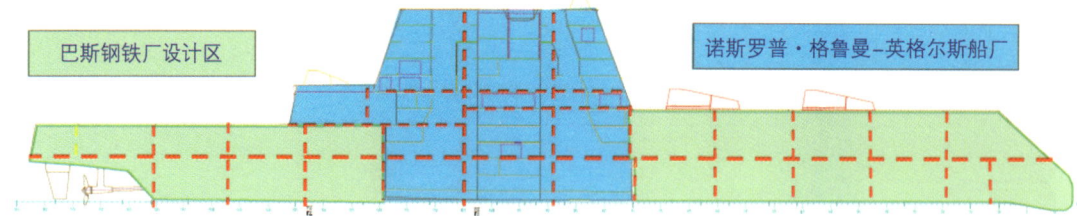

上图:诺斯罗普·格鲁曼-英格尔斯船厂与通用集团巴斯钢铁厂负责的DDG-1000船体设计范围区分。DDG-1000的细部设计是由当初领导"新世代驱逐舰"竞标金队的诺斯罗普·格鲁曼-英格尔斯船厂,与竞争对手蓝队巴斯钢铁厂船厂共同负责,诺斯罗普·格鲁曼-英格尔斯船厂负责上层结构与中段船体。

个大区块(Grand Block),含29个钢结构区块与两个复合材料区块,而这些大区块又是由93个结构组件所构成(86个钢结构组件与5个复合材料组件),其中上层结构、直升机机库与舷侧垂直发射系统部分的区块由诺斯罗普·格鲁曼-英格尔斯船厂承造,其余船体部分则由巴斯钢铁厂船厂建造。两家船厂完成各自承造的区块分段后,再各自执行1、2号舰的船体最终整体组装。

在2008年签订首两舰建造合约时,DDG-1000几个关键次系统进入了设计发展后期阶段,陆续开始实际的建造工作。

"整合电力推进系统":2007年底通过生产就绪审查(PRR),获准展开实际建造工作,正在建造量产单元,定于2009财年第2季交付。

"先进火炮系统":2007财年第2季通过生产就绪审查,正在建造量产单元,定于2010财年第2季交付。

双波段雷达:其中多功能雷达已于2006财年进行了海上测试,体积搜索雷达也从2006年底开始陆地测试。整组双波段雷达于2007财年第2季通过生产就绪审查,预定2010财年第2季交付。

"全舰计算机环境":刚通过预备设计审查(PDR)的第5版系统软件,预定于2010财年第2季正式发布,在2011财年将发布第6版系统软件。

船体设计:已在2006财年底开始细部设计,预定在2008财年第3季完成全系统生产就绪审查,并于2009财年第2季通过船体生产就绪审查。

至于在建造规划方面,在已通过预算的头两艘中,原定由

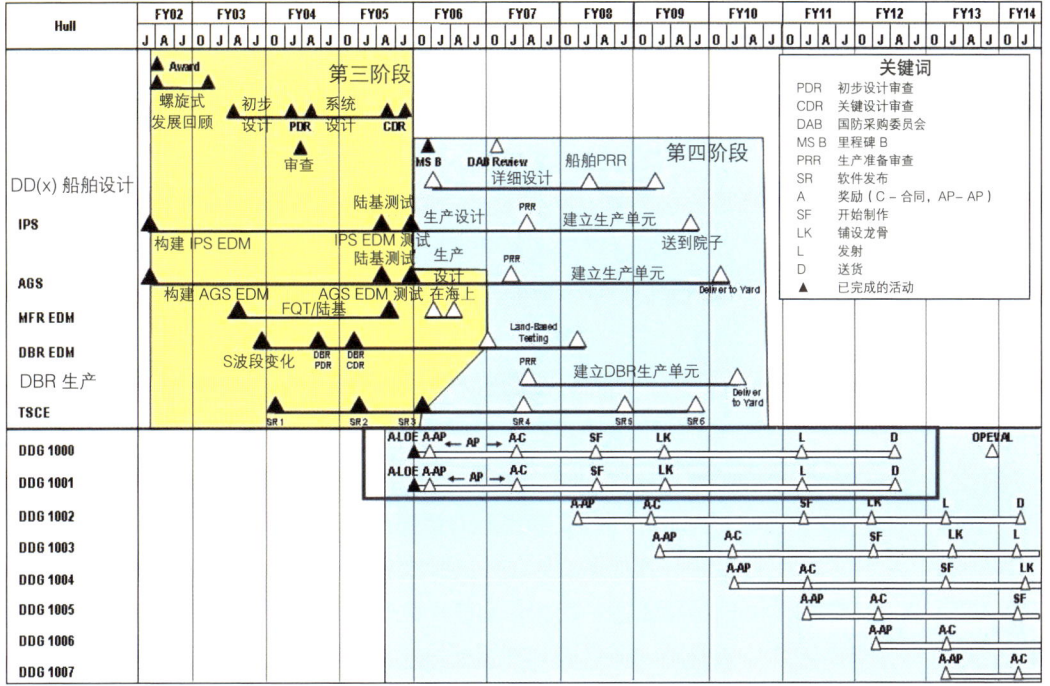

上图：2006年时的DDG-1000建造规划，这时候设定的建造数量已减为8艘。1、2号舰预定于2009财年开工，2012财年交付服役。后续3、4、5号舰则定于2012财年、2013财年与2014年开工。但随着整个DDG-1000计划在2008~2009年进一步裁减为只建造2艘，最后定案为建造3艘，整个建造时程规划延后了4~5年。

诺斯罗普·格鲁曼-英格尔斯船厂负责建造第1艘，巴斯钢铁厂负责第2艘。但后来美国海军考虑到巴斯钢铁厂既有的海军订单即将结束，而诺斯罗普·格鲁曼-英格尔斯船厂手上仍有大量订单，为维持巴斯钢铁厂的建造能量，于是在2007年9月25日宣布将首舰建造合约转给巴斯钢铁厂，而诺斯罗普·格鲁曼-英格尔斯船厂则改为承造第2艘。

从另一方面来看，诺斯罗普·格鲁曼-英格尔斯船厂在2005年8月底因卡特里娜飓风导致的船厂设施损害至今仍未完全恢复，造舰能量尚未回复到高峰期，且仍有许多既有订单尚未完成，如果仍依原计划由诺斯罗普·格鲁曼-英格尔斯船厂负责建造DDG-1000首舰，恐将造成工程延误，改将首舰订单转给巴斯钢铁厂确实是较好的做法。

阴影下的计划前景

签订建造合约后,并不意味DDG-1000计划自此便步上坦途。

不断高涨的费用是DDG-1000最大的敌人。

压缩建造规模虽然能降低计划总成本,然而建造数量愈少,则摊付研发成本后的平均单价便愈贵。当建造总数降为7艘后,美国海军估算的DDG-1000总费用为182亿美元,平均每艘26亿美元,最贵的头两艘分别需要33亿美元,但预期从第5艘起,造价能降到23亿美元。

然而依美国海军当前造舰计划的执行状况来看,控制成本的希望几乎注定不会实现。当时美国海军7个执行中的造舰计划,全部都有追加预算的情况,成本控制做得最糟的濒海战斗舰甚至追加了128%的金额,即使像"伯克"级这种极为成熟、已持续建造了近20年的舰种,最新的一批都还是有3%的费用追加状况(原先编列预算时就已考虑到日后的通货膨胀,但实际执行时还是超出预算上限),而DDG-1000的技术革命性与复杂度还高于濒海战斗舰,预算控制的前景恐怕十分堪虑。

事实上,依据国防部长办公室(OSD)在2007年10月1日

美国海军2008年执行中的各项造舰计划经费状态(单位:亿美元)

舰名	原始预算额度	调整后预算*	追加金额	变动率
CVN-77	49.75	58.22	8.47	+17%
DDG-100~112	143.09	146.79	3.70	+3%
LCS-1/LCS-2	4.72	10.75	6.03	+128%
LHD-8	18.93	21.96	3.03	+16%
LPD-18~23	61.94	77.42	15.48	+25%
SSN-775~783	207.44	216.78	9.34	+5%
T-AKE-1~9	33.54	33.86	0.32	+1%

*2008财年以后。

所作的费用修正估算报告显示,头两艘DDG-1000的总开销已经上涨到72亿美元,比美国海军原先的估计高出13%,全部7艘所需经费则达271亿美元,平均每艘需要38.7亿美元,也比海军原先的估算高出47%。而寿命周期费用更达到"伯克"级的两倍(40亿美元),海军原先提出的比"伯克"级节省30%操作费用的期望,显然无法达成。而国会预算办公室在2007年6月所作的估计还要悲观,认为头两艘DDG-1000的单位成本会进一步上涨到惊人的48亿美元,后5艘的单位成本会攀升到35亿美元。

"21世纪驱逐舰/新世代驱逐舰"量产费用变化
(单位:美元)

年度/评估报告名称	单位成本①
1996年"21世纪驱逐舰"计划	10.6亿(理想目标)
	12.3亿(起点目标)
2004年未来年度国防计划	14亿
2005年海军估计	20~24亿②
2005年CBO估计	34亿
2007年CBO估计	35亿

注:①以第5艘起的生产费用为基准。
②数字不同是基于"新世代防空巡洋舰"起始建造年份的估计不同所致,"新世代防空巡洋舰"采用与"新世代驱逐舰"相同的船壳与动力系统,许多次系统也能共享,因此"新世代防空巡洋舰"愈早开工能为"新世代驱逐舰"省更多钱。
CBO:国会预算办公室。

因此当时便有许多人士预测,DDG-1000不但无法完成建造7艘的计划,甚至还可能在建造完前两艘后就遭到中止。这种悲观的看法并非危言耸听。尽管海军作战部长罗海德(Gary Roughead)一再向国会要求不要更动既定的造舰规划,以确保海军的313艘舰队计划的完成。但美国国会仍在2008年向海军提出修订长程造舰计划的要求,众议院武装部队委员会海上力量次委员会主席泰勒(Gene Taylor)于2008年5月8日正式提出删除第3艘DDG-1000预算的提案,以将经费转用到订购额外1艘"圣安东尼奥"级两栖船坞运输舰与两艘油弹补给舰(T-AKE)上面,让DDG-1000的未来蒙上一层阴影。

即使如此,美国海军在DDG-1000上的努力也不至于完全白费,无论是设计概念还是各项为DDG-1000开发的新技术、新装备,均可以为日后的"新世代防空巡洋舰"等其他新舰艇采用。

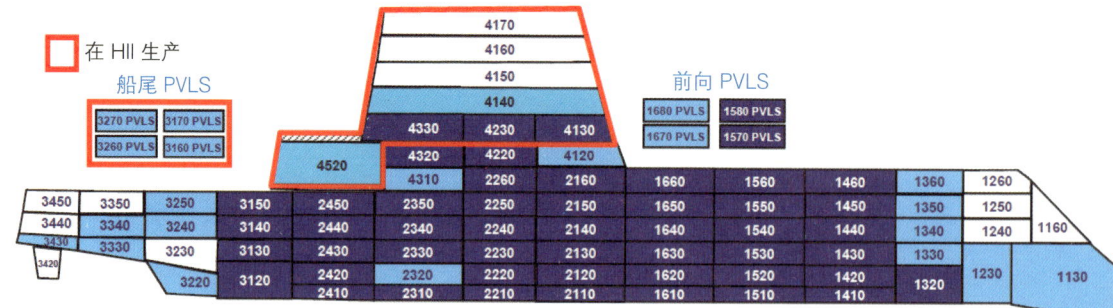

上图:DDG-1000的建造分段区分。

美国海军在DDG-1000的建造与设计上,采用诺斯罗普·格鲁曼-英格尔船厂与通用集团巴斯钢铁厂两家船厂分段设计与建造,各自由两家船厂分别进行1、2号舰最终整体组装的做法。上图为诺斯罗普·格鲁曼-英格尔船厂与通用集团巴斯钢铁厂各自负责建造的DDG-1000船体区段,诺斯罗普·格鲁曼-英格尔船厂主要负责复合材料制的上层结构与直升机库,船体则由通用集团巴斯钢铁厂承造。所以3艘DDG-1000虽然都改由通用集团巴斯钢铁厂承造,但诺斯罗普·格鲁曼-英格尔船厂仍能保有部分的建造份额。

大幅裁减的新驱逐舰计划

尽管美国海军曾力图挽救,但不断上涨的费用还是压垮了DDG-1000计划。

美国海军于2008年7月31日知会国会,除了已签约采购的头两艘外,决定放弃建造更多的DDG-1000,改为增购更多"伯克"级驱逐舰来填补需求[1],这也让DDG-1000的建造规模正式缩减为两艘。

虽然海军部长温特(Donald Winter)在2008年8月19日又声称,打算让通用集团巴斯钢铁厂建造第3艘DDG-1000(即DDG-1002号),以维持该厂的造船能量,不过这仍然不能改变DDG-1000计划规模大幅缩减的命运。

第3艘DDG-1000的预算申请并未遭到太多刁难,不过整个建造计划也就到此为止。众议院拨款委员会主席慕萨(John Murtha)在9月23日表明,同意将第3艘DDG-1000的部分预算纳入2009财年预算中。2009年4月6日,国防部长盖茨(Robert Gates)宣布,在国防部提交的2010财年预算案中,将让DDG-1000计划以最多建造3艘的规模结案。

巴斯钢铁厂与诺斯罗普·格鲁曼造船先后于2008年10月

---

[1] 在此之前,美国海军自编列2005财年计划中的DDG-112以后便停止了"伯克"级的采购。而为配合DDG-1000减产的政策,填补DDG-1000建造数量大幅削减之后的驱逐舰兵力规模需求,美国海军在中断了4个财政年度后,从2010财年起恢复采购"伯克"级。

与2009年9月展开"朱姆沃尔特"级头两舰——DDG-1000与DDG-1001的建造工程[1]，但由于巴斯钢铁厂团队愿意以对海军更优惠的固定价格合约形式，承接第2艘与第3艘DDG-1000的工程，所以国防部副部长杨（John Young Jr.）于2009年4月17日宣布，将原本由诺斯罗普·格鲁曼造船公司承造的DDG-1001，以及新增的第3艘DDG-1002建造合约，都交给通用集团巴斯钢铁厂负责[2]。这次合约更动，也让3艘DDG-1000全都成为巴斯钢铁厂承造。至于合约遭到转移的诺斯罗普·格鲁曼造船公司，则得到两艘"伯克"级的增购建造合约（DDG-113与DDG-114）作为替代与补偿。

虽然美国海军最后将3艘DDG-1000全都交由通用集团巴斯钢铁厂承造，但这只是就最终的船体总组装工程而言。如前所述，DDG-1000的船体是拆成不同分段，分别由巴斯钢铁厂与诺斯罗普·格鲁曼造船公司负责。即使改由通用集团巴斯钢铁厂承揽全部3艘DDG-1000的建造工作，诺斯罗普·格鲁曼造船公司仍将负责原先承担的船体分段建造工程（包括复合材料制的上层结构，与直升机库分段），它在这款"新世代驱逐舰"建造工程中依旧扮演重要角色。

灾难重重的新驱逐舰计划

在定案为只建造3艘之后，DDG-1000计划的麻烦尚未结束，由于国防部副部长杨在2009年1月26日时指出，DDG-1000

---

[1] 诺斯罗普·格鲁曼在2008年与2010年对旗下造船厂进行了重组，先在2008年1月28日将诺斯罗普·格鲁曼-英格尔斯船厂（诺斯罗普·格鲁曼造船系统，源自英格尔斯）与诺斯罗普·格鲁曼·纽波特纽斯（Northrop Grumman Newport News, NGNN）合并为诺斯罗普·格鲁曼造船公司（Northrop Grumman Shipbuilding, NGSB），然后又于2011年3月31日将诺斯罗普·格鲁曼造船公司改组为独立的亨廷顿·英格尔斯公司，所有诺斯罗普·格鲁曼造船公司的合约都转由亨廷顿·英格尔斯造船公司负责。

[2] 固定价格形式的合约，厂商本身必须自行承担成本上涨导致利润缩减的风险。相较下，诺斯罗普·格鲁曼造船公司原本签订的第2艘DDG-1000（DDG-1001）建造合约为成本+报酬（cost plus fee）形式，对厂商本身较有保障。

的造价已攀升到59.64亿美元，比海军当初的设订超出81%，已违反1982年《纳恩－麦科迪修正法案》（Nunn-McCurdy Amendment）的国防采购计划成本控制规定[1]，迫使海军于2010年2月向国会重新说明整个计划的经费运用状况与问题。

美国海军辩称，DDG-1000的单位成本攀升虽有管理不善的因素在内，但主要原因是大幅裁减采购数量与拉长采购时程所致，若以2005年11月国防部通过DDG-1000的采购计划基线（Acquisition Program Baseline，APB）成本数字作为基准，由于采购数量从10艘减为3艘，以致2009年12月的"选择采购计划报告"（Selected Acquisition Report，SAR）中，估计的单位采购成本增加24.9%（从23.2亿美元增加到29亿美

---

[1] 《纳恩－麦科迪修正法案》是众议院武装部队委员会主席山姆·纳恩（Sam Nunn）和众议院情报委员会主席兼武装部队委员会成员戴夫·麦科迪（Dave McCurdy）于1982年推动通过的法案，其中规定，若主要的国防采购计划单位成本超出原先提案设定15%以上时，相关军种部长便须通报国会。若单位成本超过25%以上，国防部长就必须向国会证明这项计划的重要性和不可替代性，以及新的成本估计数据的合理性，否则就必须终止这项计划。

元），摊入研发费用后的单位成本更增加了86.46%（从31.5亿美元增加到58.8亿美元）。

虽然DDG-1000计划勉强从这次争议中过关，仔细核查各子合约的成本后，确认预算超支情况尚未达到触发《纳恩-麦科迪修正法案》的门槛。不过为了压低计划支出，确保不会违反《纳恩-麦科迪修正法案》订出的成本管理限制，国防部在2010年6月2日宣布，将删减DDG-1000原先预定配备的双波段雷达规格，移除了洛克希德·马丁研发的SPY-4体积搜索雷达，只保留雷神公司的SPY-3多功能雷达。国防部指称体积搜索雷达的测试性能虽符合预期，但由此增加的成本迫使海军作出更具成本效益的选择，删除体积搜索雷达后，可让每艘DDG-1000节省1～2亿美元的费用。

虽然有人乐观地认为，取消体积搜索雷达后，也给DDG-1000升级既有的SPY-3多功能雷达或改用更新型的防空与导弹防御雷达创造了机会，借由改换雷达还可赋予

对页图：在2008年以前的规划中，美国海军原预定让诺斯罗普·格鲁曼造船系统与巴斯钢铁厂各承造1艘DDG-1000，不过为了帮助营运状况相对较差的巴斯钢铁厂，包括前两艘与后来增购的第3艘DDG-1000，都在2008年交给巴斯钢铁厂建造。图为2013年6月正在巴斯钢铁厂建造中的DDG-1000与2号舰DDG-1001，DDG-1000船体已大致成形，DDG-1001仍处于船体分段阶段。

下图：缩写说明：PAUC：摊入研发、测试评估与建造费用后的单位成本；APUC：单位采购成本；APB：采购计划基线；SAR：美国国防部的选择采购计划报告

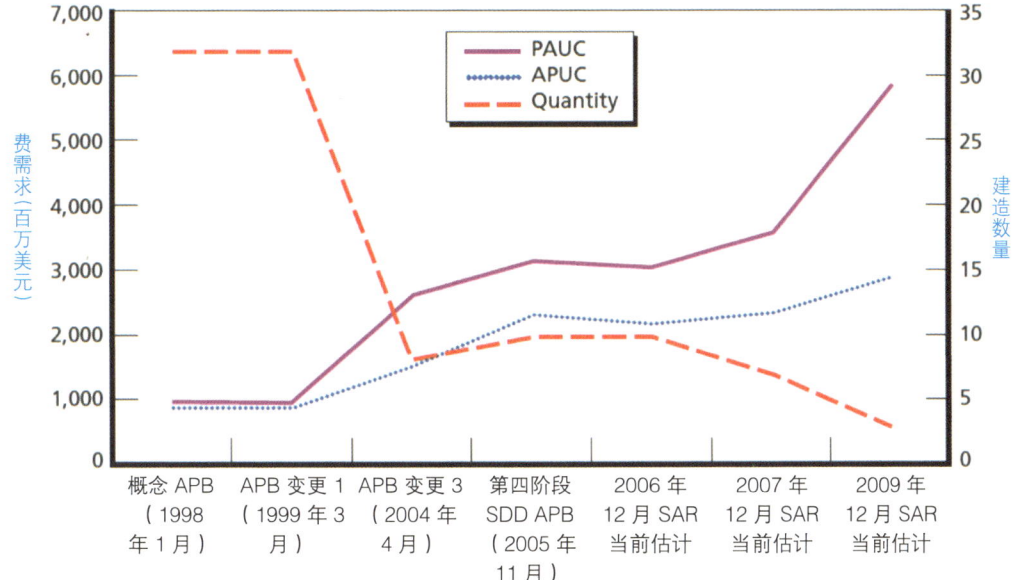

"21世纪驱逐舰/新世代驱逐舰"建造数量与单位成本估计变化

DDG-1000原本较为欠缺的弹道导弹防御能力,以弥补在2010年2月被取消的"新世代防空巡洋舰"任务空缺。不过从预算情况来看,这类机会的可能性并不大,特别是还存在着更便宜的"伯克"级Flight Ⅲ方案可填补"新世代防空巡洋舰"空缺。为造价已十分高昂的DDG-1000换装新雷达、增添弹道导弹防御功能,但也将进一步增加成本,实现的可能性更是微乎其微。

当初美国海军在1998年"'21世纪驱逐舰'计划需求决策备忘录"中,设定的新驱逐舰单舰目标价格为8.5亿美元,以每年采购3艘的速率估计,预期在第5艘时可将造价压低到7.5亿美元(1996财年币值)。到了改组为"新世代驱逐舰"的2001年时,预估成本便攀升到首舰20亿美元,后续舰10~12亿美元,比起海军当初的期待有天壤之别,整体预算需求也随之大幅攀升。

为求压低整个"新世代驱逐舰"计划的费用,先考虑将建造规模从原先的32艘削减到24艘或16艘,最后在2004年时减为先建造首批8艘,在2006年底进一步缩减为7艘。压缩建造规模虽然能降低计划总成本,然而建造数量愈少,平均单位成本便愈高。当建造总数降为7艘后,美国海军估算7艘DDG-1000总费用为182亿美元,平均每艘26亿美元,最贵的头两艘分别需要33亿美元,但希望从第5艘起造价就能降到23亿美元。

随着DDG-1000采购数量在2009年时确定为只建造3艘,虽然将总采购费用压缩到111亿美元,但平均单位成本也上涨到37亿美元,若摊入总额高达103亿美元的研发费用,则每艘DDG-1000的平均单位成本将超过70亿美元,堪称史上最昂贵的驱逐舰。

苦涩的新世代舰艇计划

DDG-1000曲折的发展过程,以及惨遭大幅裁减建造数量

7 争议中前进的DDG-1000计划"朱姆沃尔特"级的发展与建造　249

的结局,是冷战时期美国海军水面舰发展的一个缩影,清楚呈现了美国海军在世局变动下所面临的困境与挣扎。

苏联与华沙公约组织的解体,导致美国海军原有的冷战体制兵力结构失去存在的基础。以柏林围墙倒塌为开端,短短两年内,美国海军原先的作战对象便不再存在。

由于爆发大规模高强度战争的可能性大幅降低,美国海军原先以对抗苏联为目标、为争夺制海权为目的设计的远洋作战舰艇,此时也面临找不到定位的问题。1991年的第一次海湾战争,虽然以美国率领的多国联军大获全胜收场,但也给美国海军敲响了警钟。以远洋作战为目的的水面舰队在作战环境中难有着力点,于是开始了战略转型。

以1992年发表的"……从海上来"与1994年"前沿……

下图:针对后冷战时代的新环境,美国海军从20世纪90年代后期起,依据新的战略纲领,开始推动一系列新型舰艇计划,包括后来发展出"福特"级航空母舰的CVX/CVNX计划,以及以DDG-1000驱逐舰与濒海战斗舰为代表的水面舰计划。相较于以往舰艇,这些新世代舰艇都拥有特别针对后冷战时代环境的全新设计特性。

从海上来"两份战略纲领为基础,美国海军将近岸作战与内陆打击列为未来的核心任务,同时也启动了"21世纪水面作战舰艇"计划,展开新一代水面舰设计的概念探索与技术发展。

新世代舰艇计划的推动

以"21世纪水面作战舰艇"计划为开端,美国海军先后进行了"21世纪驱逐舰/21世纪防空巡洋舰""武库舰"等新型水面舰开发计划,几经演变后,海军部于2001年11月1日发布的"未来水面战舰计划"(Future Surface Combatant Program,FSCP)中,重新调整了新舰艇开发计划,将其分为3大部分。

"新世代驱逐舰":着重于长程陆地打击与海军火炮支持任务,需求数量仍与先前"21世纪驱逐舰"时期一样定为32艘,用于替代"斯普鲁恩斯"级驱逐舰。

"新世代防空巡洋舰":如同之前"21世纪驱逐舰"与"21世纪防空巡洋舰"的关系,"新世代防空巡洋舰"也将沿用"新世代驱逐舰"的船体与基本设备,另特别强化防空与弹道导弹防御(Ballistic Missile Defense,BMD)能力,预计需求量为17至19艘,用于接替"提康德罗加"级巡洋舰。

濒海战斗舰:源自海军战争学院校长塞布罗夫斯基(Arthur Cebrowski)中将等人在1998至2000年间倡导的"街头霸王"(Streetfighter)小型模块化战舰构想,利用更换不同的任务模块,可执行水面战、反潜、猎/扫雷与特种作战等多种任务,预定建造55艘,预定用于取代"佩里"级护卫舰、"鱼鹰"级(Osprey Class)猎雷舰与"复仇者"(Avenger Class)级扫雷舰。

经过拉姆斯菲尔德"国防转型"政策的折腾后,美国海军的新世代水面作战舰艇计划终于在2002年初完成重组,并重新展开,在"未来水面战舰计划"下的"新世代驱逐舰"、"新世代防空巡洋舰"与"濒海战斗舰"等3大计划中,进度最快的是

"新世代驱逐舰"。

海军部在2002年4月29日宣布由诺斯罗普·格鲁曼公司与雷神公司领导的金队赢得"新世代驱逐舰"计划，授予一份价值2.65亿美元、为期3年的系统设计、建造与测试合约，后来演变为DDG-1000"朱姆沃尔特"级驱逐舰。

在"新世代驱逐舰"之后展开的是"濒海战斗舰"计划。美国海军于2002年11月18日与有意参与竞标的6组团队签订概念研究合约，稍后在2003年7月，海军选择了洛克希德·马丁公司、通用动力公司与雷神公司等团队签订进一步的细部发展合约。紧接在一年后的2004年5月27日，海军同时授予洛克希德·马丁公司与通用动力公司两组团队各建造两艘Flight 0批次濒海战斗舰的合约，也就是后来的"自由"级与"独立"级（Independence Class）。

在"新世代防空巡洋舰"方面，由于现役的22艘"提康德罗加"级巡洋舰要到2021—2029年才会退役，时程上并不紧迫，海军预订于2006财年才会开始具体的研发工作，在此之前只有一些原则性与概念性的探讨而已。

总而言之，自1992年启动"21世纪水面作战舰艇"计划以来，经过近10年波折后，美国海军后冷战时代的新一代水面舰开发计划到了2002年以后终于踏上了坦途，主要的两项计划均先后进入具体工程设计与建造阶段。

世局变动下的舰艇发展规划调整

可惜好景不长，不过短短5年时间，由于内外在环境的变化，让美国海军的新舰艇开发计划面临难以为继的窘境。

一方面，2001年的"9·11"事件引发了耗资庞大的反恐战争，如无底洞般地消耗美国国防资源，从而影响到其他方向的国防投资。另一方面，由于新舰艇开发成本失控，也让海军难以承担费用暴涨的新舰艇计划。"新世代驱逐舰"与"濒海战斗舰"计划都在2006—2007年间出现状况，被迫大幅改组计

本页图：为了满足特殊需求而引进了众多先进技术的DDG-1000（上）与濒海战斗舰（下），都遭遇了开发成本暴涨3倍以上的问题，加上世局变动导致的政策调整，双双遭到大幅裁减采购规模的命运。

划、更动采购政策、甚至是削减采购数量，最后导致新世代舰艇计划完全变调。

种种发展都显示，美国海军在1990—2000年制定的战略纲领与水面舰发展计划，已无法适应当前与未来作战环境需求和美国财政承受能力。

一方面，DDG-1000与濒海战斗舰这些新型舰艇为了获致"……从海上来"战略所需要的独特能力[1]，而引进了众多新技术，并因此在设计上付出了许多代价，还承担了开发与采购成本失控的结果，如DDG-1000的开发成本便比最初预想超出3.4倍，濒海战斗舰也超出2.9倍，但花费了这样大的代价所获得的这些独特能力，在未来的作战环境中却未必有10多年前设想的那样有价值，反而显得过于昂贵与得不偿失。

另一方面，全球局势改变了美国海军的战略规划与建军需求，这并不是说20世纪90年代的"……从海上来"战略完全没有价值，而是在面对各国军力急速成长的情况下，比起强调全球沿岸作战的"……从海上来"战略，现在更优先的是"反介入/区域拒止"（Anti-Access/Area Denial, A2/AD）战略。

DDG-1000与濒海战斗舰这类着重沿岸作战的舰艇在新的战略环境下便显得难有着力点。这些舰艇固然都是优秀的设计，但并不完全适合"反介入/区域拒止"战略的需求，还欠缺某些美国海军当前最重视的功能（如DDG-1000便缺少广域防空与弹道导弹防御能力）。美国海军未来更需要的是强化潜艇水下武力、长程距外对地打击，以及防空与弹道导弹防御能力，因此削减与调整DDG-1000与濒海战斗舰采购计划是被迫之举。

---

[1] 如DDG-1000搭载陆攻用"先进火炮系统"与隐形的需求，以及濒海战斗舰的40至45节高航速需求，都是必须在设计与成本上付出许多代价的任务需求。

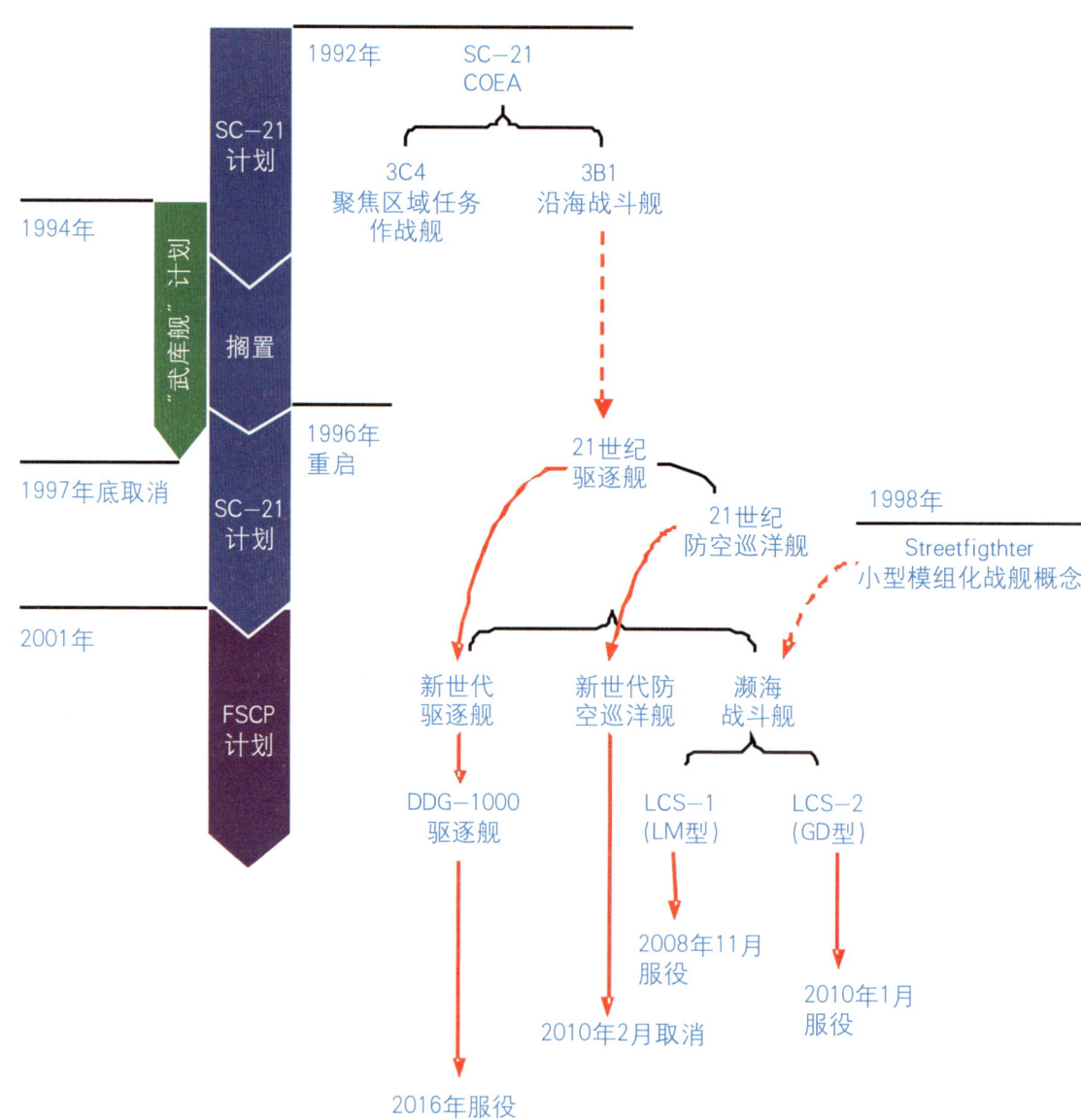

后冷战时期美国海军新世代水面舰发展计划沿革

后冷战时期美国海军三大新型水面舰计划结局

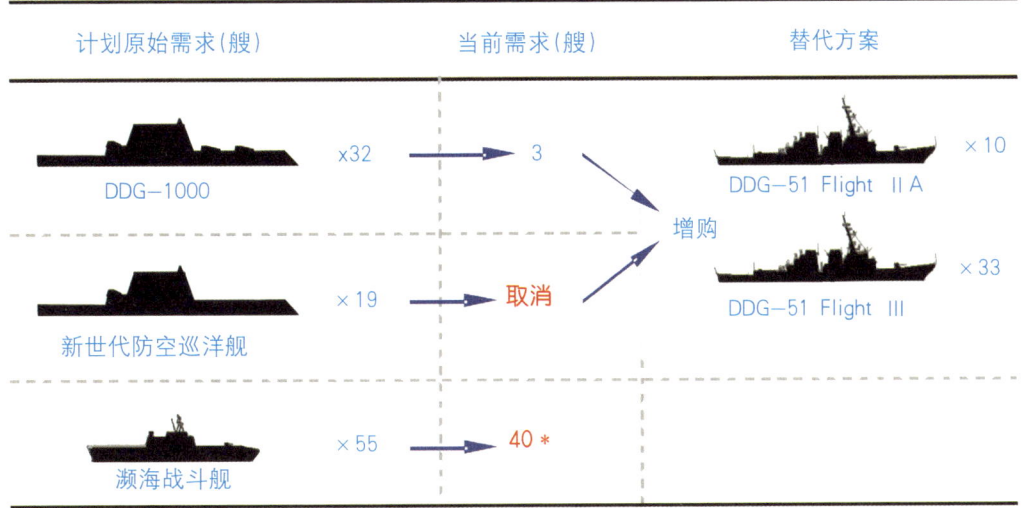

* 暂定,尚未完全确认。

变调的新驱逐舰计划

集众多先进技术于一身的DG-1000,无可避免地出现成本失控的问题。美国海军在1996年启动"21世纪驱逐舰"计划时设定的单舰目标价格为10~12亿美元,但很快就攀升到超过20亿美元。

即使是美国海军也无法承担大量采购DDG-1000所需要的庞大经费,只能从削减计划规模着手,设法压低整个计划的费用。于是DDG-1000建造数量便从原先的32艘,一路削减到10艘、8艘、7艘,最后在2009年确认为只造3艘。即便这样,计划还一度因为成本上涨幅度过大,违反《纳恩-麦科迪修正法案》的国防采购计划成本控制规定,整个计划差一点遭到取消。随着采购量急遽削减,DDG-1000单位成本也突破了35亿美元,摊入研发费用后的单位成本更超过70亿美元。

DDG-1000并不是唯一遭遇严重困难的美国海军新水面舰计划。事实上,美国海军在2001年时制定的3大水面舰发展计

DDG-1000成本变化（以2013财年币值为准）（单位：美元）

项目	计划启动(1998年)	当前(2012年)	变化
研发费用	22.443亿	103.331亿	+340.7%
采购费用	334.697亿	111.425亿	-66.7%
总计划成本	358.140亿	214.736亿	-40.0%
平均单位成本	11.191亿	71.578亿	+539.6%
总采购量	32	3	-90.6%

Source: GAO, Defence Acquisition: Assessments of Select Weapon Programs, 2013/3

划——"新世代驱逐舰"（即后来的DDG-1000）、"新世代防空巡洋舰"与"濒海战斗舰"，均虎头蛇尾。

在DDG-1000确定削减为只造3艘的结局后，"新世代防空巡洋舰"计划紧接在2010年2月整个遭到撤销。接下来成本过高、任务模块开发不顺利的"濒海战斗舰"计划也被迫调整与减产，在2013年1月从55艘降为52艘，后来又连年调整需求，迟迟无法确认最终政策[1]。

随着新世代舰艇计划完全变调，迫使美国海军不得不设法从改进与增购既有舰艇着手，以弥补新舰艇的不足。

规格与性能缩水的"朱姆沃尔特"级

除了建造数量大幅缩减外，为了控制采购成本，美国海军

---

[1] 濒海战斗舰计划自从2013年1月从55艘调整为52艘后，接下来的国防部长、海军作战部长等高层先后提出了多种计划调整构想，例如2013年9月传出美国国防部打算进一步减为只造24艘的风声。当时的国防部长海格（Charles Hagel）在2014年2月提出只造32艘濒海战斗舰，然后转为建造性能强化的小型水面作战舰（Small Surface Combatant, SSC）构想，指示海军依此方向检讨计划。海军则在2014年底提出采购性能强化、船型类别改为护卫舰的改进型濒海战斗舰，来补52艘的数量需求。而后在2015年新上任的国防部长卡特（Ashton Carter），在2015年12月指示海军将濒海战斗舰/护卫舰的总采购数量减为40艘，并在2019财年以后，将目前两种船型并行建造的做法，改为选出单一船型继续建造。

也陆续删减了DDG-1000的规格，以致作战能力与最初的设定有所落差。

事实上，2010年6月取消体积搜索雷达的配备，只是DDG-1000削减规格的第一步，为了进一步抑制成本的上涨，美国海军接下来又陆续作了一系列规格缩减，内容如下。

2013年8月，决定让3号舰DDG-1002改用重量较重、但也较便宜的钢制上层结构，而非1、2号舰采用的"整合复合材料上层建筑与孔径"结构。

2014年8月，宣布放弃在DDG-1000上配备Mk 110 57毫米炮，决定改用两座口径更小、重量较轻、费用也更便宜的Mk 46 30毫米机炮武器系统，但也大幅削弱了近迫火力。

下图：DDG-1000的1、2号舰采用"整合复合材料上层建筑与孔径"结构，3号舰则为了节省成本之故，改用较便宜、较重的钢制上层结构。图为亨廷顿·英格尔斯工业集团船厂建造中的DDG-1000首舰的复合材料上层结构。

DDG-1000的隐形性效益

借由穿浪内倾船体搭配整合上层结构设计以及雷达隐形处理，美国海军宣称DDG-1000的雷达截面积只有"伯克"级的五十分之一，如同渔船般大小，可大幅提高敌方搜索与识别的难度。以雷达截面积缩减为五十分之一为基准，则面对相同的敌方雷达时，DDG-1000被侦测到的距离将只有"伯克"级的37.6%，也就是可压缩敌方雷达三分之二的侦测距离。

由于DDG-1000雷达截面积远低于其他水面舰，敌方攻击者须接近到更近的距离。因此在对抗攻击者时，DDG-1000有接战距离优势，在敌方发现自身前便施以拦截。

在近岸作战环境下对抗反舰巡航导弹（ASCM）时，DDG-1000与"伯克"级的防空拦截武器虽然同样都是"标准"导弹或改进型"海麻雀"导弹，但DDG-1000可借由较低的雷达截面积压缩敌机发现自身的距离，所以能在被敌机发现之前，便先行拦截摧毁敌机。相较下，"伯克"级由于很远就会被敌机发现，敌机可在"伯克"级拦截武器射程外发射反舰导弹，然后便脱离，因此"伯克"级只能拦截反舰导弹，而拦截不到发射导弹的载机。

而在对抗来袭的反舰导弹时，DDG-1000同样能借由较低的雷达截

下图：借由独特的船体设计，DDG-1000的雷达截面积仅相当于"伯克"级的五十分之一。

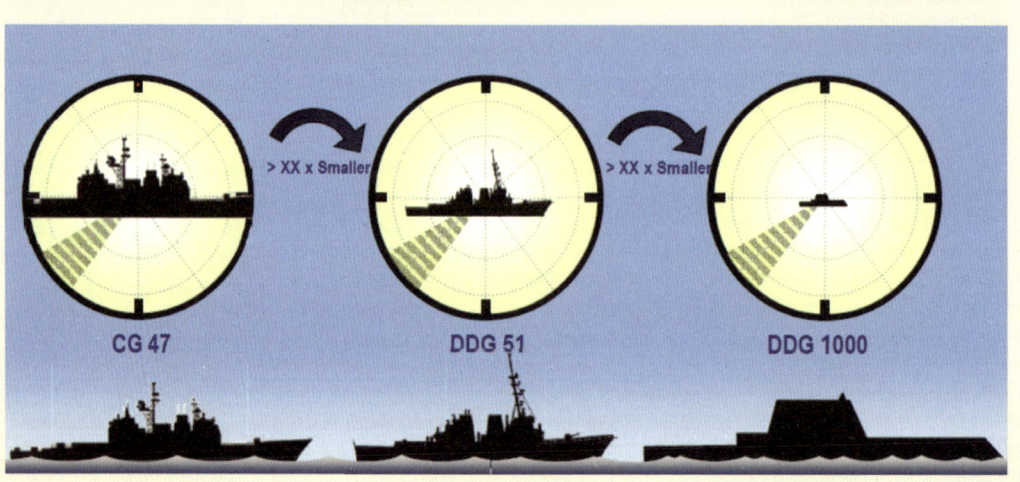

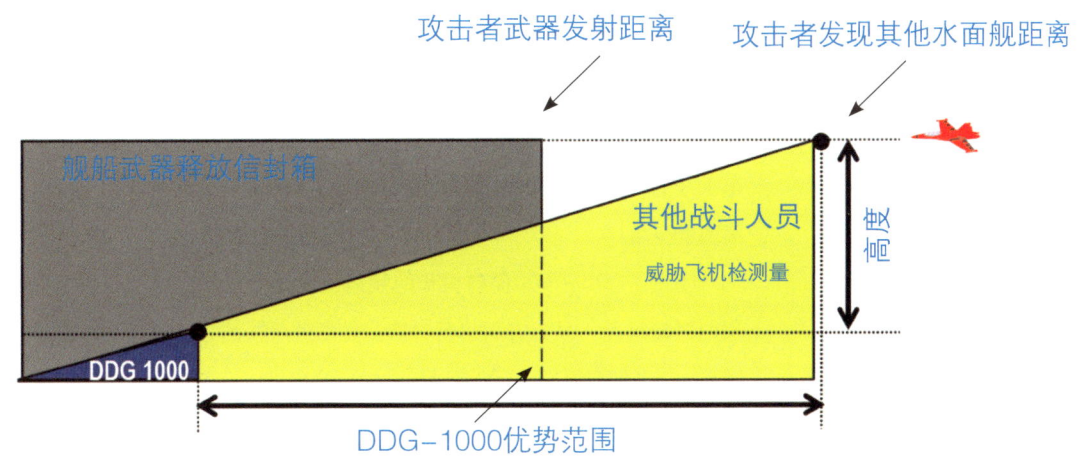

上图：DDG-1000被发现距离。借由远小于一般水面舰的雷达截面积，DDG-1000面对攻击者时，可在遭敌方发现前，先一步发现敌方。

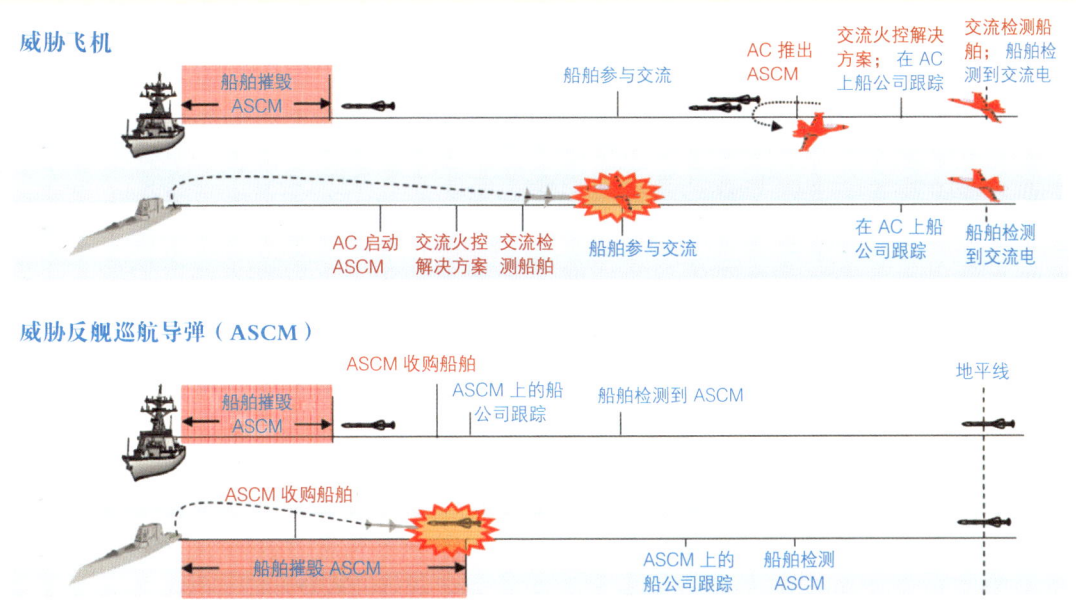

上图：DDG-1000对抗来袭敌机或反舰导弹时，可凭借低雷达截面积的优势，获得更大的拦截接战距离与接战效率。

面积，减少反舰导弹雷达捕获自身的距离，还能凭借安装位置更高、低空视距也更远的SPY-3雷达，在更远的距离外侦测、追踪来袭的导弹（DDG-1000的SPY-3雷达安装位置的水线高度，比"伯克"级的SPY-1高了31英尺[1]（大约是80英尺），位置较高的SPY-3，直线视线地平线的距离要比SPY-1大6.8海里，可在更远的距离外发现露出地平线的低空目标。

因此，DDG-1000拥有更长的接战反应时间，一方面可提供更多次的拦截机会，另一方面执行每次拦截任务所需的导弹数量也可减少50%，这意味着DDG-1000能以较少的导弹接战比"伯克"级更多的目标。

DDG-1000较低的雷达截面积可提高自卫电子战措施的成功概率。在使用主动式电子干扰时，DDG-1000自身较低的雷达截面积可降低干扰机成功干扰敌方雷达所需的输出功率，或缩减敌方雷达寻标器的烧穿距离（Burn-Through）。另外在启用主动干扰后，也能借由降低敌方雷达的侦测效能，进一步加强DDG-1000的低雷达截面积缩减敌方雷达侦测距离的效果。而在使用被动式的电子干扰时，DDG-1000较低的雷达截面积可通过干扰丝箔条云或诱饵的掩护，脱离敌方雷达的侦测与锁定。

---

[1] 此处的雷数字均为估计值。

2016年3月，宣布DDG-1000放弃原本的低雷达截面积平板式天线配置，改用小型桅杆搭配传统通信天线配置的消息，以增加雷达信号为代价，换取较便宜、简单的天线配置方式。

接下来在2016年12月时，由于"先进火炮系统"原本预定使用的"长程陆攻炮弹"过于昂贵（平均每发超过70万美元），美国海军考虑改用陆军的M982神剑（Excalibur）导引炮弹，但这种炮弹虽然节省成本，射程却只及"长程陆攻炮弹"的三分之一，将导致"先进火炮系统"远远达不到当初设定的长射程作战效能。

在成本的压力下，DDG-1000最后以这种数量大幅裁减，功能也有所缩减的形态问世，进一步增加了这种新舰艇的争议性。

DDG-1000本是一种依循全新运用概念、采用了众多新技术的新型舰艇，但这些新作战概念与新技术的实用性遭受了许多质疑，并且美国海军为了压缩成本而缩减了DDG-1000的雷达配备、武器系统与雷达隐形能力，从而增强了外界对于这款新舰艇有效性的质疑。这些质疑包括以下方面。

隐形性的实用价值

DDG-1000的吨位虽然比"伯克"级或"提康德罗加"级大了50%以上，但并非针对远洋作战而设计，而是"由海向陆"战略的产物。它的核心任务是进入沿岸地区、打击陆地目标，而可大幅降低雷达信号的低雷达截面积船体设计，便是DDG-1000得以侵入敌方海岸并确保自身安全的关键法宝之一。

但是到了21世纪，情况已经与发起DDG-1000计划的20世纪90年代后期有很大不同，随着小型无人机、光电传感器与数字通信网络技术的普及，现在已经有更多样化的手段可用于沿岸监视，DDG-1000所依赖的低雷达截面积船体设计不再像过去那样有效。

右图:DDG-1000凭借着射程63~74海里的"先进火炮系统",岸轰打击范围远远大于只装备射程为12海里的5英寸舰炮的现役水面舰。由于搭配的"长程陆攻炮弹"非常昂贵(每发40万美元),这并不是一种对地打击的常规手段。

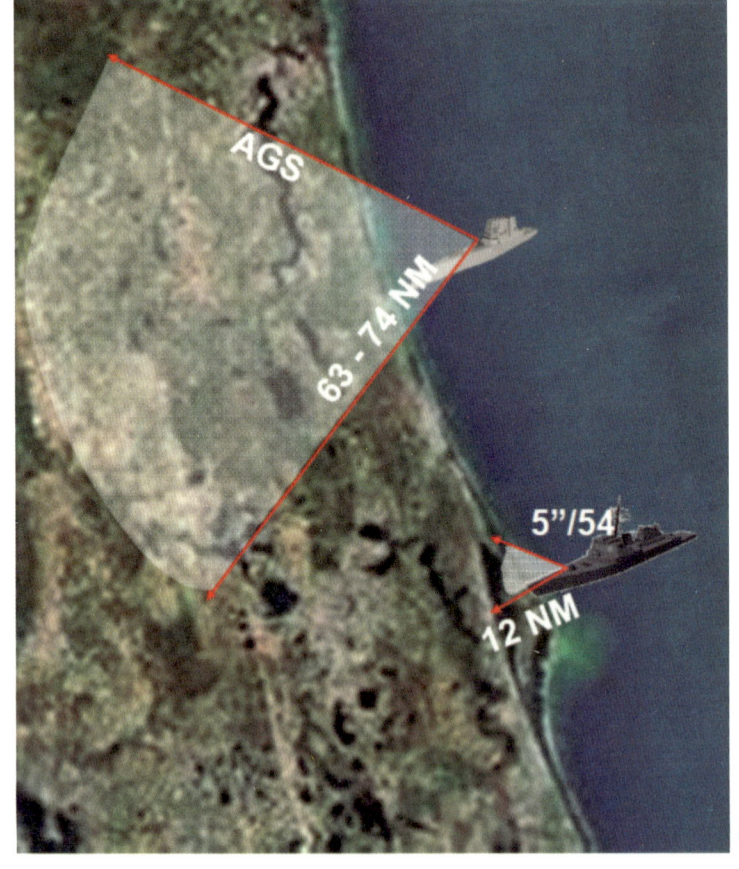

而且就DDG-1000本身来说,随着更改通信系统天线配置,也削弱了原本的雷达隐形特性。

穿浪式船体的航行稳定性

穿浪式船体(Tumblehome)是DDG-1000特色之一,也是这款舰艇得以获得高度隐形性的关键设计。美国海军宣称,借由水池模拟与缩尺模型航行试验,已验证了这种新船体设计的航行安全性。但自从《防务周刊》(*Defense News*)在2007年4月揭露DDG-1000穿浪船体存在稳定性隐患以来,部分舰艇专家质疑这种船体在恶劣海象下稳定性不足。

效益成疑的"先进火炮系统"

如前所述，DDG-1000的核心任务是进入敌方沿岸区域、执行攻击陆地目标与海上火力支持任务，因此最重要的核心武器配备，便是两座用于岸轰火力支持的155毫米"先进火炮系统"舰炮，并且为了搭载这两座舰炮，而在设计上付出了许多代价。

例如为了优先保留船体空间给两座"先进火炮系统"舰炮使用，而限制了可用于配备导弹的垂直发射系统数量，导致体型高达16000吨级的DDG-1000仅能配备80管垂直发射系统，少于10000吨级"提康德罗加"级的122管垂直发射系统，也少于9000吨级"伯克"级的90管或96管垂直发射系统容量。

尽管DDG-1000为了配备两座"先进火炮系统"舰炮付出了许多代价，但"先进火炮系统"仍难以提供让人满意的海上支持火力。在DDG-1000的前身"21世纪驱逐舰"与"新世代驱逐舰"计划时代，引进155毫米口径舰炮的主要目的，在于接替"爱荷华"级战列舰退役后的对陆攻击任务，实际上无法充分满足这方面的需求。

（1）155毫米口径的"先进火炮系统"舰炮，无论射程还是威力确实都胜过现役驱逐舰与巡洋舰配备的127毫米舰炮，但比起"爱荷华"级的16英寸（406毫米）舰炮，破坏力与压制力仍是天壤之别，而且DDG-1000也只有3艘，并不能提供"爱荷华"级战列舰等级的支持火力。

（2）"先进火炮系统"本身的射程与经济性也不如原先预期。在射程方面，原先设定的目标是搭配射程100海里（185千米）的火箭助推"长程陆攻炮弹"，但目前实际射程只能达到63海里（117千米）。在经济性方面，原本"先进火炮系统"这种搭配长程导引炮弹的大口径舰炮，被认为是一种比导弹更廉价的陆攻武器，"长程陆攻炮弹"设定的成本目标是每发35000美元，但实际上的采购费用却高达40万美元，相对于导

上图:与"先进火炮系统"搭配的火箭助推"长程陆攻炮弹"面临成本过于高昂的严重问题,平均每发的采购成本高达40万美元,远超过美国海军所能负担。

弹并没有经济性方面的优势,完全不是一种适合大量发射、用于岸轰压制的武器。另一方面,原本"先进火炮系统"预定搭配"弹道式长程炮弹"的无导引炮弹,但这种炮弹的发展却又遭遇问题,导致"先进火炮系统"的经济性成疑。

2016年传出的一系列消息,暴露出"长程陆攻炮弹"成本过高问题远比外界想象得更严重。"长程陆攻炮弹"最初设定的单位成本目标是35000美元,承包商洛克希德·马丁公司在2001年时也曾声称单位成本可低于50000美元。但随着DDG-1000采购规模大幅缩小,大幅限制了"长程陆攻炮弹"采购数量,从而导致单位成本急遽攀升。

据《美国海军新闻》在2016年5月报导,美国海军预期只会为3艘DDG-1000采购1800～2800发的"长程陆攻炮弹",而"长程陆攻炮弹"的单位成本预计为40～70万美元。相较下,

MK 45舰炮的无导引5英寸炮弹不过每发1600~2200美元。稍后《防务周刊》在2016年11月进一步指出，"长程陆攻炮弹"的单位成本已上涨到80万美元以上，换言之，为3艘DDG-1000采购2000发"长程陆攻炮弹"所需费用可能会高达18亿至20亿美元，几乎直追1艘"伯克"级的造价，远超过美国海军能够负担的程度。

美国海军在2015财年以1.13亿美元采购150发测试用的"长程陆攻炮弹"后（含20组装填弹匣模块与483套发射药匣），而在2016—2017财年都未编列预算，2018财年原定的5100万美元预算也未能执行。美国海军甚至于2016年11月2日知会国防部，在审核2018财年预算的计划目标备忘录（POM）中，删除整个"长程陆攻炮弹"采购计划。

作为"长程陆攻炮弹"的替代品，美国海军考虑的备选炮弹包括陆军155毫米榴弹炮使用的雷神公司"神剑"导引炮弹海军衍生型，以及BAE系统研发中的"超高速炮弹"（Hyper Velocity Projectile, HVP）。由于改用"超高速炮弹"须对"先进火炮系统"作更大幅度的修改，所以海军在2016年12月传出准

下图：在2010年取消配备SPY-4体积搜索雷达后，美国海军要求雷神公司修改SPY-3多功能雷达，提供一定程度的长程侦测与体积搜索能力，以填补失去体积搜索雷达后给DDG-1000带来的长程监视能力缺失，但实际上还是会造成长程侦测能力的显著减损。图为SPY-3多功能雷达的侦测能力示意图，涵盖了短程与长程侦测模式。

DDG-1000穿浪式船体的耐波性争议

DDG-1000的穿浪式船体的最大优点在于可提供比传统船体更佳的隐形性能，有利于控制雷达信号，但存在着恶劣海象下稳定性不足的问题。《防务周刊》在2007年4月的报道中，率先对此提出了批评，此后一直有造船专家质疑DDG-1000的船体稳定性问题。

传统船体的横截面是从船底、水线到干舷宽度逐渐增加的外倾构型，船体上半部的容积较船底更大、浮力也更大，所以船体重心低于浮力中心；遭遇侧倾时、可通过船体外廓的上半部提供回复姿态的复原能力。而穿浪式船体恰好相反，船体横截面是由船底到干舷逐渐缩窄的向上内倾构型，船底段的容积与浮力都更大。加上DDG-1000为了确保雷达电子设备的天线视野，采用了一个非常高大的上层结构，因此船体中心高于浮力中心，先天就存在着稳定性较差的问题。

在2007年的报道中，民间造船专家包尔（Ken Brower）向《防务周刊》表示，当穿浪船体在恶劣海象下遭遇纵倾时，将不具备足够的回复能力，当船艏前倾、而海浪自后而来时，将导致船艉上倾，从而失去横向稳定性，可能导致船体翻覆。

《防务周刊》在2007年揭露的DDG-1000模型水槽模拟试验显示，DDG-1000的穿浪式船体航行产生的波浪与尾迹，都比传统船体的飞

下图：传统外倾船体（左）与穿浪式船体（右）的横截面对比。可清楚见到两种船体的横截面恰好相反。传统船体是下窄上宽的向上外倾形，船体上半部浮力比下半部更大；穿浪船体则是下宽上窄的向上内倾形，船体下半部浮力更大。

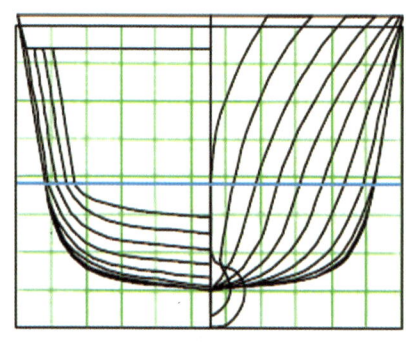

火炬船体 ONR翻滚船体

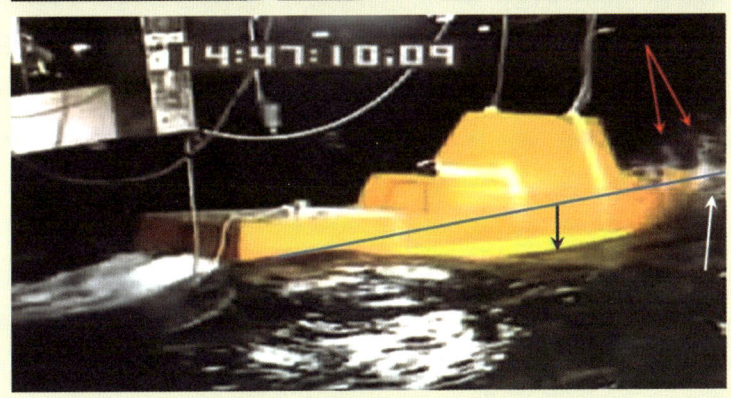

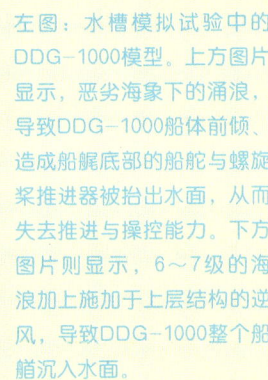

左图：水槽模拟试验中的DDG-1000模型。上方图片显示，恶劣海象下的涌浪，导致DDG-1000船体前倾、造成船艉底部的船舵与螺旋桨推进器被抬出水面，从而失去推进与操控能力。下方图片则显示，6～7级的海浪加上施加于上层结构的逆风，导致DDG-1000整个船艉沉入水面。

剪式船艏更小，更小的尾迹也可降低被敌方侦测与遭到尾流导引鱼雷攻击的风险，但问题在于，在6～7级的恶劣海象下时（浪高6.7～9.1米），出现了船体前倾、导致船艉的螺旋桨与船舵被抬出水面的情况，这将导致推进系统的有效性和船只的操控能力降低，更容易发生翻滚而倾覆。其他的试验也显示，由于DDG-1000高耸的上层结构导致迎风负荷较大，加上穿浪船体水在线部位的浮力较小，在水槽模拟的6～7级恶劣海象下时，也出现整个船艏没入水中的情况。稍后在计算机模拟中，也显示当DDG-1000在恶劣海象下进行急速侧转时，可能发生翻转倾覆的情况。

针对这些质疑，美国海军一贯的回复是，水槽模拟与缩尺模型航行试验，证明了DDG-1000穿浪船体在8级海象下运作的安全性。

下图：DDG-1000原先配备的Mk 110 57毫米火炮，可提供比现役水面舰配备的20毫米方阵近迫武器系统或Mk 38 25毫米机炮高出3倍的水面目标接战距离（6000码对2000码），但随着美国海军以Mk 46 30毫米机炮替换Mk 110 57毫米火炮，这项优势也不再存在。

备选用"神剑"导引炮弹的消息。要让"先进火炮系统"使用"神剑"导引炮弹，须对炮管与自动化装填系统做一定的修改，总计3艘DDG-1000的修改工程费用大约是2.5亿美元。

采用"神剑"导引炮弹的好处是可与美国陆军分摊费用，"神剑"导引炮弹在2014年进入全速率量产后，单位成本已降到68000美元，但这种炮弹没有火箭助推，最大射程仅40千米，只有"长程陆攻炮弹"的三分之一。所以改用"神剑"导引炮弹虽能解决"先进火炮系统"炮弹供应来源的问题，却也会大幅限缩"先进火炮系统"舰炮的射程，失去原先标榜的长程打击能力这项特点，进而让"先进火炮系统"的价值大为降格，并让DDG-1000的打击能力大打折扣。

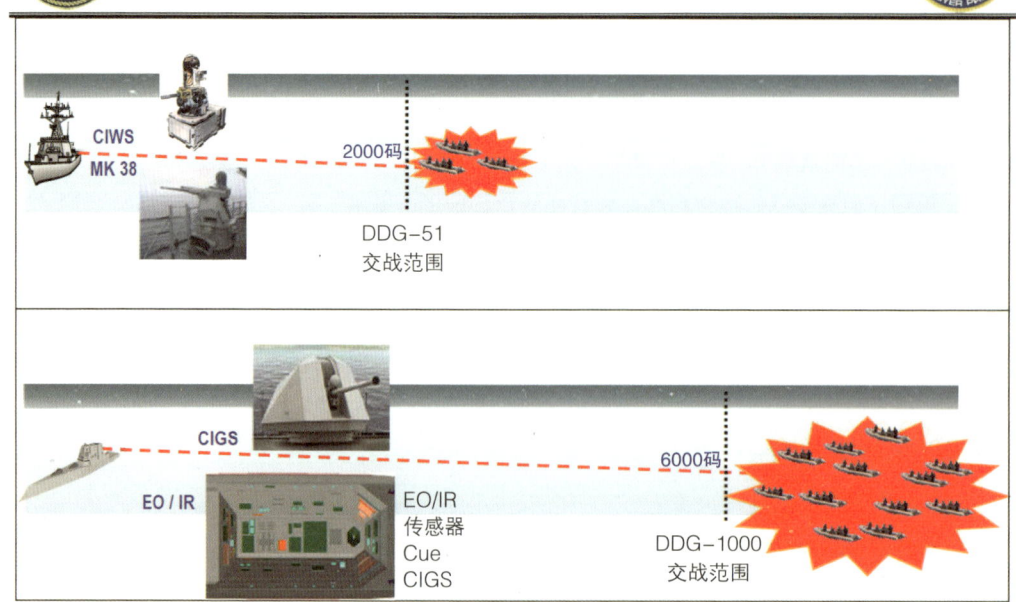

DDG-1000 以 3 倍的 CIWS 范围处理 10 倍以上的蜂群威胁

不完整的雷达与导弹运用能力

DDG-1000的导弹配备是其武器系统规格中较弱的一环。受限于优先配备"先进火炮系统"的船体设计原则，DDG-1000所容纳的垂直发射系统容量是美国海军第一线水面舰艇中最少的。雪上加霜的是，随着雷达规格的缩减，又进一步限缩了DDG-1000的导弹运用能力。

2010年6月取消配备SPY-4体积搜索雷达的决策大幅削弱了DDG-1000的长程、广域空中监视能力。虽然美国海军转而要求雷神公司改进SPY-3多功能雷达，让多功能雷达也能提供一定程度的体积搜索功能，但仍不足以替代体积搜索雷达（缺乏远程空中侦测能力），导致DDG-1000没有运用"标准"导弹的能力，只剩自卫用的改进型"海麻雀"导弹可用。

这也就是说，DDG-1000将不具备通过"标准"系列导弹所提供的区域防空能力，仅有借由改进型"海麻雀"导弹的自

下图：巴斯钢铁厂从2009年初启动DDG-1000首舰船体结构区段建造工作，并在两年半后的2011年11月17日举行正式的开工仪式，将重达4400吨的首个船体分段放上船台，开始船体分段组装作业。

卫防空能力，这也让DDG-1000舷号代号中的"G"显得名不副实。在美军舰艇分类规则中，只有具备区域防空能力的舰艇才会冠上代表导引导弹（Guided Missile）的"G"字代号，因此当失去运用"标准"型导弹的能力后，DDG-1000其实已经没有资格使用DDG这个舷号代号（尽管美国海军并未因此将"朱姆沃尔特"级的舷号从DDG-1000改为更合乎实际能力的DD-1000）。

削弱的近迫防御火力

155毫米口径的"先进火炮系统"舰炮主要用于对陆攻击，因此DDG-1000的反水面火力主要由另外配备的中小口径火炮来提供。美国海军当初宣称DDG-1000的主要卖点之一，便是可通过配备57毫米口径的Mk 110舰炮，提供比只配备20毫米口径方阵近迫武器系统快炮或25毫米Mk 38机炮的现役舰艇，更

下图与对页图：DDG-1000的分段建造与模块方式，从这3张图便能一览无遗。最上为DDG-1000首舰上层结构分段结构。于2012年11月6日，亨廷顿·英格尔斯工业的密西西比船厂将其泊运到巴斯钢铁厂所在缅因州，接下来这个900吨重的上层结构分段送到巴斯钢铁厂后，于2012年12月14日与巴斯钢铁厂负责建造的船体分段组装在一起。

上图:2013年10月28日夜间刚完成下水作业的DDG-1000首舰"朱姆沃尔特"号。对于任何舰艇来说,下水仪式是最重要的纪念仪式之一。对于DDG-1000这款拥有众多革命性设计的新世代军舰来说,首舰的下水更是别具意义。承造"朱姆沃尔特"号的通用集团巴斯钢铁厂,预定于2013年10月19日盛大举行下水典礼,并邀请了前海军作战部长朱姆沃尔特上将之女主持掷瓶仪式。然而受美国政府预算僵局的拖累,下水仪式不仅延后进行,相关活动也遭到取消,最后"朱姆沃尔特"号便在无人关注下悄悄地下水。时隔半年之后,美国海军才于2014年4月12日补办了"朱姆沃尔特"号的下水纪念仪式。

强大反水面目标近迫火力。57毫米炮弹的破坏力远大于20毫米或25毫米机炮,接战水面目标距离也可延伸3倍以上。

但随着DDG-1000将近迫火炮改为Mk 46 30毫米舰炮系统,这项优势已经大为减弱。虽然Mk 46的30毫米Mk 44机炮火力虽仍稍高于20毫米与25毫米机炮,但已不具备57毫米火炮的优势。

"朱姆沃尔特"级的建造与服役

2008年2月签订"朱姆沃尔特"级1、2号舰DDG-1000与DDG-1001建造合约后,计划于2013年6月与2013年7月交舰,但由于预算与工程问题的阻挠,实际交付时间拖延了3年以上。

巴斯钢铁厂从2008年10月启动首舰DDG-1000的建造工作,开始钢板切割、结构组件成形等前期作业。2号舰

DDG-1001[1]随后也于2009年9月开始于巴斯钢铁厂展开初步建造工作。

在启动初步建造工作的一年后，巴斯钢铁厂与亨廷顿·英格尔斯工业公司分别于2009年2月与2010年3月开始DDG-1000与DDG-1001的船体结构区块建造工作。巴斯钢铁厂于2011年11月17日举行的开工仪式中，将DDG-1000重达4400吨的船体中段结构放上船台，开始在船台上进行船体分段组装作业。

2011年9月5日，美国海军与巴斯钢铁厂签订了3号舰DDG-1002的建造合约。稍后在2012年4月开始建造船体分段模块，于2012年4月16日以前总统之名命名为"林登·约翰逊"号（USS Lyndon B. Johnson DDG-1002）。

亨廷顿·英格尔斯工业公司则在2011年10月完成了DDG-1000首舰的上层结构，并在2012年11月运送到巴斯钢铁厂，于稍后的12月完成将上层结构安装到船体上的组装工作。2号舰DDG-1001的船台组装工作于2013年5月13日开始，亨廷顿·英格尔斯工业公司在2014年8月交付了DDG-1001的复合材料上层结构。

开工近5年后，DDG-1000级驱逐舰首舰"朱姆沃尔特"号终于在2013年10月28日下水，并开始进一步的舾装工程。"朱姆沃尔特"号的交付与服役流程分为4个节点。①船体的交付与试航；②完整战斗系统的安装与交付；③以完整作战系统的组态执行作战测评（OPEVAL）；④通过作战测评后，便能宣布达到初始作战能力，具备执行战备部署任务的能力。

以"朱姆沃尔特"号为例，在2013年10月底下水后，依当时的时程规划，预定以一年半时间完成船体与机电系统的舾装作业，于2015年7月交付给美国海军进行初步试航，随后返厂完成战斗系统的安装，在2016年下半年完成战斗系统验收测试，

---

[1] DDG-1001于2008年10月以牺牲在伊拉克的前海豹部队队员姓名命名为"蒙苏尔"号（USS Michael Monsoor）。

274　DDG-1000"朱姆沃尔特"级驱逐舰

然后在2016财年第1季（2016年底）以前展开作战测评，2016财年第4季（2017年中）达到初始作战能力。2号舰"蒙苏尔"号与3号舰"林登·约翰逊"号则分别定于2016年中期与2018年底交付，然后在2018年与2020年达到初始作战能力。

不断延迟的服役时程

由于"朱姆沃尔特"级崭新的整合动力系统与战斗系统整合工作较预期复杂，加上巴斯钢铁厂船厂爆发劳资关系问题。2015年初，情况显示DDG-1000与DDG-1001已无法按表定时程交付。2015年3月传出的消息指出，"朱姆沃尔特"号的交付时间至少会推迟到2015年11月，2号舰"蒙苏尔"号也会延迟到2016年11月交付，3号舰则仍维持2018年12月交付的时间。

而到了2015年6月中旬，"朱姆沃尔特"号的最终舾装与测试工作进度又有进一步落后，导致试航与交付时程进一步延

下图：试航中的DDG-1000首舰"朱姆沃尔特"号。"朱姆沃尔特"号预定于2016年10月15日正式服役。美国海军在2016年1月说明"朱姆沃尔特"号的首次海试情况，表示该舰性能"超出预期"，动力系统全功率运转时曾达到33节最大航速，可在90秒内从全速完全停船，满舵急转弯时的侧倾不超过8°，隐形性能的测量也满足美国海军要求，以致后来还必须加挂角反射器增大雷达截面积，以维持航行安全。

迟。直到2015年12月7日，"朱姆沃尔特"号才终于离开缅因州的巴斯钢铁厂船厂展开首次试航。

"朱姆沃尔特"号的首次试航于2016年12月上旬顺利完成，回到巴斯钢铁厂船厂进行一系列必要检修后（包含切开部分船壳，以便检修一部推进电机），在2016年3月21日又展开船厂方面的第2次试航，随后在2016年5月20日交付美国海军。

当进一步的测试与训练工作完成后，美国海军在2016年10月15日于巴尔的摩港举行"朱姆沃尔特"号的服役仪式，距离1996年重启"21世纪驱逐舰"计划正好相隔20年，让这项绵延整个后冷战时代且波折不断的"新世代驱逐舰"计划，终于得以迈入一个新阶段[1]。

接下来"朱姆沃尔特"号还须返回圣地亚哥海军船厂，接受为期18个月的后续舾装工作，完成雷达、传感器在内的完整战斗系统安装工程，然后在2018年完成一系列称作"舰艇战斗系统测试认证"（Combat Systems Ship Qualifications Trials，CSSQT）的作战测试评估后，才算达到具备真正作战能力的状态。

---

[1] 尽管DDG-1000"朱姆沃尔特"号已在2016年5月20日正式交付给美国海军，并于10月15日举行了服役仪式，在法律上达到了服役状态（Commissioned），但此时的"朱姆沃尔特"号其实只完成船体与机电系统的交付验收，还未完成完整战斗系统的安装与测试验收工作，许多电子系统与武器系统都尚未安装，仍不具备实际承担战备部署任务的作战能力。

失落的DDG-1000姊妹计划：
夭折的"新世代防空巡洋舰"

DDG-1000"朱姆沃尔特"级，只是当初美国海军规划的新世代舰艇一环，在2010年以前，原本还有另一项"新世代防空巡洋舰"计划，与DDG-1000平行发展。

在定位上，DDG-1000设定为"斯普鲁恩斯"级驱逐舰的后继者，而"新世代防空巡洋舰"则定位为"提康德罗加"级巡洋舰的接班人。美国海军为了节约发展成本与时间，仿照先前"提康德罗加"级沿用"斯普鲁恩斯"级船体设计的前例，"新世代防空巡洋舰"也预定沿用DDG-1000计划中发展出的许多基本设计、先进技术与次系统，两者堪称是姊妹计划，不仅设计与技术上如此，连命运也是如此——DDG-1000遭遇建造规模与设计规格接连缩减的困境，而"新世代防空巡洋舰"则在还停留在概念规划阶段时便于2010年撤销。

尽管"新世代防空巡洋舰"未能付诸实际建

造，但遗留下来的舰队防空与弹道导弹防御任务需求，与搭配发展的次系统［如防空与导弹防御雷达（Air & Missile Defense Radar，AMDR）］，仍深深地影响到后来的美国海军舰队兵力结构规划与新舰艇的发展，是21世纪美国海军舰艇发展的关键环节之一。

"新世代防空巡洋舰"的起源

关于"提康德罗加"级巡洋舰接班人的规划，可追溯到冷战刚结束的20世纪90年代初期。为了替换"斯普鲁恩斯"级驱逐舰与"佩里"级护卫舰在内的一大批20世纪70年代入役舰艇，美国海军早在1992年的"21世纪水面作战舰艇"计划中，便提出了发展一种新型驱逐舰以及一种由驱逐舰船体衍生的新巡洋舰构想。

新型驱逐舰的任务重点为沿岸作战，强调反潜与陆攻，用于取代"斯普鲁恩斯"级。依循先前由"斯普鲁恩斯"级船体衍生出"提康德罗加"级巡洋舰的先例，美国海军在"21世纪水面作战舰艇"计划中也打算以新型驱逐舰为基础，衍生出一款新型巡洋舰，任务重点为舰队防空，可用于接替"提康德罗加"级。

"21世纪水面作战舰艇"计划中预定发展的新驱逐舰在1996年演变为"21世纪驱逐舰"（DD-21）计划，开始进行概念研究招标与设计作业。"21世纪水面作战舰艇"计划中所设想的新巡洋舰也在2001年时正式形成"21世纪防空巡洋舰"计划。

延续早先在"21世纪水面作战舰艇"计划时期的构想，美国海军同样要求"21世纪防空巡洋舰"沿用"21世纪驱逐舰"的船体基本设计，相较于专注陆攻与反潜的"21世纪驱逐舰"，"21世纪防空巡洋舰"将更强调区域防空与弹道导弹防御能力。

随着美国政府的更迭，为了应对新任国防部长拉姆斯菲

对页图：在1992年启动的"21世纪水面作战舰艇"计划中，美国海军开始研究取代"提康德罗加"级的新一代巡洋舰设计，并企图仿照先前由"斯普鲁恩斯"级船体衍生出"提康德罗加"级巡洋舰的先例，让新巡洋舰沿用新驱逐舰的基本船体设计，两种船型采用相同船体构型，但任务与配备的侧重点各有不同。
上图为诺斯罗普·格鲁曼—英格尔斯船厂在2008年3月海军联盟海—空—太空装备展（Sea-Air-Space Exposition 2008）公布的"新世代防空巡洋舰"想象图，从外观便可明显看出其与DD（X）/DDG-1000驱逐舰之间的渊源，"新世代防空巡洋舰"沿用了后者的船体与推进系统设计，但特别针对弹道导弹防御任务的需求而调整了雷达电子与武器配备设计，如舰艏取消了"先进火炮系统"的配备，改设数量更多的垂直发射系统，雷达也换成特别针对弹道导弹防御任务设计的防空与导弹防御雷达。

德（Donald Rumsfeld）的国防"转型"政策，海军部于2001年11月1日发布的"未来水面战舰计划"重新调整了原有的新舰艇开发计划。

未来水面战舰计划延续了"21世纪水面作战舰艇"计划的家族化舰艇概念与主要架构，但内容上有许多调整："21世纪驱逐舰"由改组后的"新世代驱逐舰"计划替代，主要着重长程陆地打击与海军火炮支持任务，需求数量仍与先前"21世纪驱逐舰"时期一样定为32艘，用于替代"斯普鲁恩斯"级驱逐舰。

"21世纪防空巡洋舰"则由"新世代防空巡洋舰"计划取代，如同之前"21世纪驱逐舰"与"21世纪防空巡洋舰"的关系，"新世代防空巡洋舰"也将沿用"新世代驱逐舰"的船体与基本设备，特别强化防空与弹道导弹防能力，预定需求量为17~19艘，用于接替"提康德罗加"级巡洋舰。

"新世代防空巡洋舰"的初步设计构想

按照美国海军原先的规划，"新世代防空巡洋舰"将在2006财年第2季展开备案选择分析研究，正式名称是"联合部队海上防空与导弹防卫"（Maritime Air and Missile Defense of Joint Forces, MAMDJF）备案选择分析研究。备案选择分析研究于2007年9月中完成后，将于2008财年第2季进行"新世代防空巡洋舰"计划的"里程碑A"审查，以便展开工程发展阶段，于2010财年第3季进行预备设计审查，再于2011财年第3季进行关键设计审查，最后于2011财年第4季进行"里程碑B"审查，随后便进入工程与制造发展阶段，开始合约设计作业。

在需求数量与采购时间方面，以美国海军2006年2月提出的313艘舰艇兵力结构计划为基准，"新世代防空巡洋舰"的总需求量为19艘，美国海军暂订在2008—2013财年的未来年度国防计划（Future Years Defense Program, FYDP）中，规划采购首艘"新世代防空巡洋舰"，并在2008—2037财年的30年造舰计划中，在2014—2024财年间建造17艘以上"新世代防空巡洋舰"。

美国海军虽然很早计划让"新世代防空巡洋舰"沿用DD（X）/DDG-1000的船体设计，但是在备案选择分析研究中，依旧探讨了几种不同的"新世代防空巡洋舰"船型选择。

（1）以"伯克"级船体为基础或衍生。可直接沿用"伯克"级的9000吨级船体，或采用通过插入延长段将排水量扩大到11000吨的加长型船体（相当于以前的"加利福尼亚"级与"弗吉尼亚"级巡洋舰）。另外还需要重新设计上层结构与低层甲板，以便容纳"新世代防空巡洋舰"需要的弹道导弹防御相关任务设备。海军还希望为这个设计引进DDG-1000的部分新技术，如"整合电力推进系统"等，并将垂直发射系统发射管放大到足以容纳新发展的动能拦截器（Kinetic Energy Interceptor, KEI）导弹的程度。

与以DDG-1000为基础衍生的14500吨级"新世代防空巡洋舰"相比，这种9000～11000吨等级的"新世代防空巡洋舰"排水量只相当于前者的62%～76%，成本则相当于前者的72%～86%。受限于船体规模，这种由"伯克"级衍生的设计，不可能引进所有的DDG-1000新技术，但仍缩减操作人力，不过这也只是相对于原先的"伯克"级而言，与人力相关的寿期操作与支持成本（O&S cost），仍高于自动化程度更高、特别讲求精简人力的DDG-1000衍生型"新世代防空巡洋舰"。

较小的船体规模还会造成其他限制。由于"新世代防空巡洋舰"必须承载庞大、强力的弹道导弹防御雷达，考虑到由此带来的空间、重量与供电需求，必须大幅缩减弹道导弹防御雷达尺寸，才能将其安装到这种"伯克"级衍生型"新世代防空巡洋舰"上[1]。

---

[1] 美国海军在2007年评估"新世代防空巡洋舰"的战斗系统功率需求，结果显示包括新雷达在内的"新世代防空巡洋舰"战斗系统总功率需求高达3100万瓦，而现有的宙斯盾系统为500万瓦。

下图与对页图：曾被美国海军寄以厚望，并作为引领新世代水面舰艇标杆的DDG-1000驱逐舰，最后以建造3艘结案，从原先的新一代水面舰主力，沦落为过渡性试验舰角色。下图为在通用集团巴斯钢铁厂组装船体分段中的DDG-1000首舰"朱姆沃尔特"号，对页图为同样在巴斯钢铁厂建造中的DDG-1000 2号舰"蒙苏尔"号。

此外，由于"伯克"级的水线上方船体仍为传统的外倾喇叭型剖面，因此由"伯克"级衍生的"新世代防空巡洋舰"，也会比DDG-1000衍生的船体更容易被侦测。

（2）较DDG-1000更小的全新设计船体。全新设计的船体，吨位限制在9000~11000吨。这种构型的"新世代防空巡洋舰"，单位采购成本可降到相当于"伯克"级衍生型"新世代防空巡洋舰"的程度。新船体设计可采用类似"伯克"级的传统喇叭型剖面船型，也可以采用类似DDG-1000的穿浪内倾船体搭配单一大型上层结构的构型，从而得到更佳的隐形性能，并且有引进更多DDG-1000新技术的冗余。

比起由"伯克"级衍生的"新世代防空巡洋舰",这种"新世代防空巡洋舰"构型虽然同样是9000~11000吨,但由于是全新设计,因此可摆脱旧有船型的限制,提供更好的功能。不过受限于吨位,同样只能搭载缩小版的弹道导弹防御雷达。

(3)基于DDG-1000的船体或衍生型。沿用DDG-1000的14500吨级船体,或者是略加放大的船体设计(如放大到20000吨)。这个方案的单位采购成本明显高于前两种设计案,不过成本并非简单地与吨位成正比增加,此外还能受益于先前在DDG-1000上付出的既有投资(如船体设计与战斗系统等),船体设计与系统整合方面的成本可望减小。而且更大的船体在尺度上更具有经济效益,可携带更多装备,配备上受到的限制也较小,就成本性能效益来说,要比前两种方案更佳。

(4)较DDG-1000更大的设计。大于20000吨的设计,酬载能力更强、配备弹性也更大,但单位采购成本也更昂贵。不过受益于DDG-1000既有的船体与战斗系统设计,能一定程度节省船体设计与系统整合成本。

(5)前述4种设计的核动力推进版本。美国海军在2007年1月递交给国会的报告中,指出可为前述4种"新世代防空巡洋舰"设计案改用核动力推进,这将使单位采购成本增加6~7亿美元(2007财年币值)。如果油价持续走高的话,则在核动力方面付出的额外开销,可从寿期成本中得到补偿。

而在前述4种"新世代防空巡洋舰"设计案中,吨位最大的设计案4(20000吨以上),船体空间有足够冗余,可相当容易地容纳一座海军为"福特"级航空母舰发展的A1B核子反应炉修改型与相关配套机组("福特"级配有两座A1B)。稍小一点的设计案3(14500~20000吨)将能容纳一座修改的A1B反应炉与相关机组,不过受限于较小的船体,不像设计案4那样可轻松地安装A1B机组,而需经过较多的修改。

至于吨位只有9000~11000吨的设计案1与设计案2,就没有合适的现成核子反应炉可用,而需开发新的舰用反应炉,这

对页图:"提康德罗加"级、"伯克"级与"朱姆沃尔特"级船体尺寸与构型对比。针对替换"提康德罗加"级巡洋舰的"新世代防空巡洋舰"巡洋舰,美国海军曾研拟了以"伯克"级或"朱姆沃尔特"级为基础衍生的几种发展路线。考虑到"新世代防空巡洋舰"的基本需求是搭载强力的防空与导弹防御雷达与大型的动能拦截器导弹,借以执行弹道导弹防御任务,体型更大的"朱姆沃尔特"级船体显然是更合适的选择。

"提康德罗加"级

"伯克"级Flight I

"伯克"级Flight ⅡA

"朱姆沃尔特"级

需耗费至少数亿美元的开销。比起可直接沿用A1B反应炉相关机组的设计案3与设计案4，设计案1与设计案2在引进核动力方面所需要的附带成本将会高出许多。

虽然美国海军一直没有确认"新世代防空巡洋舰"最终构型，不过从海军高层的公开谈话中，很明显可以看出海军倾向以DDG-1000为基础的设计，也就是前述的设计案3，沿用DDG-1000的船体进一步发展为"新世代防空巡洋舰"。

依据海上系统司令部舰艇计划办公室汉密尔顿（Charles Hamilton II）少将2006年4月6日于众议院武力投射次委员会作证时，针对议员们提出的"'新世代防空巡洋舰'与DDG-1000有何不同？"问题时他回答："'新世代防空巡洋舰'的船壳机构与电气设备与DDG-1000是相同的，用于装设雷达与通信装备的整合上层结构舱室基本结构与配置是相同的……基于'新世代驱逐舰'的船体与整合，'新世代防空巡洋舰'与DDG-1000之间可能达到60%至70%的共通性，加上其余35%在武器与其他装置上的变动……（'新世代防空巡洋舰'与DDG-1000之间）最大的差异，或许在于雷达阵列的尺寸，整合上层结构上的通信孔径数量，战情中心的通信中心也会有些许差异，以及以火炮换来的更多导弹发射器数量。"

哈密尔顿少将发言中所呈现的"新世代防空巡洋舰"基本概念显示，"新世代防空巡洋舰"将沿用DDG-1000的船体基本设计，但移除DDG-1000的两座155毫米"先进火炮系统"舰炮，代之以管数更多、尺寸也足以容纳动能拦截器导弹的垂直发射系统，并将DDG-1000上的双波段雷达换为更强力、更大型、专为弹道导弹防御任务而设计的新雷达。这种新雷达在2007年初被正式命名为防空与导弹防御雷达[1]。

若采用基于DDG-1000的基本设计，美国海军估计"新世代防空巡洋舰"的单位采购成本将与DDG-1000相去不远，预

---

[1] 有些较早期的官方文件称作先进导弹防御雷达（Advanced Missile Defense Radar），缩写同样是AMDR。

计在2008—2013财年的未来年度国防计划中，于2011财年编列采购首艘"新世代防空巡洋舰"所需的32亿美元经费，然后再于2013财年编列采购第2艘"新世代防空巡洋舰"的31亿美元经费。相较下，编列在2007—2008财年的头两艘DDG-1000单位采购费用也是32亿美元。

"新世代防空巡洋舰"设计概念的演进

从2008年起，"新世代防空巡洋舰"的概念发展有了一些更具体的进展。诺斯罗普·格鲁曼舰船系统在2008年3月海军联盟海—空—太空装备展（Sea-Air-Space Exposition 2008）中，对外公开了"新世代防空巡洋舰"的想象图与大尺寸模型，让外界首次见到具有可信度的"新世代防空巡洋舰"构型。稍后在2008年10月，媒体报道海军已与业界签订价值1.28亿美元的"新世代防空巡洋舰"相关合约。

不过同时间也开始传出一连串坏消息。

美国海军原本在2008年底提出的2009财年预算书中规划，将于2011财年编列采购首艘"新世代防空巡洋舰"，但稍后便传出海军将推迟"新世代防空巡洋舰"采购时程的消息，甚至可能大幅延后到2017财年。国防部长盖兹则在2009年4月6日声称，国防部已决定在2010财年预算中，延迟"新世代防空巡洋舰"的获得时程，于是海军在其提交的2011财年预算中，便将首艘"新世代防空巡洋舰"的采购时间延后到2015财年以后。

与此同时，基于为"新世代防空巡洋舰"安装强力雷达与配备核子反应炉的需求，也让美国海军原先以沿用DDG-1000船体设计为基础的"新世代防空巡洋舰"构想，在2008—2009年间也曾出现些许动摇。2008年7月2日，国防部副部长杨在交给众议院武装部队委员会所属海权与远征委员会副主席泰勒的信件中指出，依据海军的"新世代防空巡洋舰"预备设计分析报告，DDG-1000的船体无法支持"新世代防空巡洋舰"所需的"最强力雷达"，另外DDG-1000的船体能否安置"福特"

DDG-1000"朱姆沃尔特"级驱逐舰

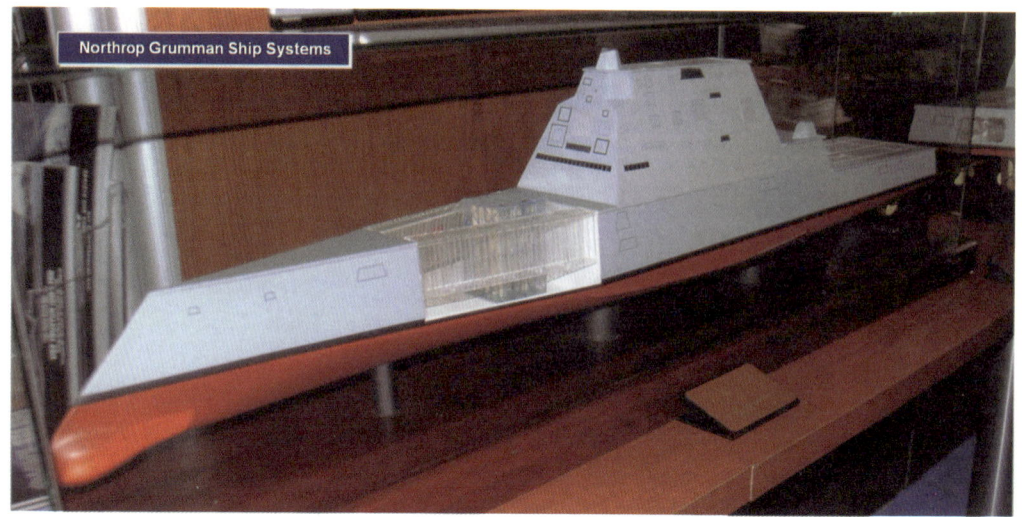

CG(X) SHIP CHARACTERISTICS

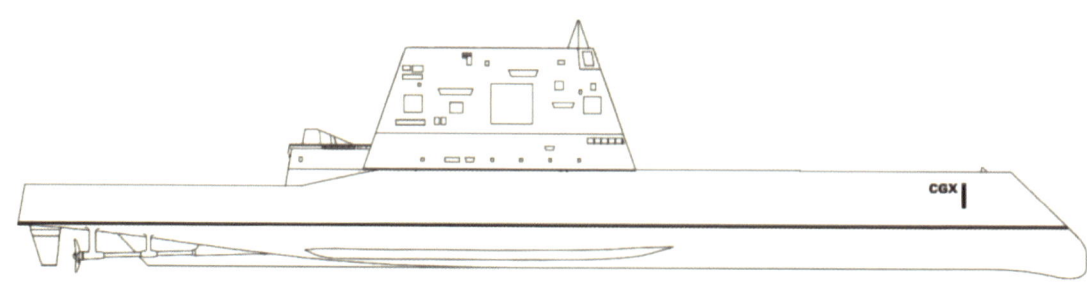

CHARACTERISTICS		航空	
总长	610 FT.	飞机/机库	2XMH-60R
LBP	600 FT.		OR1XMH-60R AND 3XVTUAVs
梁,最大	80.7 FT.	综合电力系统	
草稿,导航	26.8 FT.	主要涡轮发电机	
速度	30 KTS.	应急柴油发电机	
移位	15944 MT	高性能电机	
装机功率	88 MW		
		上层建筑	
住宿,总计W/SURGE		复合结构	
长官	33		
CPO	23	**WEAPONS武器**	
OEP	123	发射细胞	(适用于 TOMAHAWK、ESSM、标准导弹和未来导弹)
TOTAL	189		
		激光就绪	
SENSORS		MM靠近枪	鱼雷防御反恐
双波段雷达			
声学传感器套件1			
EO/IR系统			
BOATS			
数量	1 × 7M RHIBs		
设施	INTERNAL BOAT BAY (STERN) (SIZED FOR 1 × 11M RHIBs)		

级的A1B反应炉也还不明朗,若决定让"新世代防空巡洋舰"采用核动力,则海军可能必须设计一种能够容纳A1B反应炉的新船体,或是重新设计一种新的较小型核子反应炉。

为了降低整个计划的成本与复杂性,美国海军的"新世代防空巡洋舰"概念最后还是回到沿用DDG-1000船体的基本构想上,至于一度甚嚣尘上的核动力化构想,则一直停留在概念研究阶段。美国海军估计,最适于采用核动力的20000吨以上"新世代防空巡洋舰"构型设计,单位采购成本预期会超过50亿美元,国会很难接受。换用更大型船体或改用核动力推进,都无可避免地会带来成本大幅攀升的代价,迫使美国海军回到让"新世代防空巡洋舰"沿用DDG-1000船体与推进系统的发展方向上。

但是在另一方面,由于自2007年起,陆续出现对于DDG-1000穿浪船体设计在恶劣天候下稳定性不足的质疑。2008年曾传出部分人士建议"新世代防空巡洋舰"不要沿用DDG-1000穿浪船体构型的消息,这将会降低"新世代防空巡洋舰"与DDG-1000的共通性(意味着成本提高),并减损船体隐形性。

接下来"新世代防空巡洋舰"的相关初期研究仍持续进行,海上系统司令部在2009年6月26日将"新世代防空巡洋舰"用的防空与导弹防御雷达初始概念研究合约,授予诺斯罗普·格鲁曼公司、洛克希德·马丁公司与雷神公司等3家厂商。

"新世代防空巡洋舰"计划的争议与消亡

"新世代防空巡洋舰"计划在2008年时有了一些具体进展,但整个局势却在2009年下半年急转直下,对既有设计方向的质疑不断浮现。

一方面,海军内部对"新世代防空巡洋舰"过高的成本与

对页图:诺斯罗普·格鲁曼—英格尔斯船厂在2008年5月的海军联盟海—空—太空装备展中公开展示的"新世代防空巡洋舰"模型(上)与基本特性参数设定(下),在舰桥前方中央突出于甲板上的发射器,即为可容纳动能拦截器导弹的模块化发射系统。

2008年海军联盟海—空—太空装备展中的"新世代防空巡洋舰"概念设计

自美国海军公开"新世代防空巡洋舰"次世代巡洋舰计划后,网络上一直流传着各式各样的"新世代防空巡洋舰"效果图,不过大都缺乏足够的可信度。直到2008年3月18至20日于华盛顿举办的2008年海军联盟海—空—太空装备展中,作为"新世代防空巡洋舰"主承包商的诺斯罗普·格鲁曼-英格尔斯船厂公开了"新世代防空巡洋舰"想象图、大尺寸模型、部分规格参数与首张舰型图后,外界才终于有可信的"新世代防空巡洋舰"信息可供参考。而在"新世代防空巡洋舰"已遭取消的今日,这些材料成了唯一可用于记录这项计划的资料。

虽然"新世代防空巡洋舰"计划直到2010年取消为止,都未曾正

下图:诺斯罗普·格鲁曼-英格尔斯船厂在2008年3月海军联盟海—空—太空装备展公布的"新世代防空巡洋舰"侧视图(上)与DDG-1000(下)的构型对比。
(Northrop Grumman)

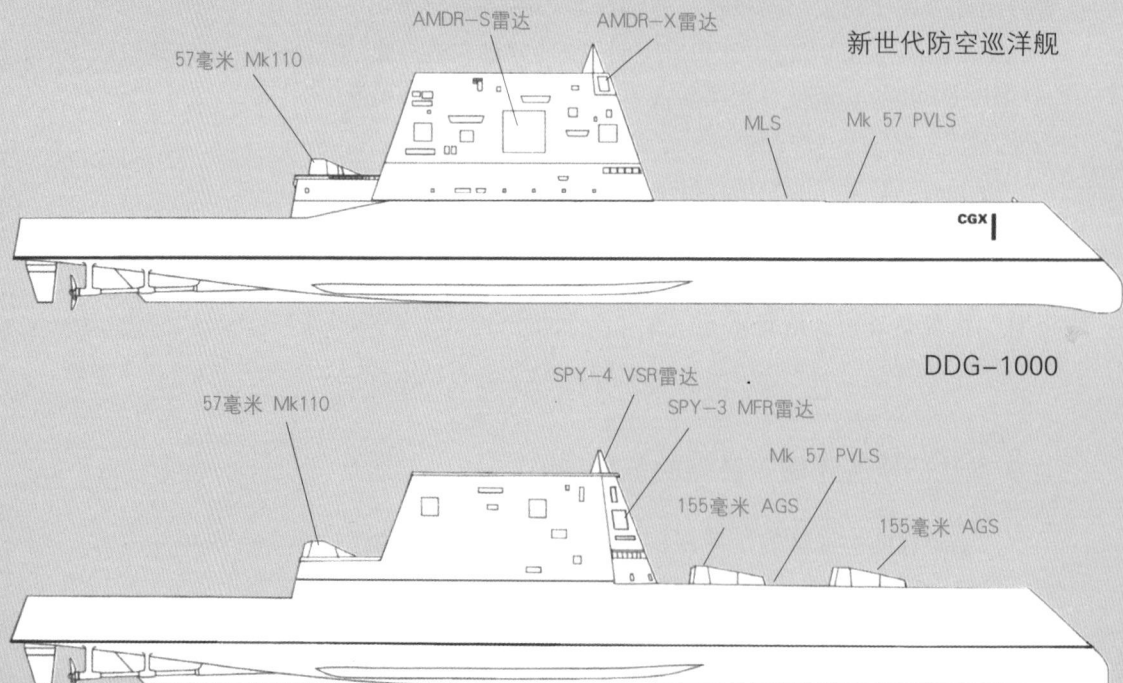

式展开整体系统的招标或签约发包作业，只进行了概念预备设计与部分次系统的开发作业。但让"新世代防空巡洋舰"尽可能利用DDG-1000的既有技术与资源，是美国海军既定政策，而且美国国内也只剩诺斯罗普·格鲁曼-英格尔斯船厂与通用集团巴斯钢铁厂两家船厂，有能力承接这种规模的舰艇计划，身为DDG-1000主承包商诺斯罗普·格鲁曼-英格尔斯船厂，日后承包"新世代防空巡洋舰"可说理所当然，因此诺斯罗普·格鲁曼-英格尔斯船厂公布的资料具有相当高的可信度。

从诺斯罗普·格鲁曼-英格尔斯船厂在2008年公布的资料来看，"新世代防空巡洋舰"舰体轮廓与DDG-1000大致相同，尺寸与排水量稍有增大，外形上最大差异是取消了DDG-1000舰艇的两门155毫米"先进火炮系统"舰炮，把上层结构前方的整个舰艏空间都留给垂直发射系统使用，因此全舰垂直发射系统规模从DDG-1000的80管倍增到162管。但从模型可注意到，"新世代防空巡洋舰"除在船体两舷装备

DDG-1000与"新世代防空巡洋舰"暂定规格比较（2008年时期的规格）

舰型	DDG-1000	新世代防空巡洋舰
排水量	14564吨	15944吨
船体尺寸	182.8米×24.6米×8.4米	185.9米×24.6米×8.2米
动力系统	整合电力推进系统 (104,557轴马力/78MW)	整合电力推进系统 (119,680轴马力/88MW)
最大航速	30+节	30节
武器系统	VLS×80管 ("战斧"SLCM/ESSM/SM-2/SM-3) AGS 155毫米炮×2 Mk 110 57毫米炮×2	VLS×162管 ("战斧"SLCM/ESSM/SM-2/SM-3/KEI) Mk 110 57毫米炮×2
侦测系统	DBR、船体声呐/拖曳阵列声呐、EO/FLIR	AMDR、船体声呐/拖曳阵列声呐、EO/FLIR
航空机	MH-60R直升机×2 或 MH-60R直升机×1+VTUAV×3	MH-60R直升机×2 或 MH-60R直升机×1+VTUAV×3
搭载艇	7米硬式充气艇(RHIB)×2	7米硬式充气艇(RHIB)×1

与DDG-1000相同的Mk 57垂直发射系统外,船艏中央还设有一座当时型号仍不明晰的新型垂直发射系统。

"新世代防空巡洋舰"的上层结构较之DDG-1000也有一些微妙改变,上层结构正面改为一整个平面(少了DDG-1000的折角构造),也更加高耸,内部容积应有所增加。上层结构前部顶端设有两个切角平面,其上安装有类似相位阵列雷达的天线,其他天线的配置方式也有许多差异,特别是上层结构正面与两侧配有尺寸特大、可能是弹道导弹防御任务专用的新型防空与导弹防御雷达天线。

而在后半部船体部分,"新世代防空巡洋舰"则沿用了DDG-1000的大部分设计,机库顶同样装备两门Mk 110 57毫米炮,这是该舰外观唯一可见的固定武装,机库空间应与DDG-1000差不多,能容纳2架MH-60R直升机或4架垂直起降无人机。

至于在动力系统方面,尽管由于油价的持续上涨,要求"新世代防空巡洋舰"采用核动力的呼声不断,但考虑到重新设计一套供水面舰使用的核动力装置相当费时耗钱,而且在2008年当时,民间对核电力的需求也十分高涨,美国海军要与民间争夺有限的核动力工程设计人才也很困难,当时的海军作战部长罗海德便曾在2008年3月公开反对建造新的核动力水面作战舰艇,因此"新世代防空巡洋舰"暂定的动力系统仍为DDG-1000的整合式电力推进系统,以求节省开发成本。

"新世代防空巡洋舰"的整合式电力推进系统由两组主燃气涡轮发电机(MTG)、两组辅助燃气涡轮发电机(ATG)、两组备用柴油发电机与两组高性能电动机组成,输出功率较DDG-1000高出12.8%,输出最大功率时可推动船体以30节航速前进。在推进装置方面,当时公开展示的模型显示"新世代防空巡洋舰"仍采用传统的传动轴设计,而没有导入更先进的荚舱式俥叶。

上图:"新世代防空巡洋舰"最大的价值,便是可以承载庞大的全尺寸型防空与导弹防御雷达与动能拦截器导弹。防空与导弹防御雷达的天线尺寸可随需要调整,以适应不同搭载平台的需求。"新世代防空巡洋舰"预定搭载的全尺寸版防空与导弹防御雷达拥有直径22英尺的天线。相较下,"伯克"级驱逐舰的船体顶多只能搭载12~14英尺直径的缩尺版防空与导弹防御雷达。而雷达天线愈大,侦测能力也愈强,22英尺直径版防空与导弹防御雷达的信噪比(S/N ratio)表现要比14英尺直径版本高出30倍以上,换算成侦测距离有两倍以上的差距。

不尽成熟的技术有许多疑虑。因此改以"伯克"级驱逐舰之类的成熟船体设计来搭配防空与导弹防御雷达,便是一种风险较低的选择。另一方面,原先支持"新世代防空巡洋舰"计划存续的理由也先后消失。

  这个时候,美国海军内部也开始萌生放弃"新世代防空巡洋舰"的想法。在2009年6月16日众议院海权次委员会听证会中,海军证实已展开一项"新世代防空巡洋舰"替代案研究,考虑改在2012财年以后采购配有防空与导弹防御雷达的"伯克"级或DDG-1000船体设计,用以替代"新世代防空巡洋舰"[1]。

  而在此之前的2009年1月26日,在国防部副部长杨的一份备忘录中,也证实了这种"新世代防空巡洋舰"替代案的存

---

[1] 此处是指直接在既有的DDG-1000船体设计上配备防空与导弹防御雷达,而非"新世代防空巡洋舰"设定的以DDG-1000为基础、经相当程度修改而衍生的船型。

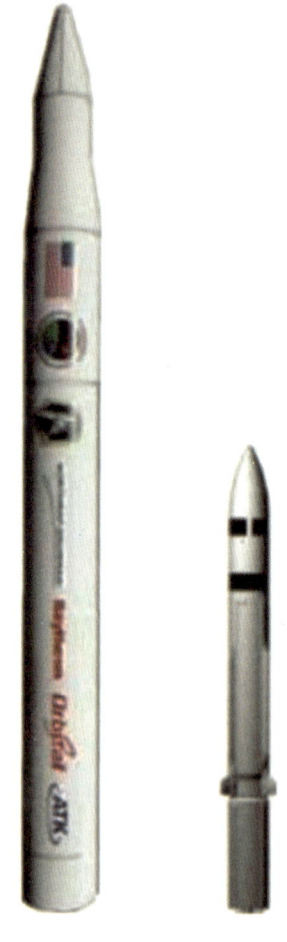

上图：动能拦截器导弹（左）与"标准"Ⅲ型Block Ⅱ（右）的外形尺寸对比，动能拦截器导弹弹体长度与直径分别比"标准"Ⅲ型导弹高出80%与87%，无论加速能力、射高或接战范围，都有极显著的提高，但也无法兼容既有的舰载垂直发射器，因此必须设计专用的新型发射器。只有"新世代防空巡洋舰"这种大型舰体，才能容纳动能拦截器导弹。

在。国防部副部长杨在这份备忘录中指出，海军已向国防部长办公室提议，在2010年预算案中将DDG-1000计划规模缩减为3艘，作为替代，将先在2010财年增购1艘"伯克"级，然后在2011财年增购两艘"伯克"级，接下来在2012—2015财年间，再采购6艘一种称为"未来水面战斗舰"（Future Surface Combatant，FSC）的新舰艇。而未来水面战斗舰的基本概念，正是在"伯克"级或DDG-1000的船体设计上，配备新的防空与导弹防御雷达，与"新世代防空巡洋舰"的角色显然有所重合。

在2009年9月与11月间，也陆续传出美国海军正在研究，如果在"伯克"级或DDG-1000的船体上配备防空与导弹防御雷达，如何满足未来舰队防空与弹道导弹防御需求。

稍后在2009年12月7日，终于传出海军考虑取消"新世代防空巡洋舰"，代之以"伯克"级改进型的报道。消息指出，美国海军内部对"新世代防空巡洋舰"过高的成本与不尽成熟的技术有许多疑虑，另外海军内部也有人士认为，可通过水面舰雷达、前线部署预警雷达、太空感测系统（预警卫星）等多种感测系统的结合，来满足未来海上防空作战与弹道导弹防御的数据采集需求，而不是非得需要"新世代防空巡洋舰"配备的防空与导弹防御雷达这样大型的雷达（天线阵列直径约22英尺）不可，可改用尺寸缩小到足以安装在"伯克"级船体上的缩小版的防空与导弹防御雷达来代替（天线阵列直径缩小到12英尺或14英尺）。

在各种"新世代防空巡洋舰"替代案出炉之时，"新世代防空巡洋舰"原定用于执行弹道导弹防御任务的主要武器——动能拦截器导弹也因技术与经济上的原因，而于2009年5月7日遭导弹防御署（MDA）宣布取消。

一连串的事态演变，大幅削弱了"新世代防空巡洋舰"的存在价值。相较于其他替代方案，"新世代防空巡洋舰"主要的价值有二。

8 失落的DDG-1000姊妹计划：夭折的"新世代防空巡洋舰"

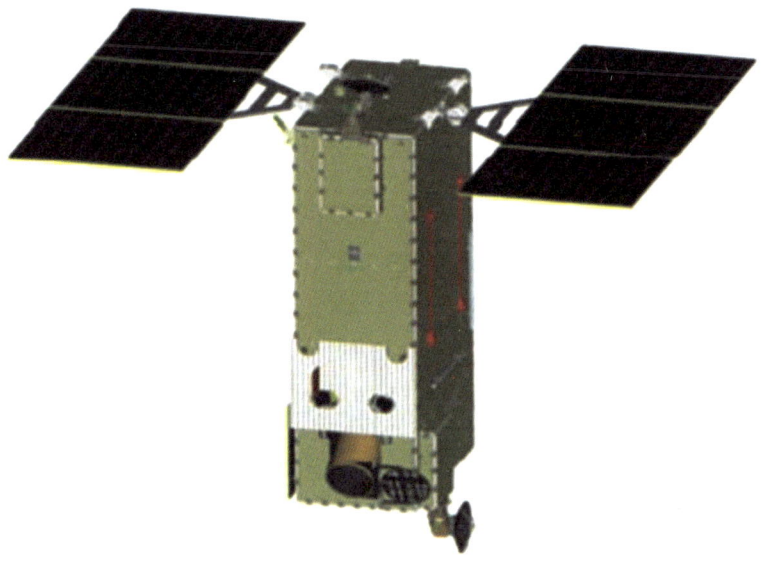

左图：美国海军的弹道导弹防御任务构想，在2008—2009年以后有了变化，不再追求配备大型雷达的单一舰艇，而是讲求与多种传感器的互相配合。例如借由精确追踪太空系统（PTSS）等新型预警卫星来提供导弹目标的侦测与追踪辅助，因而可以降低水面舰艇搭载的防空与导弹防御雷达尺寸要求，并允许改用较小型的"伯克"级Flight III，来替换"新世代防空巡洋舰"。"伯克"级Flight III虽然只能配备尺寸较小的防空与导弹防御雷达，仍可通过卫星或预警雷达的辅助，获得足够的目标接战信息。上图为精确追踪太空系统卫星的想象图，预定配备可追踪弹道中段弹道导弹目标的长波长与短波长红外线传感器。

◆ 当时已有的、与发展中的水面作战舰艇船体设计中，唯有"新世代防空巡洋舰"这样大型的船体，才能满足安装全尺寸防空与导弹防御雷达所需的空间、重量与电力供应需求。

◆ 当时已有、与发展中的水面作战舰艇船体设计中，唯有"新世代防空巡洋舰"这样大型的船体，才能容纳弹体庞大的动能拦截器导弹。

"新世代防空巡洋舰"的核心任务是弹道导弹防御作战。就弹道导弹防御任务来说，首要需求便是搭载大孔径、高功率的防空与导弹防御雷达，以提供足够的弹道导弹侦测能力。在当时已有的水面舰船型中，只有"新世代防空巡洋舰"这种满载15000～23000吨等级的船型，才有搭载全尺寸防空与导弹防御雷达（天线直径22英尺）所需的船体空间与电力供应冗余。而强力的防空与导弹防御雷达又是未来海上弹道导弹防御不可或缺的重要传感器。

至于当时发展中的动能拦截器，被美国海军定为新一代的

"新世代防空巡洋舰"的新型垂直发射系统

2008年3月海军联盟海—空—太空装备展中,诺斯罗普·格鲁曼-英格尔斯公司所展出的"新世代防空巡洋舰"模型船舯中央设有一座当时型号仍不明的垂直发射系统,成了现场瞩目的焦点。后来的消息显示,这套垂直发射系统是搭配动能拦截器使用的新型"模块化发射系统"(Modular Launch System, MLS)。

由于动能拦截器是为了承担弹道导弹上升段拦截任务而设计,对接战距离与加速度性能有十分严苛的要求,为了满足射程与加速性能需求,动能拦截器配有极为强大的火箭推进器,但这也导致弹体尺寸远大于现役任何舰载垂直发射系统的容积上限。再考虑到动能拦截器的强力推进器发射时产生的高温尾焰的能量高于美国海军现有的导弹,可能损害舰艇上层结构,不适合沿用美国海军垂直发射系统传统的热射(Hot Launch)机制。故诺斯罗普·格鲁曼-英格尔斯公司另外开发了一套采用冷射(Cold Launch)机制的模块化发射系统,供搭载动能拦截器的舰艇使用。

下图:"新世代防空巡洋舰"与动能拦截器导弹想象图。
动能拦截器导弹是"新世代防空巡洋舰"预设的主要武器。考虑到动能拦截器发射时尾焰可能给舰艇上层结构造成伤害,诺斯罗普·格鲁曼-英格尔斯公司为动能拦截器设计了一套冷射式的新型垂直发射系统,称为模块化发射系统,该系统有可容纳弹径710毫米与1000毫米导弹的两种弹筒,弹筒兼具储运与发射功能,每组弹筒均内含有通用弹射系统冷射机构。(Northrop Grumman)

模块化发射系统(MLS)
发射器顶盖
支撑结构
发射器基座

弹体上升到上层结构高度上发后再点燃推进器

先以高压空气将导弹弹出发射筒

内含UES的发射筒

710毫米 UES
1000毫米 UES

弹射发射系统

Eject Launch 和 MLS：用于水面舰艇的灵活安全的发射系统

弹出启动模块

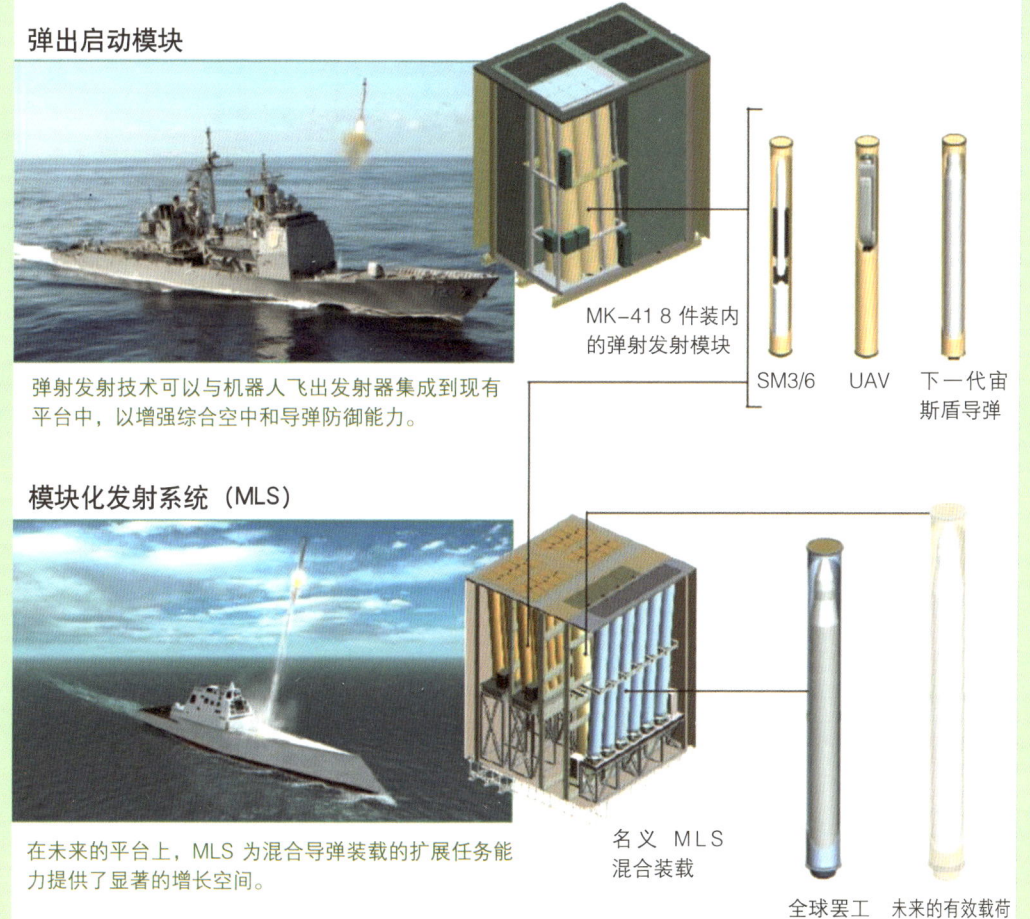

MK-41 8件装内的弹射发射模块

SM3/6　UAV　下一代宙斯盾导弹

弹射发射技术可以与机器人飞出发射器集成到现有平台中，以增强综合空中和导弹防御能力。

模块化发射系统（MLS）

名义 MLS 混合装载

全球罢工　未来的有效载荷

在未来的平台上，MLS 为混合导弹装载的扩展任务能力提供了显著的增长空间。

相较于美国海军其他现役或开发中的垂直发射系统，模块化发射系统可容纳的导弹尺寸大幅提高，如Mk 41系列垂直发射系统中容积最大的打击模块，允许的导弹容器尺寸为直径635毫米、长度6.73米，仅能容纳弹径533毫米、长度6.4米以下的导弹；最新的Mk 57垂直发射系统只能装填直径710毫米、长7.18米的导弹容器，允许的导弹尺寸上限为直径610毫米、

上图：除了搭配"新世代防空巡洋舰"使用的模块化发射系统以外，诺斯罗普·格鲁曼还发展了一种较小型的弹射发射模块，采用相同的弹射发射冷射技术与模块化设计，适用于体型较小的"提康德罗加"级与"伯克"级，以6联装模块为基本单元，可兼容于一个Mk 41垂直发射系统的8联装模块。

长度7.18米。而模块化发射系统则能容纳直径1.1米、长达12.8米的导弹容器，足以应付承载动能拦截器的需要，另外也能容纳构想中的新型大型导弹。

这套模块化发射系统的冷射机制是通过设在弹筒/导弹容器中的"通用弹射系统"（Universal Eject System，UES）实现。通用弹射系统底部设有一套燃气产生器，可产生高压气体将导弹推出弹筒，待导弹被推升到舰艇上层结构以上高度后，再点燃自身的推进器。冷射机制的垂直发射系统可省去热射式垂直发射系统的排焰/排气机构，加上导弹发射所需机构都内建于弹筒内，无须外载设备支持。因此模块化发射系统的结构要比热射式Mk 41等垂直发射系统简单许多，诺斯罗普·格鲁曼把这套冷射技术称作"弹射发射"（Eject Launch），意指导弹是通过燃气动力弹射出弹筒。

比起热射式垂直发射系统，冷射式垂直发射系统的一个缺点是一旦弹射出发射筒的导弹点火失败、无法顺利启动导弹自身的火箭推进器，导弹便会往下落砸回舰艇，给舰艇带来危险。为了避免这个问题，如同俄罗斯用于舰艇上的冷射式垂直发射系统一样，诺斯罗普·格鲁曼的模块化发射系统也将内含的发射筒以略为朝向舷侧的倾斜方式安装，可让导弹以一个外倾角向舰艇两舷外侧射出，即使导弹发动机点火失败，也会落进舰艇舷外的海中，不致砸回舰艇。除了提高安全性以外，这种垂直发射系统发射筒倾斜安装方式还有可以压缩垂直发射系统整体高度的优点，可减少占用的舰体深度。它可以安装在舰艇深度较小的舰艇上。

诺斯罗普·格鲁曼在2008年海军联盟海—空—太空装备展中公布的"新世代防空巡洋舰"暂定规格中显示，"新世代防空巡洋舰"预订配备两种模块化发射系统模块，包括7管模块14套，以及8管模块一套，一共106管模块化发射系统，另外加上14套舷侧配置的Mk 57垂直发射系统（合计56管），全舰共有162管垂直发射系统。

除了搭配"新世代防空巡洋舰"使用的模块化发射系统以外，诺斯罗普·格鲁曼另外还发展了一种较小型的弹射发射模块（Eject Launch Module），采用了相同的弹射发射冷射技术与模块化设计，可适用于体型较小的"提康德罗加"级与"伯克"级，弹射发射模块以6联装模块为基本单元，一个这样的6联装单元，可兼容于一个Mk 41垂直发射系统的8联装模块。诺斯罗普·格鲁曼声称可以一个6联装单元直接替换掉一个Mk 41垂直发射系统的8联装单元，便于为现役舰艇改装，还能通过弹射发射模块更大型的导弹筒，携带更大的新型导弹。

上图：用于替换"新世代防空巡洋舰"的"伯克"级Flight III，虽然只能配备尺寸较小、性能较差的防空与导弹防御雷达版本，但可通过其他弹道导弹预警传感器的支持，来弥补自身雷达性能的不足。如图中的"哈沃德·劳伦兹"号导弹追踪舰便可作为一个有力的支持平台。"哈沃德·劳伦兹"号是美国最新服役的导弹追踪舰，将接替老旧的"观察岛"号导弹追踪舰。该舰搭载有非常强力的双波段雷达，靠船艉天线较大的那套是S波段天线，船舯位置较高的那套是X波段天线。

海基弹道导弹防御主力拦截武器，是未来美国海军海上弹道导弹防御系统一种非常重要的拦截武器。动能拦截器是一种具备上升段拦截能力的武器，拥有极为强大、但尺寸也相当庞大的火箭推进器，因此也唯有"新世代防空巡洋舰"这样大型的船体，才能容纳弹体庞大、全长近12米的动能拦截器导弹[1]。

然而美国海军的海基弹道导弹防御作战构想在2008—2009年有所改变，从依靠少数搭载了高性能传感器的作战平台转变为依托传感器联网协同作战。即使弹道导弹防御舰艇只搭载缩尺版防空与导弹防御雷达（天线直径缩小到12英尺

---

[1] 其实还有一个选择，是采用"圣安东尼奥"级两栖船坞登陆舰船体为基础改装，超过20000吨等级的船体足以满足搭载全尺寸型防空与导弹防御雷达的需求。从另一方面来看，"圣安东尼奥"级两栖船坞登陆舰也只有船体尺寸够大这个优点，船体结构与发电系统都须经过大幅修改，才能符合搭载防空与导弹防御雷达与动能拦截器导弹的需要，而且"圣安东尼奥"级两栖船坞登陆舰过低的航速也很难满足作为第一线舰艇的需求，即使改装也只能充当一种慢速的弹道导弹防御用舰艇，远不如以DDG-1000船体衍生出"新世代防空巡洋舰"那样方便。

或14英尺），但若能搭配其他弹道导弹预警、追踪传感器——如"国防支持计划"（DSP）、"天基红外线卫星系统"（SBIRS）、"空间追踪与监视系统"（STSS）等预警卫星，与前线部署的SBX-1海基预警雷达等，利用这些传感器提供目标指引，足以满足海基弹道导弹防御任务的目标侦测需求，而无须非得依靠全尺寸的防空与导弹防御雷达不可。既然不需要全尺寸的防空与导弹防御雷达，那也就不需要"新世代防空巡洋舰"这样庞大、昂贵的船体，只需修改既有的"伯克"级船体，即足以安装缩尺型防空与导弹防御雷达。

另一方面，"新世代防空巡洋舰"原定用于执行弹道导弹防御任务的主要武器之一——动能拦截器导弹，也因技术与经济上的原因，而于2009年5月7日遭导弹防御署取消，美国海军将继续以"标准"Ⅲ型导弹作为主要的海基弹道导弹防御拦截武器。搭载、运用动能拦截器的需求消失后，由于现役的"伯克"级、"提康德罗加"级就足以满足运用"标准"Ⅲ型导弹的需要，自然也就没有必要建造"新世代防空巡洋舰"这种更大型、也更昂贵的舰艇。

"新世代防空巡洋舰"更大的障碍还是来自高昂的成本。如前所述，美国海军在启动"新世代防空巡洋舰"计划之初，曾乐观地估计"新世代防空巡洋舰"成本应与DDG-1000大致相当（都在32亿美元左右）。不过国防部后来在2009年初的审查中发现，摊入研发费用后，加上后续的成本增加，DDG-1000的实际成本为58～59亿美元。有了这个先例，可预期"新世代防空巡洋舰"的单位成本也会远远超出当初估计的32亿美元，寻求较便宜的替代方案也就成了合理的选择。

面对这样的变局，"新世代防空巡洋舰"计划的命运也就显而易见。

美国海军从2009年开始研拟较廉价的船型设计，试图作为成本高昂的"新世代防空巡洋舰"替换备案。

失落的DDG-1000姊妹计划：夭折的"新世代防空巡洋舰"

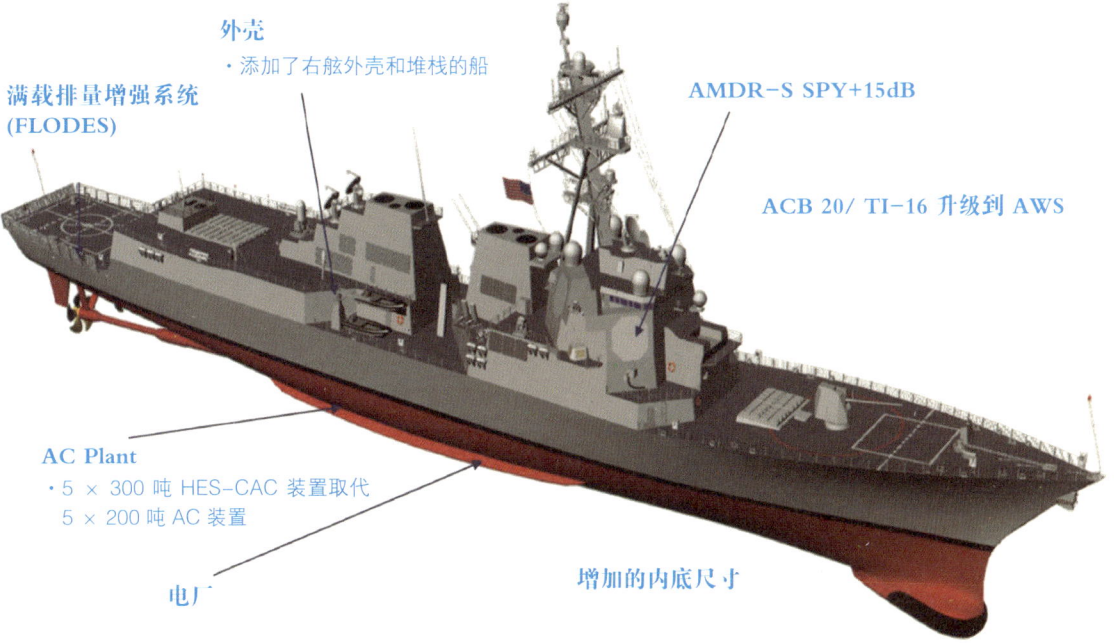

满载排量增强系统
(FLODES)

外壳
· 添加了右舷外壳和堆栈的船

AMDR-S SPY+15dB

ACB 20/ TI-16 升级到 AWS

AC Plant
· 5 × 300 吨 HES-CAC 装置取代
  5 × 200 吨 AC 装置

电厂

增加的内底尺寸

上图："伯克"级Flight Ⅲ想象图。美国海军在2010年2月取消了"新世代防空巡洋舰"计划，改以配备防空与导弹防御雷达、强化弹道导弹能力的"伯克"级Flight Ⅲ替代。

为了探索可行的"新世代防空巡洋舰"替换备案，美国海军在2009年6—11月间进行了一项"雷达/船体研究"（Radar Hull Study），评估以"伯克"级与DDG-1000的船体为基础，搭配新雷达与改进的战斗系统，借此强化防空与弹道导弹防御能力，以便作为"新世代防空巡洋舰"替代者的可行性。这项研究的重点，在于探讨将原本为"新世代防空巡洋舰"巡洋舰发展的防空与导弹防御雷达，安装到"伯克"级或DDG-1000船体上的可行性，以及由此带来的战斗系统修改需求。

考虑了性能、成本与修改工程难易度等因素后，雷达/船体研究最后选定的初步设计，是以"伯克"级的船体安装降级版AMDR-S雷达与SPY-3雷达组成双波段雷达系统，再搭配修改的宙斯盾战斗系统而成。当时的海军作战部长拉夫贺（Gary Roughead）在2009年12月批准以这个概念为基础，推动"伯克"级Flight Ⅲ升级研究。

紧接着美国海军在2010年2月提交给国会的2011财年预算案中，终于以"基于经济上的可承受性考虑"为由，提出取消"新世代防空巡洋舰"计划的建议，改以换装缩尺型防空与导弹防御雷达、强化弹道导弹防御能力的"伯克"级修改型替代，也就是"伯克"级Flight Ⅲ。稍后国防部在2010年2月16日公布的4年期国防总检报告中，也确定了取消"新世代防空巡洋舰"的政策，这也让这款新世代巡洋舰以胎死腹中的命运收场。

"伯克"级Flight Ⅲ与"新世代防空巡洋舰"的任务定位区别

要特别注意的是，所谓以"伯克"级Flight Ⅲ接替"新世代防空巡洋舰"的角色，指的是接替"新世代防空巡洋舰"取消后所遗留的"防空与导弹防御任务"空缺，而不是接替"巡洋舰"这个角色。"伯克"级Flight Ⅲ本质上还是"驱逐舰"等级的舰艇，指挥管制能力有限（包括舱室空间、显示控制台数量与通信设备的限制），无法承担美国海军"巡洋舰"等级舰艇必备的舰队层级防空指挥协调功能。

单论防空与弹道导弹防御能力而论，"伯克"级Flight Ⅲ的防空能力足以胜任取代"提康德罗加"级的需求，但指挥管制能力则不然，"伯克"级Flight Ⅲ的战情中心虽然较先前的"伯克"级有所扩充改进，但也只能在某些情况下充当"临时性"的"代理"舰队防空指挥角色，还不足以成为真正的巡洋舰等级舰艇。

美国海军迄今仍没有具体的"提康德罗加"级替代方案规划，由于"俄亥俄"级弹道导弹潜艇替代计划占用大多数的造舰经费，预期最快也要等到21世纪20年代中期以后，美国海军才有余力进行新一代巡洋舰的发展工作，实际部署时间更要晚到2030年以后。

动能拦截器：胎死腹中的高性能弹道导弹拦截武器

　　作为"新世代防空巡洋舰"主要武器之一的动能拦截器，是美国导弹防御署于2003年启动发展的新型弹道导弹防御拦截武器，也是美国在2002年6月废止《反弹道导弹条约》（ABM Treaty）后，在完全没有条约限制阴影下，所投入开发的第一种弹道导弹防御武器。

动能拦截器的起源与特性

　　动能拦截器计划的最初目的，是发展一种可以拦截处于发射后上升阶段的敌方弹道导弹、并采用陆基部署的拦截武器，以诺斯罗普‧格鲁曼为首的团队于2003年12月获得发展合约，后来导弹防御署又在2004年时追加了海基部署需求，以便提高作战部署弹性，这也

下图：诺斯罗普‧格鲁曼团队展出的动能拦截器KEI弹体模型。

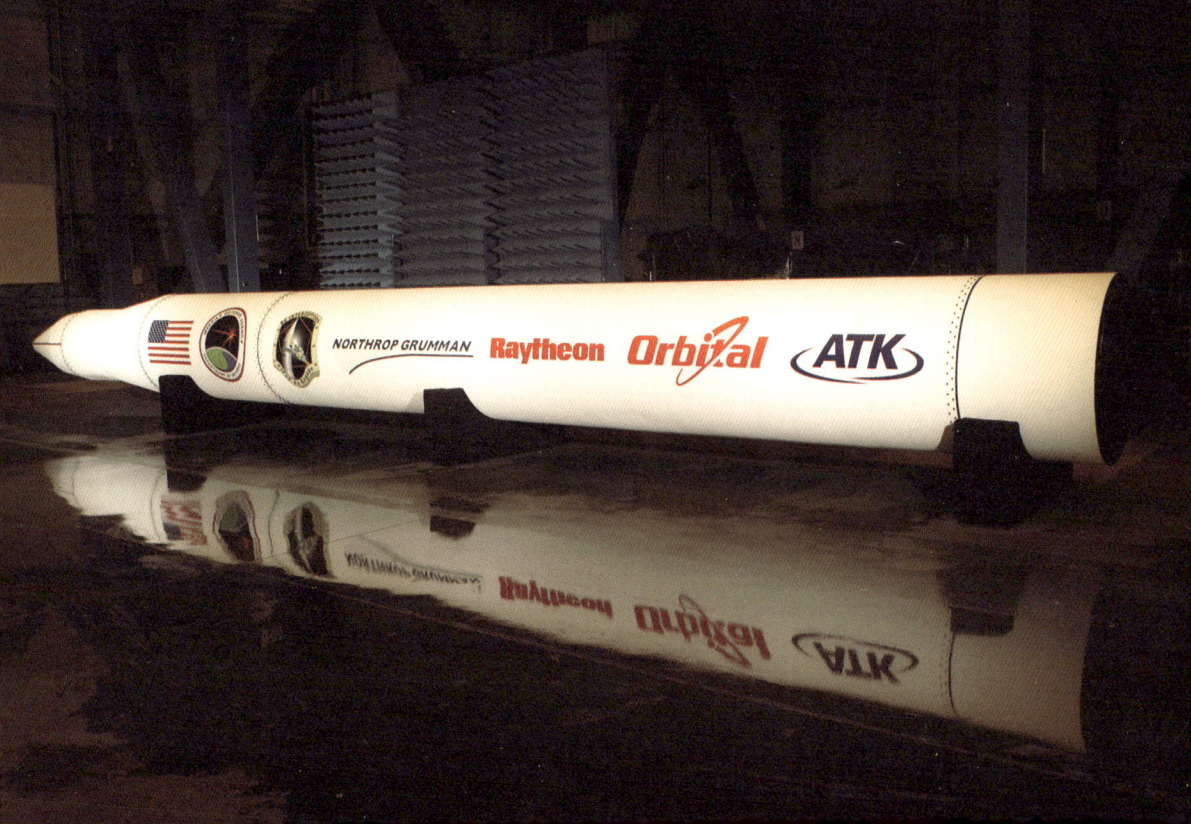

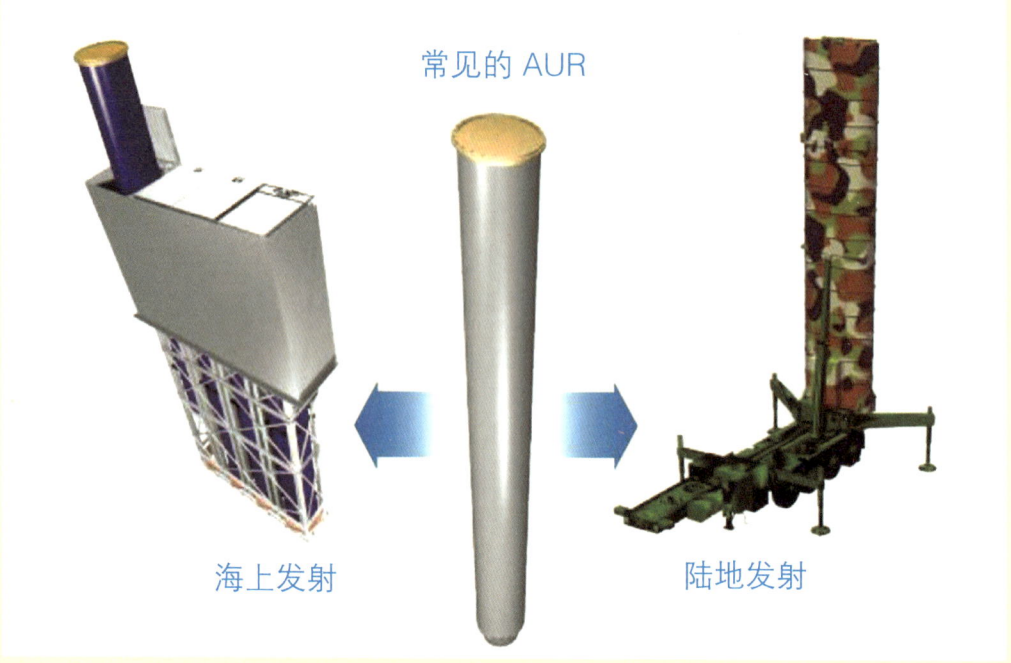

上图:通过通用导弹容器,动能拦截器的发射弹筒同时适用于海基与陆基部署,可减少后勤上的麻烦。

让动能拦截器成了一种兼具陆基、海基部署能力的武器。陆基动能拦截器预定于2012—2013年达到初始作战能力,海基动能拦截器则于2014—2015年达到初始作战能力。

整套动能拦截器系统由拦截器(导弹)、机动发射器、与指挥／管制／作战管理／通信系统(C2BMC)等3大组件构成,整个开发计划的管理,以及指挥／管制／作战管理／通信系统、导弹容器与发射系统研制由主承包商诺斯罗普·格鲁曼负责,另由雷神公司负责开发动能拦截器弹头所携带的动能杀伤载具,轨道(Orbital)公司负责推进系统整合与向量推力系统,ATK公司则承包推进火箭的研制。

整套动能拦截器中,最具特色的便是全新研发、可同时满足陆基与海基部署的拦截器弹体。相较于海基弹道导弹防御使用的"标准"Ⅲ型导弹,动能拦截器的弹体尺寸大了将近一倍,含推进器在内的弹体长度与直径分别比"标准"Ⅲ型导弹高出80%与87%,全长达11.8米、直径则达到1米,与美国现役弹道导弹防御系统相比,动能拦截器的尺寸仅次于更高阶的陆基拦截器(Ground Based Interceptor,

美国几种主要弹道导弹拦截武器外形尺寸与基本参数对比

	GBI	KEI	SM-3	THAAD	PAC-3
推进器结构	3节式/2节式	3节式	3节式	单节式	单节式
弹长（米）	16.6/14.6	11.8	6.55	6.17	5.2
弹径（米）	1.27	1	0.53	0.34/0.37	0.25
发射重量（千克）	13847/13824	—	—	900	312
最大速度	8.5/7.7千米/秒	8~10千米/秒	M8+[①] (2.6千米/秒)	~M7 (2.5千米/秒)	M5
最大射高（千米）	>2000	—	>250	40~150	10~15
接战半径（千米）	~5500	—	>500	200	15~45

注：① "标准" III型导弹系列中采用27英寸（0.685米）弹体的"标准"III型Block IIB，据称可达到每秒钟6千米的终端速度。

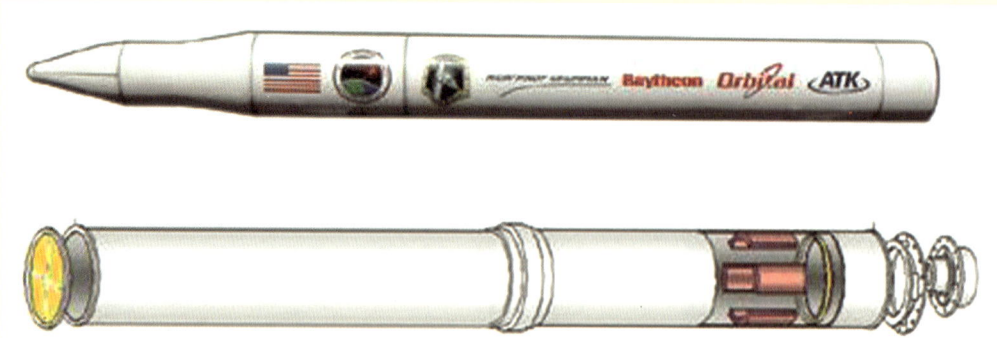

上图：动能拦截器弹体与发射筒示意图。动能拦截器的导弹容器具备UES冷射系统，可利用高压气体将动能拦截器弹体弹射到一定高度上，然后再点燃弹体本身的推进器。

GBI），但仍在允许机动部署的范围内。至于动能拦截器弹头所搭载的动能杀伤拦截器，除原计划中由雷神公司研制的单一大型拦截器外，日后亦可换装当时正由洛克希德·马丁公司开发中的多重杀伤载具（Multi Kill Vehicle, MKV）。

为同时满足海基与陆基操作需要，动能拦截器的拦截器是密封在一种通用导弹配接容器（Common AUR）中，然后再分别安装到陆基发射架或海基的舰载垂直发射系统中。

在陆基发射器方面，诺斯罗普·格鲁曼设计了一种可由M983重型增程机动战术卡车（HEMTT）拖曳的陆基举升式垂直发射架，每组发射架可容纳两组动能拦截器导弹容器（似乎也有仅含一组导弹容器的构型），可通过拖车拖曳方式机动部署，含拖车头在内的整个机动发射单元可利用C-5银河（Galaxy）运输机空运。

海基发射系统的设计就相对复杂许多，由于动能拦截器的尺寸远大于现役任何舰载垂直发射系统的容积上限，再考虑到动能拦截器的强力推进器发射时所产生的高温尾焰的能量，也数倍于海军现有的导弹，有损害舰艇上层结构之虞，不适合采用美国海军垂直发射系统传统的热射（Hot Launch）机制。故诺斯罗普·格鲁曼为动能拦截器专门开发了一套采用冷射（Cold Launch）的模块化发射系统，供搭载动能拦截器的舰艇使用。

陆基发射架只要地形合适就能布置，海基的模块化发射系统则必须安装在大型舰艇上。由于海基模块化发射系统的尺寸远超过现役宙斯盾巡洋舰或驱逐舰船体所允许安装的上限,所以只能以新发展的大型船体作为海基动能拦截器的平台,列入考虑的包括计划中的"新世代防空巡洋舰"、由"圣安东尼奥"级两栖船坞登陆舰改造的船体,甚至是通过配接器转接安装到大型核动力潜艇上(动能拦截器的长度稍短于三叉戟D5潜射弹道导弹,导弹容器又内含冷射单元,理论上可通过配接器安装到"俄亥俄"级潜艇的三叉戟导弹发射管内),当然其中最接近实用的,是承担未来海基弹道导弹防御重任的"新世代防空巡洋舰"。

全方位的导弹防御武器

在强力的三节火箭推动下,动能拦截器可将弹头携带的动能拦截器推送到每秒钟8~10千米的终端速度,这已经超过了发射卫星入轨所需的第一宇宙速度(每秒钟7.8千米),因此动能拦截器理论上的"射程"可说是"无限"的(若让拦截器通过卫星轨道运行的话)。虽然动能拦截器在实际作战中的"有效接战距离",须视部署地点与目标导弹的相对位置关系而定,但仍可预期动能拦截器的加速能力与有效接战范围,将数倍于现有海基宙斯盾弹道导弹防御系统使用的"标准"III型Block I或研发中的"标准"III型Block II。

因此只要将动能拦截器以陆基或海基方式部署到前方的军事基地,就有更多的机会对敌方发射的弹道导弹在仍处于上升阶段时就加以拦截,可大幅强化美国弹道导弹防御系统的威慑能力。

与其他几种陆基弹道导弹防御系统相比,陆基弹道中段防卫系统(Ground-Based Midcourse Defense, GMD)的陆基拦截器,虽拥有比动能拦截器更庞大、更强力、加速度也更高的推进器,但由于陆基拦截器弹体尺寸过于庞大(直追"民兵"III型洲际弹道导弹)、相关支持设备众多,以致只能采用陆基固定部署。加上陆基弹道中段防卫系统的政治敏感性很高,基本上不具备海外前线部署的可能。

至于其他拥有机动部署能力的弹道导弹防御系统,如弹道终端高右图:受预算紧缩影响,动能拦截器在2005—2007年进行了数次推进器点火试验后,便于2009年5月取消。上为试验中的第一节推进器,下为第2节推进器,均由ATK公司承包研制。

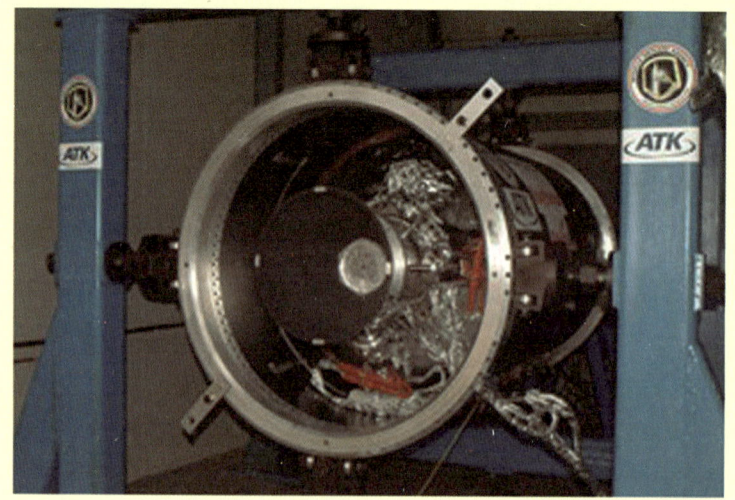

度区域防卫系统(Terminal High Altitude Area Defense,THAAD)、爱国者3型(PAC-3)等,虽然较为灵巧轻便,拥有前线部署的机动性,但推进器性能有限,加速度、接战涵盖半径与射高均不足,无力承担上升段拦截任务,防卫涵盖能力与动能拦截器相去甚远。

　　换句话说,动能拦截器具备了与"标准"III型导弹相似的海基部署能力(不过由于尺寸较大、对搭载船体的要求较严苛),也能像弹道终端高度区域防卫系统或爱国者3型一样采用陆基前线机动部署,但防御涵盖范围远大于这几种系统。陆基拦截器虽然拥有更大的防御涵盖能力，但却没有机动部署能力。也就是说，动能拦截器兼有可陆、海基机动部署，以及防御涵盖范围广的优势，运用弹性远大于既有的陆基拦截器、"标准"Ⅲ型导弹、弹道终端高度区域防卫系统与爱国者3型等弹道导弹防御系统。

因此导弹防御署也对动能拦截器寄予极高的期望，在2008财年中扩张了动能拦截器计划的发展目标，内容如下。

（1）进一步发展弹道中途拦截能力，以便在日后担任陆基拦截器的后继者，部署在现有的陆基拦截器陆基发射井中。

（2）利用陆基与海基机动部署，以提供额外的弹道中程拦截能力，搭配现有的陆基拦截器组成多层式的拦截体系。

（3）作为机载激光系统（Airborne Laser，ABL）失败时的候补系统，承担上升段与后推进阶段的拦截任务。换句话说，动能拦截器将发展成一种（也是唯一一种）具备除弹道末端外的全弹道过程拦截能力的反弹道导弹系统。

动能拦截器计划的结局

由于动能拦截器计划的野心相当大，牵涉到火箭推进、控制、战斗管理等方面众多尚未成熟的新技术，以致开发遭遇许多困难，动能拦截器牵涉到7项关键技术都被导弹防御署判定为不够成熟，因此计划进度有所迟延。

研发团队在2006年6月—2007年9月间进行了4次动能拦截器第一节推进器的地面点火试验，第2节推进器也在2005—2007年完成了数次点火试验，预定在2009年夏季进行第一节推进器的首次飞行试射。至于包含推力向量系统、高度控制系统与推进器在内的整合验证试射，则要拖到2011年才会进行。其他关键系统则会通过地面试验先行完成测试，在2013年将进行全系统的整合试射，并于2014年让陆基系统进入服役。

在动能拦截器计划遭遇发展延宕问题时，雪上加霜的是，2008年爆发的金融危机严重冲击了美国经济，应对经济危机的各种善后措施大大减损了美国政府的财政能力，只能以削减国防预算作为弥补，耗资庞大的弹道导弹防御计划成了奥巴马政府削减的主要目标之一。

面对国防部长盖兹要求导弹防御署削减14亿美元弹道导弹防御相关预算的指示，相较于当时仍处于研发阶段、预期未来10年必须耗费220亿美元的动能拦截器计划，优先保住现役系统显然是更现实的选择。

于是导弹防御署决定放弃动能拦截器计划，导弹防御署执行总监阿尔特韦格（David Altwegg）于2009年5月7日宣布基于财政与技术的理由取消动能拦截器计划，结束了这款极具潜力的弹道导弹防御武器发展。